高职高专“十二五”规划教材

现代仪器分析

王志勇　刘金权　主编

化学工业出版社

·北京·

内 容 提 要

本教材以职业能力培养为重点，将检验分析岗位中涉及的常用仪器分析方法分成光学分析法、电化学分析法、色谱分析法、其他分析法四个模块十个项目，再将各项目按生产的实际要求分解成若干任务。其基本框架为：必备知识、拓展知识、实践操作、项目小结、思考与练习等。其中实践项目以目前检测分析行业中常用的实际任务作为案例进行实训。

本书是生物技术、食品药品、药学、药物分析、资源、环境保护、粮食等类专业的必修课教材，同时可供相关专业的学生和技术人员参考。

图书在版编目（CIP）数据

现代仪器分析/王志勇，刘金权主编. —北京：化学工业出版社，2013.8（2021.9重印）
高职高专“十二五”规划教材
ISBN 978-7-122-18078-0

Ⅰ.①现… Ⅱ.①王…②刘… Ⅲ.①仪器分析-高等职业教育-教材 Ⅳ.①O657

中国版本图书馆CIP数据核字（2013）第173050号

责任编辑：梁静丽　　　　文字编辑：刘志茹
责任校对：王素芹　　　　装帧设计：关　飞

出版发行：化学工业出版社（北京市东城区青年湖南街13号　邮政编码100011）
印　　装：北京捷迅佳彩印刷有限公司
787mm×1092mm　1/16　印张15¼　字数374千字　　2021年9月北京第1版第6次印刷

购书咨询：010-64518888　　　　售后服务：010-64518899
网　　址：http://www.cip.com.cn
凡购买本书，如有缺损质量问题，本社销售中心负责调换。

定　　价：39.80元

《现代仪器分析》编写人员名单

主　编　王志勇　刘金权

编　者　（按照姓名汉语拼音排列）

樊国燕（河南牧业经济管理学院）

胡国庆（广西工业职业技术学院）

李　珂（漯河职业技术学院）

李　涛（三门峡职业技术学院）

李　欣（广东科贸职业学院）

刘金权（盐城卫生职业技术学院）

刘智钧（广东科贸职业学院）

商孟香（黑龙江农业职业技术学院）

王志勇（咸宁职业技术学院）

徐亚英（黑龙江农业职业技术学院）

杨建清（咸宁市食品药品监督检验所）

张立虎（盐城卫生职业技术学院）

张跃林（东营职业学院）

前 言

仪器分析是生物技术、食品药品、药学、药物分析、资源、环境保护、粮食等类专业的必修课，是该类专业毕业生从事检验分析工作必须掌握的专业技能。为落实“加大课程建设与改革的力度，增强学生的职业能力”的精神，根据相关行业和高职教育相关专业检验分析岗位的目标要求，考虑到仪器分析技术更新快的特殊性，我们编写了《现代仪器分析》教材。

本教材以职业能力培养为重点，经市场调查将检验分析岗位中涉及的常用仪器分析方法分成光学分析法、电化学分析法、色谱分析法和其他分析法四个模块十个项目，再将各项目按生产的实际要求分解成若干任务。其基本框架为：必备知识（含各类仪器分析方法的方法原理及仪器的组成与构造）、拓展知识、实践操作（含仪器使用、维护与保养及相应的实验技术）、项目小结、思考与练习等。其中实践项目以目前检测分析行业中常用的实际任务作为案例进行实训。

在编写时以“必需、实用、够用”为度，力求概念准确，深入浅出，突出重点，语言简练，便于教学和阅读。本书力图通过本课程的学习，促进学生使用仪器进行产品检验能力的培养和职业素养的养成，以满足相关行业对高端技能型质量检验人才培养的需要。在编写过程中，自始至终渗透着以学生为主体的教学思想。

本教材联合了9所高职高专院校的骨干教师以及行业专家共同编写，全书由杨建清、王志勇统稿和审稿。在编写过程中，编者所在院校的领导及化学工业出版社给予了大力支持，编者还参考了有关专家和编者的文献资料和教材，在此对相关单位与个人一并表示最衷心的感谢！

由于编者水平和经验有限，书中定有疏漏和不足之处，敬请各位专家、同行和读者予以批评指正。

编　者

2013年5月

目 录

绪论

模块一　光学分析法

项目一　紫外-可见分光光度法 /8

项目二　原子吸收光谱法 /41

模块三 色谱分析法

项目五 气相色谱法 /118

项目六　高效液相色谱法 /147

项目七　平面色谱法 /182

项目八 离子色谱法 /195

模块四 其他仪器分析方法

项目九 质谱法 /214

项目十　仪器联用技术 /224

参考文献 /233

绪论

[知识目标]

- 理解仪器分析及其与分析化学及化学分析的关系。
- 理解常用的仪器分析方法、特点及其发展趋势。

一、分析化学与仪器分析

分析化学是研究物质的组成、状态和结构的科学。它包括化学分析和仪器分析两大部分。**化学分析**是指利用化学反应和它的计量关系来确定被测物质的组成和含量的一类分析方法。**仪器分析**是用比较复杂或特殊的分析仪器测量物质的某些物理或物理化学性质以确定其化学组成、状态、含量及化学结构的一类分析方法，又称为物理和物理化学分析法。

物理分析法：根据被测物质的某种物理性质与组分的关系，不经化学反应直接进行定性或定量分析的方法。如光谱分析等。

物理化学分析法：根据被测物质在化学变化中的某种物理性质与组分之间的关系，进行定性或定量分析的方法。如电位分析法等。

化学分析与仪器分析两者的区别不是绝对的。仪器分析从操作上（标准溶液的配制、试样的前处理等）、理论上（配合、掩蔽等）是以化学分析为基础。此外，在进行仪器分析之前，时常要用化学方法对试样进行预处理。因此化学方法和仪器分析是相辅相成的。在使用时应根据具体情况，取长补短，互相配合。

随着科学技术的发展，分析化学在方法和实验技术方面都发生了深刻的变化，特别是新的仪器分析方法不断出现，且其应用日益广泛，从而使仪器分析在分析化学中所占的比重不断增长，为分析化学带来革命性的变化。

仪器分析是生物技术、食品药品、资源环保、石油化工类专业的基础课程之一。通过本课程的学习，使学生能基本掌握常用仪器分析方法的基本原理和仪器的简单结构；要求学生初步具有根据分析的目的，结合学到的各种仪器分析方法的特点和应用范围，选择和运用适宜的分析方法的综合应用能力，同时培养学生的创新思维方式和能力。

二、仪器分析的分类

现代仪器分析方法种类繁多，人们通常根据测量原理和测量参数的特点将其分为光学分析法、电化学分析法、色谱分析法和其他分析法，每类分析法又包含多种具体的分析方法。

1. 光学分析法

光学分析法是基于物质发射的光或光与物质相互作用而建立的一类分析方法的统称。光学分析法包括光谱分析法和非光谱分析法两大类。

光谱法是通过检测样品光谱的波长和强度来进行分析的。因为这些光谱是物质的原子或分子的特定能级的跃迁所产生的，它带有结构的信息，所以根据特征谱线的波长可以进行定性分析；而光谱强度与物质的含量有关，故可进行定量分析。属于这一类的方法有：原子发射光谱法、原子吸收光谱法、原子荧光光谱法、紫外-可见吸收光谱法、红外光谱法、核磁共振波谱法、X射线荧光光谱法、分子荧光光谱法、分子磷光光谱法等。

非光谱法不涉及光谱的测量，亦即不涉及能级的跃迁。它是通过测量电磁辐射与物质相互作用后，某些（如折射、反射、干涉、衍射和偏振等）基本性质的变化来进行分析的，如折射法、干涉法、旋光法、X射线衍射法和电子衍射法等。

2. 电化学分析法

电化学分析法是根据物质在溶液中和电极上的电化学性质为基础建立的一类分析方法。溶液的电化学现象一般发生于化学电池中，所以测量时要将试液构成化学电池的组成部分。通过测量该电池的某些电参数，如电阻（电导）、电极电位、电流、电量的变化等对被测物质进行分析。根据测量参数的不同，可分为电导分析法、电位分析法、电解和库仑分析法以及伏安法和极谱法等。

3. 色谱分析法

色谱分析法是以物质的不同组分在互不相溶的两相中的吸附能力、溶解能力或其他亲和作用力的差异而建立起来的分离分析方法。用气体作为流动相的称为**气相色谱法**，用液体作为流动相的称为**液相色谱法**。

液相色谱根据固定相的差异可分为薄层色谱（液固色谱）、纸色谱（液液色谱）、柱色谱，不过通常所说的液相色谱法仅指所用固定相为柱型的柱液相色谱法。柱色谱包括液固吸附色谱、液液分配色谱、亲和色谱、凝胶色谱、离子色谱等。

4. 其他仪器分析方法

（1）质谱分析法　**质谱分析法**是通过将样品转化为运动的气态离子，然后利用离子在电磁场中运动性质的差异，按物质的质荷比的不同而进行分离分析的方法。

（2）热分析法　**热分析法**是根据物质的性质（质量、体积、热导或反应热）与温度之间的动态关系而建立起来的一种分析方法，包括热重量法、差热分析法等。

三、仪器分析的特点

仪器分析的内容十分广泛，而且各种方法相互比较独立，可以自成体系，每种方法都有自己的特点。然而若将仪器分析作为一个整体与化学分析相比较，则可看出它有如下几个主要特点。

1. 仪器分析方法的灵敏度极高、检出限低

仪器分析方法的灵敏度高，其绝对灵敏度可达 1×10^{-9}g，甚至 1×10^{-12}g，远高于化学分析法。样品用量由化学分析的mL、mg级降低到仪器分析的μL、μg级，甚至更低。因此仪器分析比较适合于微量、痕量和超痕量组分的测定。

2. 仪器分析方法多数选择性较好，适于复杂组分试样的分析

由于许多电子仪器对某些物理或物理化学性质的测试，有较高的分辨能力，可以通过选择或调整测试条件，使共存组分的测定相互间不产生干扰。

3. 操作简便，分析速度快，易于实现自动化和智能化

一般在数秒或几分钟内就可完成一项测试工作。有些仪器还配有自动记录装置，以及应用微型电子计算机采集和处理数据，被测组分的浓度变化或物理性质变化能转变成某种电学参数（如电阻、电导、电位、电容、电流等），这都会使分析工作大大缩短时间，及时报告分析结果，特别适合于控制生产过程的在线分析。

4. 适应性强，应用广泛

仪器分析方法种类繁多，方法功能各不相同，所以仪器分析的适应性强，不仅可以作定性定量分析；还可以用于结构状态、空间分布、微观分布等有关特征分析；还可以进行微区、纵深分析以及遥测、遥控分析等。

5. 相对误差较大

多数仪器分析方法相对误差较大，一般为5%左右，有的甚至更大。这样的准确度对常量组分的分析显然是不适宜的；但对痕量组分的测定，因其含量极低，还是相当理想的（因为绝对误差较小）。

6. 设备复杂、昂贵、需长期维护、环境要求高，尚不易普及

目前，多数分析仪器及其附属设备都比较精密贵重，不少分析仪器都带有微处理机。这些大型复杂精密仪器，每台需几十万元，而且目前有不少仪器需从国外引进，各种分析仪器通常都需配备专业人员进行操作维护和管理等，因此有些大型分析仪器目前不能普及应用。

7. 绝大部分仪器分析法都是相对分析方法

即未知物的分析结果都是通过与已知标准物作比较（标准曲线法或标准加入法）而确定的。而很多标准物的含量都需要用化学分析方法来标定。

四、现代仪器分析的发展趋势

现代分析化学是一门崭新而年轻的学科，属于与数学、电子学、物理学、计算机科学、现代信息技术科学交叉发展的新学科。分析化学的发展历史上已出现过三次巨大变革。

19世纪末到20世纪初：分析化学从一门技术上升到科学理论，建立了溶液理论（四大平衡理论），第一次变革的标志工具是天平的使用。

20世纪40～80年代：分析化学突破了以经典化学分析为主的局面，开创了仪器分析的新时代。由“分析技术科学”上升到“化学信息科学”。第二次变革的标志工具是大量电子分析仪器、仪表的使用。

从20世纪80年代至今，以计算机应用为主要标志的信息时代的来临，给科学技术的发展带来巨大活力。分析化学正处在第三次变革时期。

纵观分析化学三次巨大变革的历史可以看出，学科之间相互渗透与相互促进是分析化学发展的基本规律。21世纪是生命科学和信息科学的世纪，正探求可持续发展的道路，分析化学面临巨大的机遇和挑战。21世纪仪器分析的发展趋势可归纳为以下几个方面。

1. 分析仪器的智能化

计算机技术对仪器分析的发展影响极大。在分析工作者的指令控制下，仪器自动处于优化的操作条件完成整个分析过程，进行数据采集、处理、计算等，直至动态CRT显示和最终曲线报表。现在由于计算机性能价格比的大幅度提高，已开始采用功能完善的微型计算机，随着硬件和软件的平行发展，分析仪器将更为智能化、高效、多用途。

2. 仪器分析方法的创新

仪器分析方法的准确度、选择性、灵敏度和分析速度等方面将进一步提高，许多新的痕量与超痕量分析方法（$ng \cdot g^{-1}$至$pg \cdot g^{-1}$以及$fg \cdot g^{-1}$和$ag \cdot g^{-1}$，甚至$zg \cdot g^{-1}$）将逐步建立。各种选择性检测技术和多组分同时分析技术等是当前仪器分析研究的重要课题。

3. 仪器联用技术

现代科学技术发展的特点是学科之间的相互交叉、渗透，各种新技术的引入、应用等，促进了学科的发展，使之不断开拓新领域、新方法。将几种仪器分析方法结合起来，组成联用分析技术，可以取长补短，起到方法间的协同作用，从而提高方法的灵敏度、准确度及对复杂混合物的分辨能力，同时还可获得两种手段各自单独使用时所不具备的某些功能，因而联用分析技术已成为当前仪器分析方法的主要方向之一。特别是分离与检测方法的联用。例如气相、液相或超临界流体色谱和光谱技术（质谱、核磁共振、傅里叶变换红外光谱或原子色谱等）相结合。这两种技术的各自缺点（色谱识别缺乏可靠性及光谱技术需要高纯的分析物）由其优点互补（色谱分离的高效能和光谱识别的可靠性）。如：气相色谱-质谱联用(GC-MS)、气相色谱-傅里叶变换红外光谱联用（GC-FTIR）、气相色谱-原子发射光谱联用(GC-AES)、液相色谱-质谱联用（LC-MS）、液相色谱-傅里叶变换红外光谱联用（LC-FTIR）以及液相色谱-核磁共振波谱（LC-NMR）联用等。

4. 扩展时空多维信息新型动态分析检测和非破坏性分析

目前仪器分析大多数仍然是离线分析检测，所得结果绝大多数都是静态的非直接现场数据，不能瞬时直接准确地反映生产实际和生命环境的情景实况，以致不能及时控制生产、生态和生物过程。因此，运用先进的技术和分析原理，研究并建立有效而实用的实时、在线和高灵敏度和高选择性的新型动态分析检测和非破坏性分析以及多元多参数的检测监视方法，从而研制出相应的新型分析仪器将是仪器分析发展的一个主流，也是分析化学第三次变革的主要内容。

模块一

光学分析法

凡是以光为测量信号的分析方法或者以物质发射光或光与物质相互作用为基础建立起来的一类分析方法统称为光学分析法。这类分析是仪器分析的重要组成部分，应用范围广泛。

项目一

紫外-可见分光光度法

[知识目标]

- 理解分光光度法及其特点。
- 理解掌握吸收曲线及其物理意义、朗伯-比耳定律及其应用条件与偏离朗伯-比耳定律的原因。
- 理解掌握紫外吸收的常用术语、常见有机化合物的吸收光谱。
- 理解掌握无机化合物吸收光谱的产生原因。
- 熟悉紫外-可见分光光度计主要部件及其作用，主要仪器类型及特点。
- 理解掌握影响紫外-可见吸收光谱的因素。

[能力目标]

- 会正确进行紫外-可见分光光度计的安装、检验、选择测量条件、维护与保养。
- 能根据相应的国标进行相关的紫外-可见分光光度分析。

使用分光光度计，根据物质对不同波长的单色光吸收程度的不同而对物质进行定性和（或）定量分析的方法称为**分光光度法**。分光光度法分为可见分光光度法、紫外分光光度法及红外分光光度法。其中前两者通常合称为紫外-可见分光光度法（UV-Vis），该法是基于物质分子对紫外-可见光（200～780nm 区域）的吸收特征和吸收强度即吸收光谱的差异，对物质进行定性和定量分析的一种仪器分析方法。紫外-可见分光光度法具有如下特点。

① 应用广泛。由于各种各样的无机物和有机物在紫外、可见区都有吸收，因此均可借此法加以测定。化学元素周期表上的几乎所有元素（除少数放射性元素和惰性元素之外），均可采用此法（见图 1-1）。

② 灵敏度高。分光光度法适于微量或痕量组分分析，测定浓度一般为 10^{-6}～$10^{-5}mol \cdot L^{-1}$。

③ 准确度较高。通常分光光度法的相对误差为 2%～5%，能满足一般微量组分测定准确度的要求。如采用示差分光光度法测量，误差往往可减少到千分之几。

④ 选择性较好。通过选择适当的测定条件，比如控制适当的显色条件，可在多种组分共存体系中进行单组分或多组分测定。

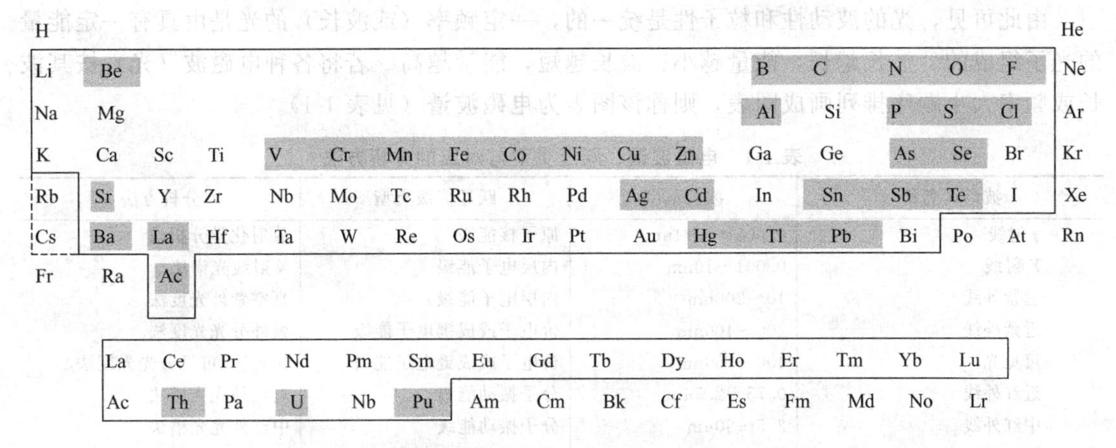

图 1-1　元素周期表中各元素与分光光度法的关系

（图内实线圈内的元素可用直接法测定，虚线圈内的元素可用间接法测定；带阴影的表示与环境污染有关的元素；放射性元素只有铀和钍常用分光光度法测定，其他元素都采用放射性分析测量）

⑤ 仪器器设备简单，操作方便，应用广泛。

因此紫外-可见分光光度法是目前应用最广泛的光谱分析方法之一，主要用于化合物含量的定量分析。此外由获得的化合物的紫外-可见吸收光谱还可用于有机化合物的结构分析。

任务一　紫外-可见分光光度计的基本操作

※ 必备知识

一、紫外-可见分光光度法的原理

一种物质呈现何种颜色，与入射光组成和物质本身的结构有关。溶液呈现不同的颜色是由于溶液中的吸光质点（离子或分子）选择性地吸收某种颜色的光而引起的。常见的有下列三种情况：①当白光通过某一均匀溶液时，如果各种波长光几乎全部被吸收，则溶液呈黑色；②如果入射光全部透过（不吸收），则溶液无色透明；③如果对某种色光产生选择性吸收，则溶液呈现透射光的颜色，即溶液呈现的是它吸收光的互补色光的颜色。如蓝色硫酸铜溶液放在钠光灯（黄光）下呈黑色，如果放在暗处，则什么颜色也没有。

1. 光的基本特性

（1）光的波动性和粒子性　光是一种电磁辐射（简称辐射），也是一种电磁波，具有波动性和粒子性。光这种电磁波可以用周期 T(s)、频率 ν(Hz)、波长 λ(nm) 和波数 s(cm^{-1}) 等参数描述。光也是由大量具有能量的粒子（光子）流组成的，可以用能量 E(eV)、频率 ν (Hz) 等表示。其关系为：

$$\nu = 1/T = c/\lambda = cs \quad (1\text{-}1)$$

$$E = h\nu = hc/\lambda \quad (1\text{-}2)$$

式中，h 为普朗克常数，6.626×10^{-34} J·s；c 为光速，真空中约为 3×10^{10} cm·s^{-1}。

由此可见，光的波动性和粒子性是统一的，一定频率（或波长）的光是由具有一定能量的光子组成的。波长越长，能量越小；波长越短，能量越高。若将各种电磁波（光）按其波长或频率大小顺序排列画成图表，则称该图表为**电磁波谱**（见表 1-1）。

表 1-1 电磁波谱、跃迁类型与对应的分析方法

波谱区名称	波长范围	跃迁能级类型	分析方法
γ 射线	0.005～0.14nm	原子核能级	放射化学分析法
X 射线	0.001～10nm	内层电子能级	X 射线光谱法
远紫外线	10～200nm	内层电子能级	真空紫外光度法
近紫外线	200～400nm	价电子或成键电子能级	紫外分光光度法
可见光	400～750nm	价电子或成键电子能级	比色法、可见分光光度法
近红外线	0.75～2.5μm	分子振动能级	近红外光光谱法
中红外线	2.5～50μm	分子振动能级	中红外光光谱法
远红外线	15～1000μm	分子振动能级	远红外光光谱法
微波	0.1m～100cm	电子自旋、分子转动能级	微波光谱法
射频(无线电波)	1～1000m	电子和核自旋	核磁共振光谱法

(2) 单色光、复合光和互补色光　**单色光**（即仅具有单一波长的长）是由具有相同能量的光子组成的。而**复合光**是由不同波长的光（即具有不同能量的光子）所组成的。白光（如阳光等）是包含不同波长的复合光。把适当颜色的两种光按一定强度比例混合后如成为白光，这两种颜色的光即称为**互补色光**。在可见光区物质或其溶液之所以呈色，是因其选择性地吸收了一定波长的光从而呈现出其互补色光的结果。光的互补关系见表 1-2。

2. 吸收光谱的产生

量子理论表明，分子具有不连续的量子化能级，光子的能量也是量子化的。因此当光线照射到某溶液中时，溶液中的物质分子仅能吸收其中具有分子两个跃迁能级之差的能量的光子（$\Delta E = E_1 - E_2 = hc/\lambda = h\nu$），使分子由较低能级 E_1 向较高能级 E_2 跃迁。当不同波长的光照射物质的粒子（分子、原子或离子）时，该溶液中物质的粒子与光子发生碰撞和能量转移，分子将从入射光中选择性吸收适合于其能级跃迁的相应波长的光子，其他光线将被简单地透过或反射，此过程称为光的吸收。由于不同物质分子具有不同的量子化能级，也就造成了不同物质对不同波长的光的吸收程度不同，从而形成了物质的**吸收光谱**。

表 1-2 光的互补关系

物质外观颜色	吸收光	
	吸收光的颜色	波长范围/μm
黄绿	紫	400～450
黄	蓝	450～480
橙	绿蓝	480～490
红	蓝绿	490～500
红紫	绿	500～560
紫	黄绿	560～580
蓝	黄	580～610
绿蓝	橙	610～650
蓝绿	红	650～760

3. 朗伯-比耳定律与吸收曲线

(1) 朗伯比耳定律　当一束光照强度为 I_0 的平行光通过均匀的溶液介质时，一部分光线被吸收（吸收光强度为 I_a），一部分被器皿反射（反射光强度为 I_r，稀溶液中可忽略），还有一部分可能透过（透射光强度为 I_t）。透射光强度与入射光强度之比称为透射率，也称为**透射比**，用 T 表示。物质对光的吸收程度称为**吸光度**（A），A 值更明确地表明溶液吸光强弱与表达物理量的相应关系。事实表明，溶液吸光度的大小与液层厚度（l）、溶液浓度（c）及透射比间具有如下规律：

$$A=\lg I_0/I_t=\lg 1/T=klc \tag{1-3}$$

式中，k 是比例常数，与吸光物质的本性、入射光波长及温度等因素有关。该式为**朗伯-比耳定律**（Lambert-Beer）。朗伯-比耳定律是分光光度法和比色法的基础。

① 当 c 的单位为 $g \cdot L^{-1}$ 时，比例常数用 a 表示，称为质量吸光系数，单位是 $L \cdot g^{-1} \cdot cm^{-1}$。

$$A=al\rho \tag{1-4}$$

② 当 c 的单位为 $mol \cdot L^{-1}$ 时，比例常数用 ε 表示，称为摩尔吸光系数，单位为 $L \cdot mol^{-1} \cdot cm^{-1}$。

$$A=\varepsilon lc \tag{1-5}$$

式中，ε 是在特定波长及外界条件下，吸光质点的一个特征常数，在数值上等于吸光物质浓度为 $1mol \cdot L^{-1}$、液层厚度为 1cm 时溶液的吸光度。ε 值愈大，分光光度法测定的灵敏度愈高。同一吸光物质在不同波长下 ε 值不同。在最大吸收波长 λ_{max} 处的摩尔吸光系数，常以 ε_{max} 表示，表明了该吸收物质最大限度的吸光能力。一般认为若 $\varepsilon_{max}>10^5 L \cdot mol^{-1} \cdot cm^{-1}$ 为高灵敏；$\varepsilon_{max}=(2\sim6)\times10^4 L \cdot mol^{-1} \cdot cm^{-1}$ 为中等灵敏；$\varepsilon_{max}<2\times10^4 L \cdot mol^{-1} \cdot cm^{-1}$ 则不灵敏。

（2）朗伯-比耳定律的应用条件　朗伯-比耳定律不仅适用于紫外线、可见光，也适用红外线；在同一波长下，且各组分吸光度具有加和性。但其应用必须符合以下条件：①入射光必须为单色光；②被测样品必须是均匀介质；③在吸收过程中吸光物质之间不能发生相互作用。

（3）偏离朗伯-比耳定律的原因　定量分析时，通常液层厚度是相同的，按照光吸收定律，当入射光波长保持不变时，随着吸光物质浓度的变化，浓度与吸光度之间的关系应该是一条通过直角坐标原点的直线。但在实际工作中，往往会遇到偏离线性而发生弯曲的现象（见图 1-2）。其原因主要如下。

① 朗伯-比耳定律的局限性　朗伯-比耳定律仅在稀溶液（$c<10^{-2} mol \cdot L^{-1}$）中才适用。

② 非单色光引起的偏离　吸收定律成立的前提条件之一是入射光为单色光，但实际上难以获得真正的纯单色光。

③ 非平行光或入射光被散射　入射光束与光轴不平行时，入射光束在比色皿内实际通过的有效光程大于比色皿的几何长度，因此可以引起一定的偏差。

散射光是沿各个方向传播的，其后果是使检测器接收的光强减小，导致吸光度偏大。

④ 溶液本身发生化学变化　在建立吸收定律时，利用了 $c=n/V$ 这一关系，其意义是将宏观浓度 c 与微观吸光粒子数 n 看成是等效的。但由于吸光物质的解离、缔合、与溶剂反应、互变异构、光化分解等化学作用，

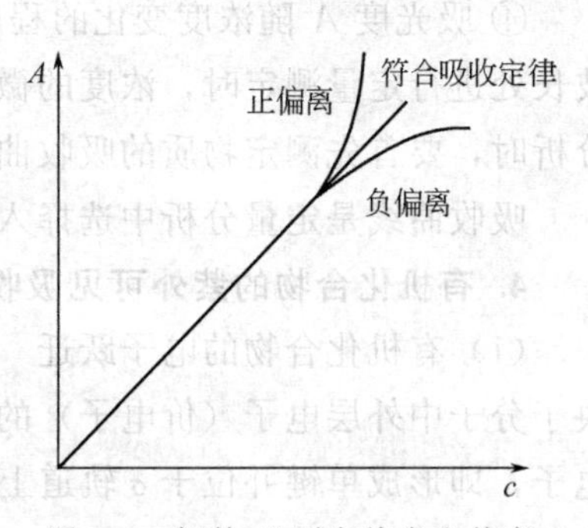

图 1-2　朗伯-比耳定律发生偏离

被测物质并不都是以对特定频率辐射吸收有效的形态存在。如铬酸盐或重铬酸盐溶液中存在下列平衡：

$$2CrO_4^{2-}+2H^+ \rightleftharpoons Cr_2O_7^{2-}+H_2O$$

CrO_4^{2-}（橙色）、$Cr_2O_7^{2-}$（黄色）吸光性质不同，溶液颜色也不同。前者的吸收峰值出现在 $\lambda=350nm$ 和 $450nm$ 处，后者的吸收峰值出现在 $\lambda=375nm$ 处。故溶液 pH 对测定有重要影响。溶剂的性质也影响吸光物质的存在形式。如碘在四氯化碳中呈紫色，在乙醇中呈棕色。

（4）吸收曲线　在同样条件下，依次将各种波长的单色光通过某物质溶液，并分别测定溶液对每个波长的光的吸收程度（吸光度 A），以波长为横坐标，吸光度（A）为纵坐标，得到 A-λ 曲线，称为该溶液的**吸收曲线**，即物质分子对辐射吸收的程度随波长而变化的函数关系曲线，又称吸收光谱（见图 1-3 和图 1-4），图 1-4 中 a、b、c、d 分别是不同浓度时的吸收曲线。

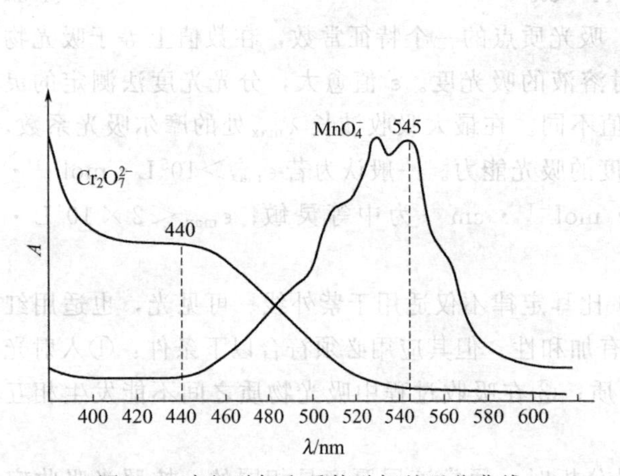

图 1-3　高锰酸钾和重铬酸钾的吸收曲线

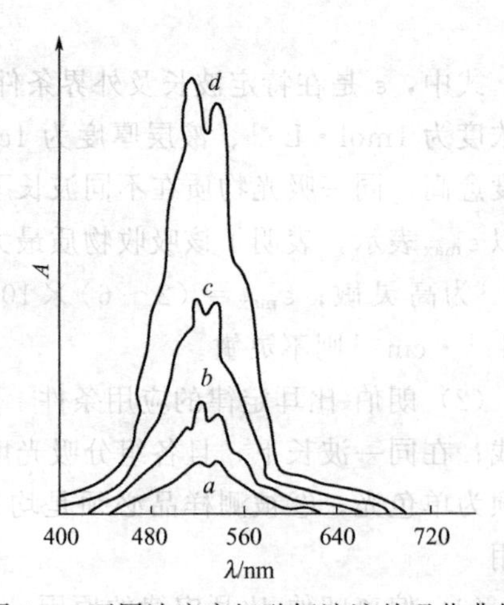

图 1-4　不同浓度高锰酸钾溶液的吸收曲线

从图中可得到如下结论：

① 每种物质都有自己特征的紫外-可见吸收光谱（见图 1-3）。

② 同一物质对不同波长光的吸光度不同。吸收光谱通常由一个或几个吸收谱带组成，吸光度最大处对应的波长称为最大吸收波长 λ_{max}，这是该物质对辐射的特征吸收或选择吸收，它与分子中外层电子或价电子的结构（或成键、非键和反键电子）有关。

③ 溶液浓度改变时，其吸收曲线形状相似，λ_{max} 不变（见图 1-4）。

④ 吸光度 A 随浓度变化的程度随波长不同而不同，在 λ_{max} 处的改变幅度最大。即在此波长处进行定量测定时，浓度的微小变化可使吸光度有较大改变，测定的灵敏度高。在定量分析时，要首先测定物质的吸收曲线，确定 λ_{max}，并在此波长下进行测定。

吸收曲线是定量分析中选择入射波长的重要依据。

4. 有机化合物的紫外可见吸收光谱

（1）有机化合物的电子跃迁　在紫外和可见光区范围内，有机化合物的吸收光谱主要取决于分子中外层电子（价电子）的能级跃迁和电荷迁移跃迁。有机化合物分子中通常有三类电子，即形成单键并位于 σ 轨道上的 σ 电子、形成不饱和键并位于 π 轨道上的 π 电子以及未参与成键并位于 n 轨道上的 n 电子（孤对电子）。分子的空轨道包括反键的 σ^* 轨道和反键的

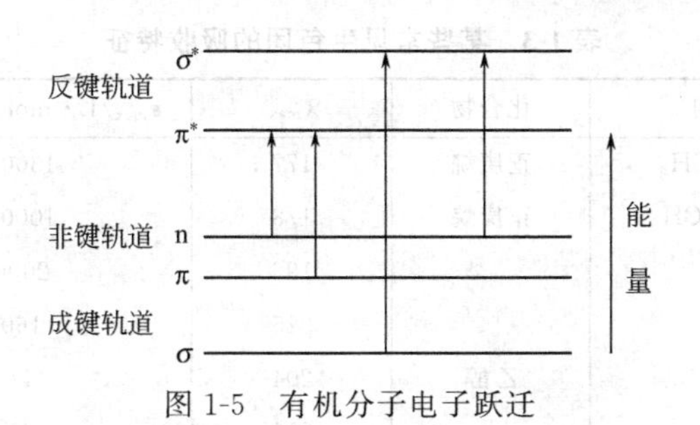

图 1-5 有机分子电子跃迁

π^* 轨道。处于基态的分子在吸收一定波长的光后，分子中的成键电子和非键电子可被激发跃迁至 σ^* 和 π^* 反键轨道。其跃迁类型有 $\sigma \rightarrow \sigma^*$、$n \rightarrow \sigma^*$、$\pi \rightarrow \pi^*$ 和 $n \rightarrow \pi^*$ 四种（见图 1-5）。

① $\sigma \rightarrow \sigma^*$ 跃迁　该跃迁所需能量最大，只有吸收远紫外线的能量才能发生跃迁。饱和烷烃分子中只存在 σ 成键电子，吸收远紫外线的能量后只能发生该类跃迁。如甲烷、乙烷的最大吸收波长 λ_{max} 分别为 125nm、135nm，因此常用作测定紫外光谱的溶剂。

② $n \rightarrow \sigma^*$ 跃迁　该跃迁所需能量较 $\sigma \rightarrow \sigma^*$ 跃迁小，吸收波长为 150～250nm。含非成键电子的饱和烃衍生物（含 N、O、S 和卤素等杂原子）均呈现 $n \rightarrow \sigma^*$ 跃迁，因此常称—OH、—OR、—NH_2、—SH 和卤素取代基为助色基团。如一氯甲烷、甲醇、三甲基胺 $n \rightarrow \sigma^*$ 跃迁的最大吸收波长 λ_{max} 分别为 173nm、183nm 和 227nm。

③ $\pi \rightarrow \pi^*$ 跃迁　该跃迁所需能量较小，吸收波长处于远紫外区的近紫外端或近紫外区，ε_{max} 一般在 $10^4 L \cdot mol^{-1} \cdot cm^{-1}$ 以上，为强吸收。不饱和烃、共轭烯烃和芳香烃类均可发生该类跃迁。如乙烯 $\pi \rightarrow \pi^*$ 跃迁的 λ_{max} 为 162nm，ε_{max} 为 $1 \times 10^4 L \cdot mol^{-1} \cdot cm^{-1}$。其中所含的基团常称为发色基团。

④ $n \rightarrow \pi^*$ 跃迁　该跃迁所需能量最低，吸收波长 $\lambda > 200nm$。摩尔吸光系数一般为 $10 \sim 100 L \cdot mol^{-1} \cdot cm^{-1}$，吸收谱带强度较弱，属禁阻跃迁（是由于非键电子的轨道与 π 电子的轨道是垂直的）。分子中孤对电子和 π 键同时存在时，如羧基、硝基和偶氮基可发生 $n \rightarrow \pi^*$ 跃迁。丙酮 $n \rightarrow \pi^*$ 跃迁的 λ_{max} 为 275nm，ε_{max} 为 $22L \cdot mol^{-1} \cdot cm^{-1}$（溶剂环己烷）。

(2) 紫外吸收光谱常用术语

① 生色团与助色团

生色团（发色团）：广义的生色团是指分子中可以吸收光子而产生电子能级跃迁的基团，但通常仅指在 200～1000nm 波长范围内产生特征吸收带，使分子带有颜色的原子团或结构系统。常见的生色团及其吸收特征见表 1-3。

助色团：有一些含有 n 电子的基团（如—OH、—OR、—NH_2、—NHR、—X 等），它们本身没有生色功能（不能吸收 $\lambda > 200nm$ 的光），但当它们与生色团相连时，就会发生 n-p 共轭作用，增强生色团的生色能力（吸收波长向长波方向移动，且吸收强度增加），这样的基团称为助色团。如苯环的一个氢原子被一些基团取代后，苯环在 254nm 处吸收带的最大吸收位置和强度就会改变。

② 红移和蓝移　由于化合物结构变化（共轭、引入助色团取代基）或采用不同溶剂后吸收峰位置向长波方向移动的，叫**红移**（长移）；吸收峰位置向短波方向移动的，叫**蓝移**（紫移、短移）。

③ 增色效应与减色效应　由于结构改变或其他原因，使吸收强度增加的称为**增色效应**，反之称为**减色效应**。

表 1-3 某些常见生色团的吸收特征

官能团	官能团结构	化合物	λ_{max}	$\varepsilon_{max}/L \cdot mol^{-1} \cdot cm^{-1}$	跃迁类型
烯	$C_6H_{13}CH=CH_2$	正庚烷	177	13000	$\pi \to \pi^*$
炔	$C_5H_{11}C \equiv C-CH_3$	正庚烷	178	10000	$\pi \to \pi^*$
			196	2000	
			225	160	
羧基		乙醇	204	41	$n \to \pi^*$
酰氨基		水	214	60	$n \to \pi^*$
羰基		正己烷	186	1000	$n \to \sigma^*$
			280	16	$n \to \pi^*$
		正己烷	180		$n \to \sigma^*$
			293	12	$n \to \pi^*$
			339	5	$n \to \pi^*$
硝基	CH_3NO_2	异辛烷	280	22	$n \to \pi^*$
亚硝基	C_4H_9NO	乙醚	300	100	$n \to \pi^*$
			665	20	
硝酸酯	$C_2H_5ONO_2$	二氧杂环己烷	270	12	$n \to \pi^*$

(3) 常见有机化合物的紫外-可见吸收光谱

① 饱和烃及其取代衍生物　饱和烷烃分子中只含有 C—C、C—H，只能产生 $\sigma \to \sigma^*$ 跃迁，其最大吸收波长 $\lambda_{max} < 200nm$，即在近紫外区无吸收，故可用作测定紫外吸收的溶剂。

饱和烃上 H 被氧、氮、卤素、硫等杂原子取代时，可产生 $n \to \sigma^*$ 跃迁，故可产生红移。如 CH_3Cl、CH_3Br、CH_3I 的 $n \to \sigma^*$ 跃迁分别出现在 173nm、204nm、259nm 处。

② 不饱和烃及共轭烯烃　不饱和烃类分子可产生 $\sigma \to \sigma^*$ 跃迁、$\pi \to \pi^*$ 跃迁。因后者所需能量较前者小，在近紫外光谱图上，仅产生 $\pi \to \pi^*$ 跃迁的吸收带。如乙烯、1,5-己二烯的最大吸收波长 λ_{max} 分别是 175nm、185nm。如烯烃上取代基数目增加，λ_{max} 红移。

当不饱和烃中有两个或更多双键共轭时，共轭体系中各能级间的距离较近，电子易激发，随着共轭系统的延长，$\pi \to \pi^*$ 跃迁的吸收带明显红移（增色，见表 1-4），吸收强度也增加。共轭双键中 $\pi \to \pi^*$ 跃迁所产生的吸收带称为 K 带，特点是强度大（$\varepsilon > 10^4 L \cdot mol^{-1} \cdot cm^{-1}$），$\lambda_{max} = 217nm$，K 带的 λ_{max}、ε_{max} 与共轭体系中双键的数目、位置、取代基的种类有关。

表 1-4 某些共轭多烯的吸收光谱数据

化合物	溶剂	λ_{max}/nm	ε_{max}
1,3-丁二烯	己烷	217	21000
1,3,5-己三烯	异辛烷	268	43000
1,3,5,7-辛四烯	环己烷	304	
1,2,5,7,9-癸五烯	异辛烷	334	121000
1,3,5,7,9,11-十二烷基六烯	异辛烷	364	138000

③ 羰基化合物　羰基化合物可产生 $n \to \pi^*$、$n \to \sigma^*$ 及 $\pi \to \pi^*$ 三种跃迁方式。$n \to \pi^*$ 跃迁的最大吸收波长 λ_{max} 在 270～300nm（$\varepsilon < 100L \cdot mol^{-1} \cdot cm^{-1}$），是羰基化合物（双键上

有杂原子）的特征吸收带，称为R带。醛和酮与羧酸及其衍生物在结构上有差异，它们$n \to \sigma^*$吸收带所处的光区稍有不同。醛、酮的$n \to \pi^*$吸收带出现在260～300nm附近，吸收强度低（ε_{max}为10～20$L \cdot mol^{-1} \cdot cm^{-1}$），且谱带略宽。

④ 芳香族化合物　苯是环状的p-p共轭体系，从其紫外吸收光谱（以乙醇为溶剂，见图1-6）可见，在紫外区有三个吸收带，都是$\pi \to \pi^*$跃迁产生的。

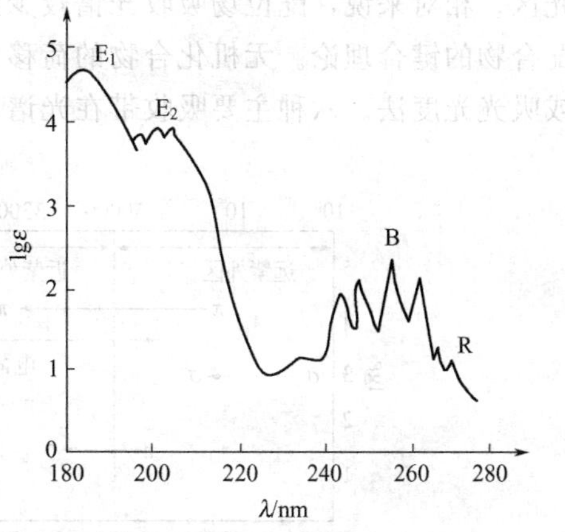

图1-6　乙醇中苯的紫外吸收光谱

E_1、E_2**带**：由环状共轭体系中的$\pi \to \pi^*$跃迁产生的吸收带，是强吸收带。苯的E_1、E_2带的λ_{max}分别是185nm、204nm，但一般在210nm左右。

B**带**：是具有环状共轭体系的$\pi \to \pi^*$跃迁和苯环的振动重叠引起的吸收带，也称为精细结构吸收带，是芳香族化合物的重要特征吸收带。B带吸收较弱（$\varepsilon < 200 L \cdot mol^{-1} \cdot cm^{-1}$），$\lambda_{max}$为230～270nm。

R**带**：R带是由于$n \to \pi^*$跃迁产生的，其λ_{max}为270～300nm，R带为弱吸收（$\varepsilon < 100 L \cdot mol^{-1} \cdot cm^{-1}$），是羰基化合物（双键上有杂原子）的特征吸收带。

当苯环上有取代基时，苯的三个特征谱带都会发生显著变化，其中影响最大的是E_2带和B带。多环芳烃，随着共轭结构增大，共轭效应增强，使E带、K带和B带波长红移，吸收强度明显增大。

5. 无机化合物的紫外-可见吸收光谱

无机化合物的电子跃迁形式一般有两类：电荷迁移跃迁和配位场跃迁。

（1）电荷迁移跃迁　当形成配合物的配体和金属离子或分子内两个大π键体系相互接近时，分子吸收光能后，可能发生电荷由一部分转移到另一部分的现象，便产生电荷转移吸收光谱。无机配合物（如$FeSCN^{2+}$）的电荷迁移跃迁可用下式表示：

$$M^{n+}\text{-}L^{b-} + h\nu \longrightarrow M^{(n+1)+}\text{-}L^{(b-1)-}$$

$$[Fe^{3+}\text{-}SCN^-]^{2+} + h\nu \longrightarrow [Fe^{2+}\text{-}SCN]^{2+}$$

式中，M为中心离子（如Fe^{3+}），是电子接受体；L是配体（如SCN^-），是电子给予体。受辐射能激发后，使一个电子从给予体外层轨道向接受体跃迁而产生的迁移吸收光谱。电荷迁移吸收光谱出现的波长位置取决于电子给予体和电子接受体相应电子轨道的能量差。若中心离子的氧化能力（或配体的还原能力）强，则发生电荷迁移跃迁时所需能量就小，吸收光谱波长红移。

电荷迁移吸收光谱谱带最大的特点是摩尔吸收系数大，一般$\varepsilon_{max} \geqslant 10^4 L \cdot mol^{-1} \cdot cm^{-1}$。故用这类谱带进行定量分析可获得较高的检测灵敏度。

（2）配位场跃迁　过渡金属离子及其化合物呈现两种不同形式的电子吸收光谱，一种为前述的电荷迁移跃迁，另一种为配位场跃迁。配位场跃迁包括d-d跃迁和f-f跃迁。配合物由于配体的影响，过渡元素五个能量相等的d轨道及镧系和锕系元素七个能量相等的f轨道分别分裂成几组能量不等的d轨道及f轨道。当它们的离子吸收光能后，低能态的d电子或f电子可以分别跃迁至高能态的d轨道或f轨道上去，分别称为d-d跃迁和f-f跃迁，即**配位**

场跃迁。

配位场跃迁吸收谱带的 ε_{max} 值一般小于 $10^2 L \cdot mol^{-1} \cdot cm^{-1}$，这类光谱一般位于可见光区。相对来说，配位场吸收光谱较少用于定量分析，但它可用来研究配合物的结构及无机配合物的键合理论。无机化合物的荷移光谱大多位于可见光区，所以又称为可见分光光度法或吸光光度法。六种主要吸收带在光谱区中的位置和大致强度见图 1-7。

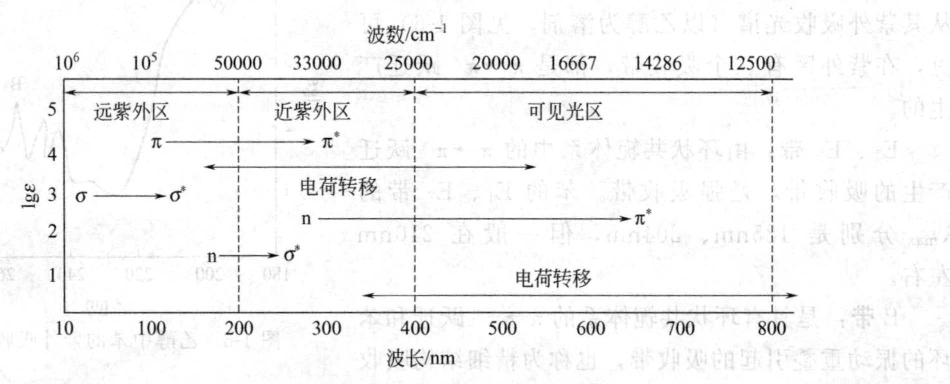

图 1-7 几种常见的紫外-可见吸收光谱

6. 影响紫外-可见吸收光谱的因素

物质的吸收光谱与测定条件有密切的关系。测定条件不同，吸收光谱的形状、吸收峰的位置、吸收强度等都可能发生变化。影响紫外-可见吸收的因素主要有如下几种。

(1) 共轭效应 一个分子中含有两个或两个以上的生色团时，各生色团各自独立吸收，吸收带由各生色团的吸收带叠加而成，即非共轭；共轭后，π 电子运动范围大，π^* 轨道能量降低，$\pi \rightarrow \pi^*$ 跃迁能级差减小，吸收光谱红移，摩尔吸光系数 ε 值增大。共轭不饱和键数目越多，红移越显著。

(2) 溶剂效应 当物质溶解在溶剂中时，溶质分子被溶剂分子所包围。溶剂不同，同一种物质得到的吸收光谱（波长、强度和精细结构）可能不一样，即溶剂效应。溶剂效应与溶剂的极性和有机化合物的电子跃迁类型有关。

一般随着极性增加，$\pi \rightarrow \pi^*$ 跃迁发生红移，吸收强度增强；$n \rightarrow \pi^*$ 跃迁则发生紫移，吸收强度下降。溶剂除对吸收波长和吸收强度有影响外，还影响精细结构。如苯酚的 B 吸收带的精细结构在非极性溶剂（如庚烷）中较清楚，在极性溶剂（如乙醇）中则较弱，有时消失而出现一宽峰。另外溶剂本身有一定的吸收带，如果和溶质的吸收带有重叠，将妨碍溶质吸收带的观察。

在测定化合物的紫外-可见吸收光谱时，一般先将待测物质配制成溶液，故选择合适的溶剂十分重要。选择溶剂的基本原则如下。

① 溶剂对待测物应有很好的溶解性。

② 所选溶剂在测定波长范围内无吸收或吸收很小。一些常用溶剂允许使用的最短波长，即截止波长（低于这个波长，溶剂吸收会影响被测物紫外-可见吸收光谱的测定）见表 1-5。

③ 尽可能选择非极性或极性较小的溶剂，以减轻溶剂对被测物质吸收光谱的影响。

(3) 体系 pH 的影响 体系 pH 对紫外吸收光谱的影响较普遍，无论是对酸性、碱性或中性样品都有明显的影响。如酚类化合物由于体系的 pH 不同，其解离情况也不同，因而产生不同的吸收光谱。

表 1-5　常见溶剂的截止波长

溶剂	截止波长/nm	溶剂	截止波长/nm	溶剂	截止波长/nm
乙腈	190	叔丁基甲基醚	210	乙酸乙酯	260
水	200	乙醇	215	四氯化碳	263
戊烷	200	四氢呋喃	215	二甲基甲酰胺	268
正庚烷	200	乙醚	220	三氯乙烷	273
正己烷	200	甘油	220	苯	280
甲醇	205	二氯乙烷	225	甲苯	285
环己烷	210	1,2-二氧乙烷	230	二甲苯	290
异丙醇	210	乙酸	230	甲乙酮	329
正丙醇	210	二氯甲烷	233	丙酮	330
正丁醇	210	氯仿	245	二硫化碳	380

$$C_6H_5\text{—}OH \underset{H^+}{\overset{OH^-}{\rightleftharpoons}} C_6H_5\text{—}O^-$$

λ_{max}210.5nm　270nm　λ_{max}235nm　287nm

二、常见的紫外-可见分光光度计

1. 紫外-可见分光光度计的基本组成及构造

紫外-可见分光光度计是在紫外可见光区用于测定溶液吸光度的分析仪器，简称分光光度计。各种型号的紫外-可见分光光度计的基本结构都相似，都是由光源、单色器、吸收池、检测器及信号指示系统五个基本部分组成，如图 1-8 所示。

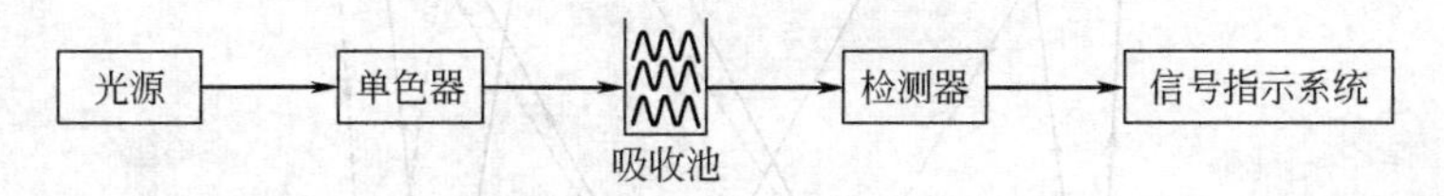

图 1-8　紫外-可见分光光度计的基本结构示意

(1) 光源　光源的作用是在使用波长范围内提供强大而稳定的连续光谱。分光光度计对光源的要求是：在仪器操作所需光谱区域内提供连续的光谱，光强足够大，有良好的稳定性，使用寿命长。

在可见光区常用的是热源光源，如钨灯（白炽灯）或卤钨灯，其辐射波长范围为 325～2500nm，其中适宜的波长范围是 380～1000nm。该光源还可用作近红外光源。在紫外区使用的光源多为气体放电光源，如氢、氘、氙放电灯等，其中前两者较为常见。该类光源可发射 185～375nm 的连续光谱。也可将高强度和单色性高的激光用做紫外光源，如氩离子激光器和可调谐染料激光器。

(2) 单色器　单色器的作用是将光源发射的连续的复合光分解成单色光，并可准确方便地从中选出任一波长单色光的光学系统。单色器由入射狭缝、准光器（由透镜或凹面反射镜使入射光变成平行光）、色散元件、聚焦元件和出射狭缝几部分组成。其核心部分是起分光作用的色散元件，色散元件主要是棱镜和光栅或者两者的组合。其他光学元件主要有控制光的方向、调节光的强度等作用。

棱镜（见图 1-9）的色散原理是依据不同波长的光通过棱镜时有不同的折射率而将不同波长分开。因玻璃会吸收紫外线，故玻璃棱镜只适用于 350～3200nm 的可见和近红外光区波长范围。石英棱镜适用的波长范围较宽（185～4000nm），可用于紫外、可见和红外三个光谱区域。

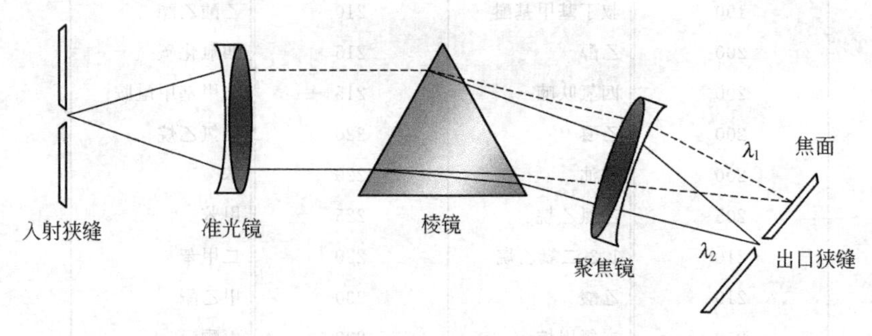

图 1-9　棱镜单色器

光栅（见图 1-10）是在光学玻璃或金属片上刻制出许多等距、等宽、平行并且具有反射面的刻痕（刻线或沟槽），利用光的衍射和干涉作用使复合光色散成单色光，常用的光栅刻痕密度为每毫米 600～1200 条。可用于紫外、可见和近红外光谱区域，在整个波长区域中具有良好的、几乎均匀一致的色散率，具有适用波长范围宽、分辨率高（可达 0.2nm）、便于保存和易于制作等优点。其缺点是各级光谱会重叠而产生干扰。

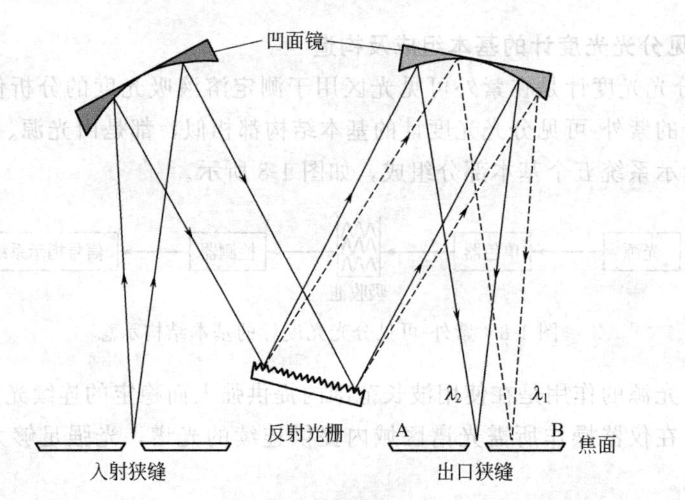

图 1-10　光栅单色器

无论何种单色器，出射光光束中常混有少量与仪器指示波长不同的杂散光，这是由光学部件和单色器内外壁的反射和大气或光学部件表面上尘埃的反射产生的。为了减少杂散光，单色器一般用涂有黑色的罩壳封起来，通常不允许随意打开。

（3）吸收池（比色皿）　吸收池又称为比色皿，用于盛放分析的待测溶液及参比溶液，让入射光束通过。吸收池一般用无色透明、耐腐蚀的玻璃或石英做成，玻璃池只能用于可见光区，石英池可用于可见光区及紫外区，真空紫外吸收池则是用氟化钙、氟化锂做成的。吸收池的大小规格为 0.1～10cm，最常用的是 1cm 的吸收池。

使用吸收池时应注意如下事项。

① 为减少光的反射损失，吸收池的光学面必须严格垂直于光束方向。

② 在高精度分析测定中，吸收池要挑选配对，使它们的性能基本一致。

③ 严格保护光学面。测量时不可用手直接接触光学面；不能将光学面与硬物或脏物接

触，只能用擦镜纸或丝绸擦拭光学面。

④ 凡含腐蚀玻璃的物质的溶液不得长时间盛放在吸收池中，其他测试溶液用后也应立即洗净。

⑤ 不得在火焰或电炉上加热或烧烤。

（4）检测器　检测器是利用光电效应，检测单色光通过溶液被吸收后透射光的强度，并把这种光信号转换成电流信号的装置。检测器应符合如下要求：应在测量的光谱范围内具有高的灵敏度；光电转换速度快、线性关系好、线性范围宽；有好的稳定性和低的噪声水平；产生的光电信号易于检测放大等。常用的检测器有光电池、光电管和光电倍增管三类。

① 光电池　光电池是一种光敏半导体，是由三层物质构成的薄片（见图 1-11）。由于半导体材料的半导体性质，当光照射到光电池上时，从半导体材料表面逸出的电子只能单向流动，使金属膜表面带负电，底层的阳极带正电，线路接通就有了光电流。在一定范围内，光电流的大小与光电池受到的光照强度成正比。常用的有硒光电池、硅光电池。其特点是不需要外接电源，不必经放大就能产生，可直接推动微安表或检流计的光电流。因光电池内阻小而不能用一般的直流放大器放大（不适用于较微弱的光）、容易出现“疲劳效应”、寿命较短等缺点，故不适用于弱光，只能用于谱带宽较大的低档的分光光度计中。

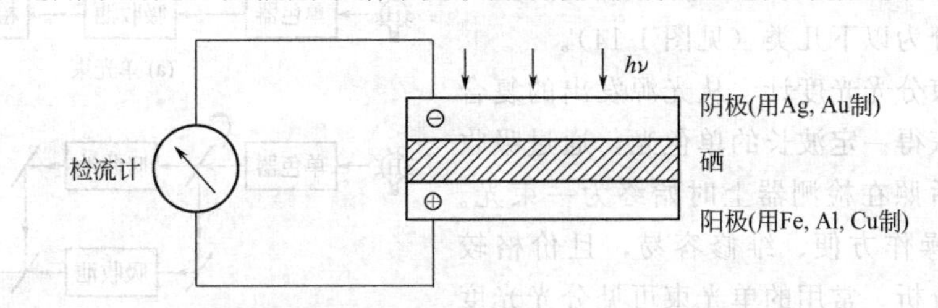

图 1-11　硒光电池结构及工作原理示意

② 光电管　光电管是由一个阳极和一个光敏阴极组成的真空二极管（见图 1-12）。阳极为金属丝，阴极为半圆柱体，其凹面涂有一层对光敏感的碱金属或碱金属氧化物或二者的混合物，密封于高真空的玻璃或石英中；当光线照射在光敏材料上时，阴极就发射电子，光愈强，放出的电子就愈多。与阴极相对的阳极有较高的正电位，吸引电子产生电流，此电流很小，需放大才能检出。常用的光电管有蓝敏和红敏两种。前者为锑-铯（Sb-Cs）阴极，适用的波长范围为 220～625nm；后者为银-氧化铯（$Ag\text{-}Cs_2O$）阴极，适用的波长范围为600～1200nm。与光电池比较，光电管具有响应灵敏度高、光敏范围宽、不易疲劳等优点。

③ 光电倍增管（PMT）　光电倍增管是一种加上多级倍增电极的光电管，其结构如图 1-13 所示。光电倍增管的外壳由玻璃或石英制成，阴极表面涂上光敏物质，在阴极 C 和阳极 A 之间装有一系列次级电子发射极，即电子倍增极 D_1、D_2……，且在两极间加了直流高压（约 1000V）。当辐射光子撞击阴极时发射光电子，该电子被电场加速并撞击第一倍增极 D_1，撞出更多的二次电子，如此重复，最后阳极收集到的电子数将是阴极发射的电子的 10^5～10^6 倍，使受激发的电流得到放大。光电倍增管灵敏度高，适用的波长范围为 160～700nm，是检测微弱光最常见的光电元件。它响应速度快，灵敏度高，比一般光电管高 200 倍。

（5）信号指示系统　信号指示系统的作用就是放大信号并以适当的方式指示或记录的装

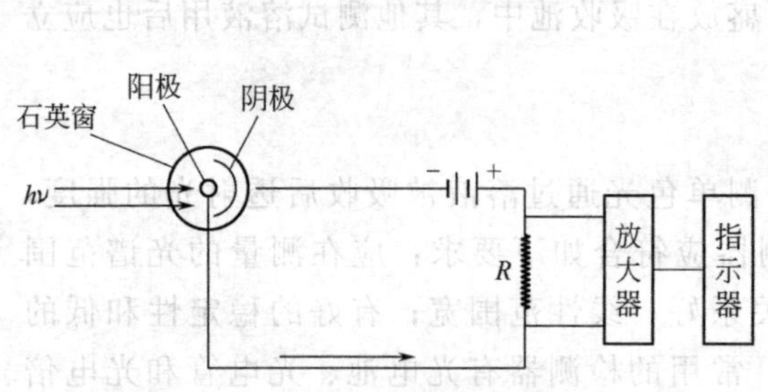

图 1-12　光电管的构造和工作原理

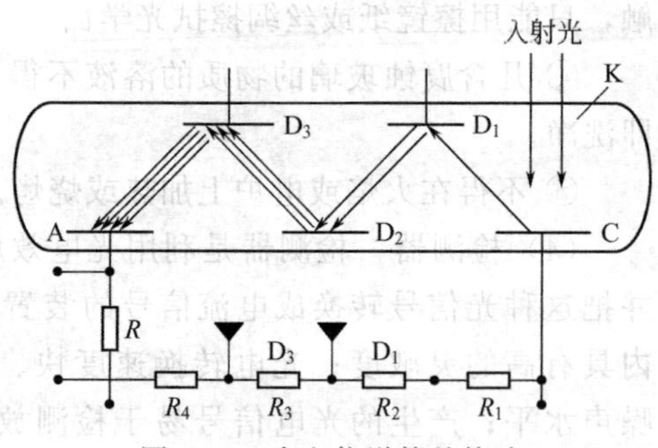

图 1-13　光电倍增管的构造

置。常用的信号指示装置有直流检流计、电位调零装置、数字显示及自动记录装置等。现在许多分光光度计还可以连接数据处理装置，一方面可以对仪器进行控制，另一方面可以自动绘制工作曲线、计算结果并打印报告等，从而实现分析的自动化。

2. 分光光度计的类型

紫外-可见分光光度计按使用波长范围可分为两类：一类是可见分光光度计，波长范围是 400～780nm；另一类是紫外-可见分光光度计，其使用波长范围是 200～1000nm。

紫外-可见分光光度计还可按光路或测量时提供的波长数分为以下几类（见图 1-14）。

(1) 单光束分光光度计　从光源发出的复合光经单色器后获得一定波长的单色光，通过吸收池吸收后，最后照在检测器上时始终为一束光。其结构简单、操作方便、维修容易，且价格较低，适于常规分析。常用的单光束可见分光光度计有 721 型、722 型、723 型、724 型等；常用的单光束紫外-可见分光光度计有 751G 型、752 型、754 型、756MC 型、757 型等。

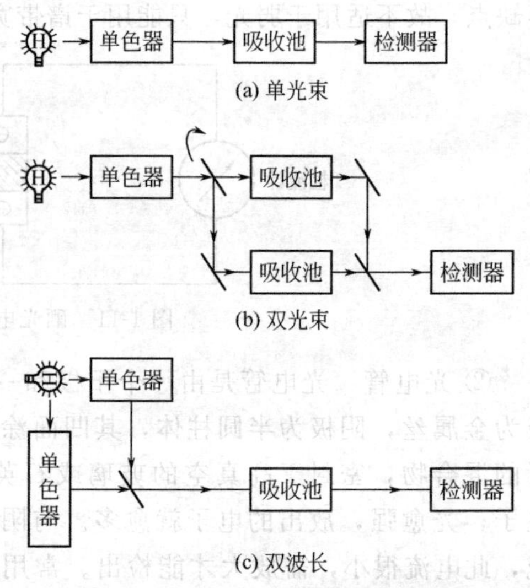

图 1-14　常见分光光度计的类型

(2) 双光束分光光度计　从光源发出的复合光经单色器后被反射镜（切光器）分解为强度相等的两束光，一束经参比池，另一束经样品池，光度计能自动比较两束光的强度，此比值为试样的透射比，经对数变换将它转换成吸光度并作为波长的函数记录下来，一般能自动记录吸收光谱曲线。两束光同时分别通过参比池和样品池，还能自动消除光源强度变化所引起的误差。常用的双光束分光光度计有 710 型、730 型、740 型等。与单光束分光光度计同为单波长分光光度计。

(3) 双波长分光光度计　从光源发出的复合光分别经过两个自由转动的光栅单色器，得到两束不同波长（λ_1 和 λ_2）的单色光；利用切光器使两束光以一定的频率交替照射同一吸收池，然后经过光电倍增管和电子控制系统，最后由显示器显示出两个波长处的吸光度差值和 ΔA（$\Delta A = A_{\lambda 1} - A_{\lambda 2}$）。对于多组分混合物、浑浊试样（如生物组织液）的分析，以及存在背景干扰或共存组分吸收干扰的情况下，利用双波长分光光度法，往往能提高方法的灵敏度和选择性，且能获得导数光谱。通过光学系统转换，使双波长分光光度计能很方便地转化为单波长工作方式。

常用的双波长分光光度计有国产的 WFZ800S、UV1801，美国的 2950 型、日本岛津的 UV-300、UV-365 等。

※ 实践操作

常见紫外-可见分光光度计的使用、维护及保养

一、实训目的

1. 了解紫外-可见分光光度计的基本构造和工作原理。
2. 练习并掌握实训中心的紫外-可见分光光度计的基本操作并练习编写其操作规程。
3. 理解掌握实训中心紫外-可见分光光度计的日常维护与保养措施。

二、仪器、药品

紫外-可见分光光度计、苯、蒸馏水。

三、实训步骤

1. 对照说明书与前面所学的必备知识，认知相应的仪器的基本构造

仪器的组成构造为：光源→单色器→吸收池→检测器→信号显示系统。

2. 仪器的基本操作

（1）分光光度计的安装　分光光度计安装的要求是“六防”：防振，即应安装在稳固的工作台上，且仪器背部离墙壁至少 15cm 以上，以保持有效的通风；防潮，室内相对湿度宜控制在 45%～65%，不应超过 80%；防高温，室内温度宜保持在 5～35℃；防腐蚀，室内不应有 SO_2、NO_2、NH_3 及酸雾等腐蚀性气体，应与化学分析室隔开；防电磁干扰，即周围不应有强磁场；防阳光直射。

（2）分光光度计的检验

① 波长的检验　验收新仪器时、仪器移动位置或仪器使用过一段时间后都要进行波长和吸光度的校正。这是因为机械振动、温度变化、灯丝变形、灯座松动或更换灯泡等，经常会引起仪器波长的读数与实际通过溶液的波长不符合的现象，从而导致仪器灵敏度降低，影响测定结果的精度。

按照 JJG 178—2007 的要求（下同），将仪器的工作波长划分为三段，分别是 A 段（190～340nm）、B 段（340～900nm）、C 段（900～2600nm），按照计量性能的高低，将仪器划分为Ⅰ、Ⅱ、Ⅲ、Ⅳ共 4 个级别。波长最大允许误差见表 1-6，波长重复性见表 1-7。

表 1-6　波长（nm）最大允许误差

级别	A 段	B 段	C 段
Ⅰ	±0.3	±0.5	±1.0
Ⅱ	±0.5	±1.0	±2.0
Ⅲ	±1.0	±4.0	±4.0
Ⅳ	±2.0	±6.0	±6.0

表 1-7　波长（nm）重复性

级别	A 段	B 段	C 段
Ⅰ	=0.1	=0.2	=0.5
Ⅱ	=0.2	=0.5	=1.0
Ⅲ	=0.5	=2.0	=2.0
Ⅳ	=1.0	=3.0	=3.0

根据仪器选择标准物质，见表1-8。可供选择的标准物质有：①低压石英汞灯；②氧化钬滤光片；③氧化钬溶液；④标准干涉滤光片；⑤镨钕滤光片；⑥镨铒滤光片；⑦1，2,4-三氯苯（分析纯）；⑧仪器的氘灯；⑨高压汞灯。

A段、B段间隔100nm至少选择一个波长检定点，C段根据仪器的波长范围至少均匀选择五个波长检定点。如果测出的峰的最大吸收波长与仪器上波长标示值相差±3nm以上，就需根据其说明书上介绍的调节方法或请相应的厂家进行波长调节。

表1-8　波长标准物质的选择

级别	A段	B段	C段
Ⅰ	①、②、③	①、②、③、⑤、⑥、⑧	⑨、⑦
Ⅱ	①、②、③	①、②、③、⑤、⑥、⑧	⑨、⑦
Ⅲ	①、②、③	①、②、③、④、⑤、⑥、⑧	⑨、⑦
Ⅳ	①、②、③	①、②、③、④、⑤、⑥、⑧	⑨、⑦

② 透射比的检验　仪器透射比最大允许误差应满足表1-9的要求。

表1-9　透射比最大允许误差/%

级别	A段	B段
Ⅰ	±0.3	±0.3
Ⅱ	±0.5	±0.5
Ⅲ	±1.0	±1.0
Ⅳ	±2.0	±2.0

透射比检验标准物质含质量分数为0.0600/1000 $K_2Cr_2O_7$ 的0.001mol·L^{-1} $HClO_4$ 标准溶液、紫外区透射比滤光片、光谱中性滤光片，其透射比标称值为10%、20%、30%。如用标准溶液检验时，用标准吸收池装标准液分别在235nm、257nm、313nm、350nm处测量透射比三次，按式（1-16）计算透射比示值误差，$\overline{T}$ 为3次测量的平均值，T_s 为透射比标准值（见表1-10）。

$$\Delta T=\overline{T}-T_s \tag{1-16}$$

表1-10　重铬酸钾标准溶液在20℃时相应波长下不同光谱带宽的透射比/%

带宽/nm	235.0nm	257.0nm	313.0nm	350.0nm
1	18.1	13.6	51.3	22.8
2	18.1	13.7	51.3	22.8
3	18.1	13.7	51.2	22.8
4	18.2	13.7	51.1	22.9
5	18.2	13.8	51.0	22.9
6	18.2	13.8	50.9	22.9

③ 吸收池配套性检验　在定量工作中，尤其是在紫外区测定时，需要对吸收池作校准及配对工作，以消除吸收池的误差，提高测量的准确度。JJG 178—2007对吸收池配套性的规定见表1-11。

表1-11　吸收池配套性要求

吸收池类别	波长	配套误差
石英	220nm	0.5
玻璃	440nm	0.5

仪器所附的同一光径的吸收池中，装蒸馏水于 220nm（石英吸收池）、440nm（玻璃收池）处，将一个吸收池的透射比调节为100%，测量其他的透射比值，其差值即为吸收池的配套性。对透射比范围只有 0～100%挡的仪器可用 95%代替 100%。

④ 稳定度的检验　在光电管不受光的条件下，用零点调节器将仪器调至零点，观察 3min，读取透射比的变化，即为零点稳定度。

在仪器测量波长范围两端向中间靠 10nm 处，调零点后，盖上样品室盖（打开光门），使光电管受光，调节透射比为 95%（数显仪器调至 100%），观察 3min，读取透射比，即为光电流稳定度。

对自动扫描仪器来说还有噪声与漂移的要求，其操作请参阅相关的文献与专著。

(3) 使用

① 预热　打开电源开关按要求预热约 30min。如紧急应用时应随时调 0% T，调 100% T。

② 测量波长的选择　选择工作波长总的原则是“吸收最大，干扰最小”。为了获得最高的分析灵敏度，都是选择最强吸收带的最大吸收波长 λ_{max} 作为测量波长，称为最大吸收原则。但在测量高浓度组分时，宁可选用灵敏度低一些的吸收峰波长（ε 较小）作为测量波长，以保证校正曲线有足够的线性范围。另外 λ_{max} 处吸收峰太尖锐时，在满足分析灵敏度的前提下，可选用灵敏度低一些的波长进行测量，以减少朗伯-比耳定律的偏差。

③ 适宜吸光度范围的选择　因测量过程中光源的不稳定、读数的不准确或实验条件的偶然变动等因素使分光光度计都有一定的测量误差。由于吸收定律中透射比 T 与浓度 c 呈负对数的关系，所以浓度较大或浓度较小时，相对误差都比较大。为了减少浓度测量的相对误差，提高测量的准确度，一般将待测溶液的吸光度控制在 0.2～0.7 范围内，或将透射比控制在 65%～20%的范围内。当溶液的吸光度不在此范围时，可通过改变称样量、稀释倍数及吸收池的厚度来控制吸光度。

④ 仪器狭缝宽度的选择　选择狭缝宽度的方法是：测量吸光度随狭缝宽度的变化。狭缝的宽度在一定范围内，吸光度是不变的，当狭缝宽度大到某一程度时，吸光度开始减小。因此，在不减小吸光度时的最大狭缝宽度，即是所欲选取的合适的狭缝宽度。

根据待测物质的性质，查阅相关的参考文献，确定合适的工作波长。使用仪器上的波长调节旋钮，调整仪器当前测试波长，具体波长由相应的显示窗或在控制面板上显示，如需读出波长，观察时目光应垂直。

⑤ 调零　开机预热后，改变测试波长时或测试一段时间后，以及作高精度测试前需调零。即打开吸收池盖（关闭光门）或用不透光材料在样品室中遮断光路，按 0%键，即能自动调整零位。

⑥ 调整 100% T　调零后，将参比液（如空白样品）置入样品室光路中最靠近测试者的“0”位置，盖下试样盖（即打开光门），按下 100%键即能自动调整 100% T（一次有误差时可加按一次）。

注意：调整 100% T 时整机自动增益系统重调可能影响 0% T，调整后请检查 0% T，如有变化可重调 0% T 键一次。

⑦ 润洗并依次装入待测溶液　对已经确定为成套的吸收池，先用蒸馏水润洗三次，接着用待测溶液润洗三次，再装入待测溶液。

⑧ 改变标尺　紫外-可见分光光度计一般设有透射比、吸光度或其他标尺，各标尺间的

转换按相应的使用说明书进行操作。

⑨ 在吸光度模式下，测定测量溶液的吸光度　改变试样槽位置让不同样品进入光路，如用仪器前面的试样槽拉杆依次向外拉出“1”、“2”、“3”位置或通过控制面板使试样依次进入光路，并记录相关读数。如用拉杆控制时，当拉杆到位时有定位感，到位时请前后轻轻推动一下，以确保定位正确。

3. 仪器的维护与日常保养

分光光度计是精密光学仪器，正确安装、使用和保养对保持仪器良好的性能和保证测试的准确度有重要的作用。

(1) 对仪器工作环境的要求（六防）

① 防振　仪器应放置在坚固平稳的工作台上，且避免强烈的振动或持续的振动。

② 防潮　仪器应安放在干燥的房间内，相对湿度不超过85%。

③ 防高温　温度范围为5～35℃。

④ 防腐蚀　避免在有盐酸、硫化氢等腐蚀性气体的场所使用。

⑤ 防电磁干扰　尽量远离高强度的磁场、电场及发生高频波的电器设备。

⑥ 防阳光直射　室内照明不宜太强，且应避免直射日光的照射。

(2) 日常维护和保养

原则上要做到“四定”，即定人保管、定点存放、定期维护、定期检修。定期维护与检修的内容如下。

① 使用条件和要求　电扇和空调不宜直接向仪器吹风（防止光源灯因发光不稳定而影响仪器的正常使用）；供给仪器的电源电压为220V±22V，频率为50Hz±1Hz，并必须装有良好的接地线（推荐使用功率为1000W以上的电子交流稳压器或交流恒压稳压器）。

② 光源的保养　为了延长光源使用寿命，在不使用仪器时不要开光源灯，且应尽量减少开关次数。在短时间的工作间隔内可不关灯。刚关闭的光源灯不能立即重新开启。仪器连续使用时间不应超过3h。若需长时间使用，最好间歇30min。如果光源灯亮度明显减弱或不稳定，应及时更换新灯。更换后要调节好灯丝位置，不要用手直接接触窗口或灯泡，避免油污沾附。若不小心接触过，要用无水乙醇擦拭。

③ 单色器的保养　单色器是仪器的核心部分，装在密封盒内，不能拆开。选择波长应平衡地转动，不可用力过猛。为防止色散元件受潮生霉，必须定期更换单色器盒的干燥剂（硅胶）。若发现干燥剂变色，应立即更换。

④ 吸收池的维护和保养　必须正确使用吸收池并特别注意保护吸收池的两个光学面。

a. 强腐蚀、易挥发试样测定时吸收池必须加盖。

b. 吸收池的洗涤：吸收池在使用后应立即洗净，若吸收池内外壁沾污，两池差较大时可按下法处理：用擦镜纸或柔软的棉织物如用绸布缠在扁竹条外或用脱脂棉缠在细玻璃棒上蘸上乙醇，轻轻摩擦，再用纯净水冲净，擦去水分；生物样品、胶体或其他在池窗上形成薄膜的物质要用适当的溶剂（3mol・L^{-1}盐酸和等体积乙醇的混合液）洗涤有色物质污染。必要时可用重铬酸钾-硫酸洗液浸泡1～2min，用自来水冲净，再用纯化水冲净。

c. 石英比色皿存放在无水乙醇中，或在室温下自然晾干。

样品溅入比色室后应立即用滤纸或软棉纱布擦拭干净；不得用毛刷刷洗或硬物擦拭，以防止表面光洁度受损，影响正常使用。

⑤ 检测器的维护和保养　光电转换元件不能长时间曝光且避免强光照射或受潮积尘。

⑥ 仪器不能正常工作时　当发现仪器不能正常工作时，应该认真观察现象并记录下来，为维修创造条件。

⑦ 使用后的维护和保养　当仪器停止工作时，必须切断电源，盖上防尘罩，避免仪器积灰和沾污；仪器若暂时不用要定期通电，每次不少于 20～30min，以保持整机呈干燥状态，并且维持电子元器件的性能。不允许用酒精、汽油、乙醚等有机溶液擦洗仪器中除上面提到的部位。定期对分光光度计进行校验（包括波长准确度、透射比正确度、稳定度等）。

另外对波长选择为旋钮式的分光光度计，在选择波长时应平衡地转动，不可用力过猛。

四、思考题

参阅仪器的使用说明书，结合所学的知识，编写本实训中心的紫外-可见分光光度计的操作规程。

任务二　紫外-可见分光光度法的应用

※ 必备知识

一、紫外-可见分光光度法的应用之一——定量分析

1. 可见分光光度法的定量分析

可见分光光度法是测量有色物质对某一单色光吸收程度来进行定量的，而许多物质本身无色或颜色很浅（对可见光不产生吸收或吸收不大）。将待测组分转变成对紫外-可见光有吸收的物质的反应称为**显色反应**，使被测组分转变成对紫外-可见光有吸收的试剂称为**显色剂**。

（1）显色反应及其要求　显色反应可以是氧化还原反应，也可以是配位反应。同一种组分可与多种显色剂反应生成不同的有色物质，在分析时，可根据以下因素选用适宜的显色反应。

① 选择性好　即一种显色剂最好只与一种被测组分或少数组分发生显色反应，或显色剂与共存组分生成的化合物的吸收峰与被测组分的吸收峰相距较远，即干扰少或干扰容易消除。

② 灵敏度高　分光光度法一般用于微量组分的测定，因此应当选择灵敏度高的显色反应。一般反应生成的有色化合物的摩尔吸光系数 ε 越大，显色反应的灵敏度越高。一般当 ε 值为 $10^4 \sim 10^5 L \cdot mol^{-1} \cdot cm^{-1}$ 时可认为该反应的灵敏度较高。当然，实际分析中还应该综合考虑选择性。

③ 有色化合物组成恒定、化学性质稳定　只有有色化合物稳定才可以准确反映被测物的含量，保证在测定过程中吸光度基本不变，否则将影响吸光度测定的准确度和再现性。

④ 对比度大　显色剂在测定波长处应无明显吸收，如果显色剂有色，则要求有色化合物与显色剂之间的颜色差别要大，以减小试剂空白值，提高测定的准确度，即 $\Delta\lambda_{max} >$ 60nm。通常把两种有色物质最大吸收波长之差称为“对比度”。

⑤ 易于控制　显色条件应易于控制，以保证测得的吸光度有一定的重现性。

常用显色剂见表 1-12。

表 1-12 一些常用的显色剂

试剂	结构式	离解常数	测定离子
硫氰酸盐	SCN^-	$pK_a=0.85$	Fe^{2+}，M(Ⅴ)，W(Ⅴ)
钼酸盐	MoO_4^{2-}	$pK_{a_2}=3.75$	Si(Ⅳ)，P(Ⅴ)
过氧化氢	H_2O_2	$pK_a=11.75$	Ti(Ⅳ)
邻二氮菲	N N	$pK_a=4.96$	Fe^{2+}
双硫腙	NH—NH, C=S, N=N	$pK_a=4.6$	Pb^{2+}，Hg^{2+}，Zn^{2+}，Bi^+等
丁二酮肟	$H_3C-C-C-CH_3$ HON NOH	$pK_a=10.54$	Ni^{2+}，Pd^{2+}
铬天青 S(CAS)	CH_3 CH_3 HO O HOOC C COOH Cl Cl SO_3H	$pK_{a_3}=2.3$ $pK_{a_4}=4.9$ $pK_{a_5}=11.5$	Be^{2+}，Al^{3+}，Y^{3+}，Ti^{4+}，Zr^{4+}，Hf^{4+}
茜素红 S	O OH OH SO_3^- O	$pK_{a_2}=5.5$ $pK_{a_3}=11.0$	Al^{3+}，Ga^{3+}，Zr(Ⅳ)，Th(Ⅳ)，F^-，Ti(Ⅳ)
偶氮胂Ⅲ	AsO_3H_2 OH OH AsO_3H_2 N=N N=N ^-O_3S SO_3^-		$UO_2{}^{2+}$，Hf(Ⅳ)，Th^{4+}，Zr(Ⅳ)，RE^{3+}，Y^{3+}，Sc^{3+}，Ca^{2+}等
4-(2-吡啶偶氮)间苯二酚(PAR)	N N=N OH OH	$pK_{a_1}=3.1$ $pK_{a_2}=5.6$ $pK_{a_3}=11.9$	Co^{2+}，Pb^{2+}，Ga^{3+}，Nb(Ⅴ)，Ni^{2+}
1-(2-吡啶偶氮)萘(PAN)	N N=N HO	$pK_{a_1}=2.9$ $pK_{a_2}=11.2$	Co^{2+}，Ni^{2+}，Zn^{2+}，Pb^{2+}
4-(2-噻唑偶氮)间苯二酚(TAR)	S N N=N OH OH		Co^{2+}，Ni^{2+}，Cu^{2+}，Pb^{2+}

(2) 显色反应条件的选择 分光光度法是要测定显色反应达到平衡后溶液的吸光度，因此要得到准确的结果，在选择好适宜的显色剂后，同时要控制好显色条件。

① 显色剂的用量 当 M 为被测物质，R 为显色剂，MR_n 为反应生成的有色配合物时，生成有色配合物的显色反应如下：

$$M+nR \rightleftharpoons MR_n$$

显色剂的实际用量通常经实验确定。其方法是将待测组分的浓度及其他条件固定，然后加入不同量的显色剂，测其吸光度，吸光度（A）与浓度（c_R）的关系曲线，可得到如图 1-15 的三种情况。图中（a）曲线表明，显色剂浓度在 $a \sim b$ 范围内曲线平直，吸光度出现稳定值，说明可在 $a \sim b$ 间选择合适的显色剂用量。（b）曲线表明显色剂浓度在 $a' \sim b'$ 这一较窄的范围内时，吸光度值才比较稳定，因此可在此范围内选择合适的显色剂用量，并必须严格控制 c_R 的大小。（c）曲线表明，随着显色剂浓度增大，吸光度不断增大，这种显色反应条件很难控制，一般不适宜作分光光度分析。

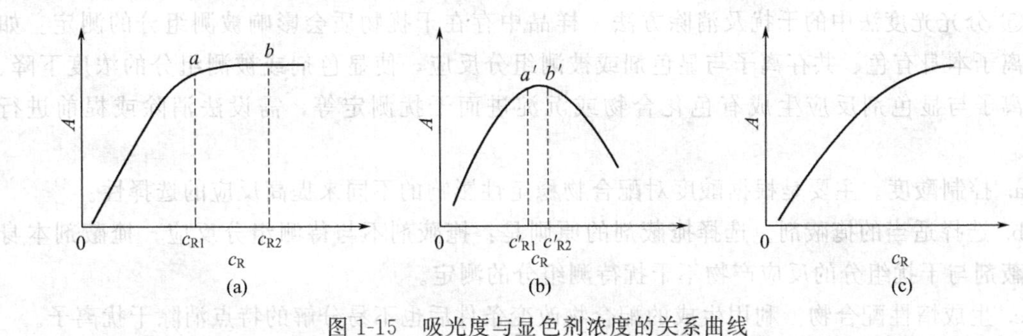

图 1-15 吸光度与显色剂浓度的关系曲线

② 溶液的 pH

a. 溶液的 pH 影响显色剂的颜色。由于大多数有机显色剂是弱酸（碱），介质酸度变化，将直接影响显色剂的离解程度和显色反应是否进行完全。

b. 溶液的 pH 影响金属离子配合物的配位数。某些能形成逐级配合物的显色反应，产物的组成会随介质的酸度而改变。

c. 溶液 pH 的变化可能引起被测金属离子水解。多数金属离子会因介质酸度的降低而发生水解，形成各种形体的羟基配合物，有的甚至析出沉淀，或者由于生成金属离子的氢氧化物而破坏了有色配合物，以致无法测定。

d. 溶液的 pH 影响配合物的稳定性。这种影响对弱酸型有机显色剂和金属离子形成的配合物的影响较大。当溶液酸度增大时显色剂的有效浓度减少，显色能力被减弱，有色物质的稳定度也随着降低。

实际应用时可通过实验确定某金属离子与显色剂反应的适宜酸度范围。方法是固定待测组分及显色剂浓度，改变溶液的 pH，测定其吸光度值，作吸光度（A）与 pH 的关系曲线，选择曲线平坦部分对应的 pH 作为测定条件（见图 1-16）。

③ 显色温度 显色反应一般在室温下进行，但有的反应则需要在较高的温度下进行，以加速显色反应并使反应进行完全。有的有色物质当温度偏高时又容易分解。因此，对不同的反应，应通过实验找出各自适宜的温度范围。

④ 显色时间及有色配合物的稳定时间 显色反应所需要的时间称为显色时间，显色后有色物质颜色保持稳定的时间称为稳定时间。有些反应瞬间完成，且完成后有色化合物能稳

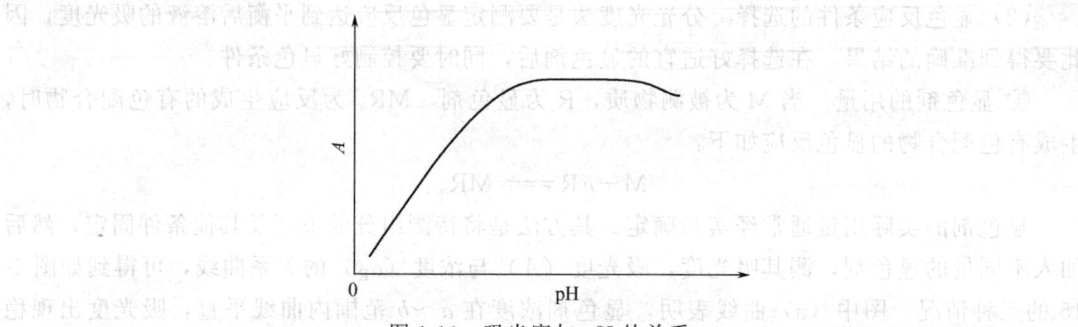

图 1-16 吸光度与 pH 的关系

定较长时间；有的反应虽然很快完成，但产物又迅速分解。确定适宜时间的方法是：配制好显色溶液后从加入显色剂开始，每隔一定时间测定吸光度一次，由此绘制出吸光度-时间的关系曲线。选择曲线平坦部分对应的时间作为合适的测定时间。

⑤ 分光光度法中的干扰及消除方法　样品中存在干扰物质会影响被测组分的测定。如共存离子本身有色、共存离子与显色剂或被测组分反应，使显色剂或被测组分的浓度下降、共存离子与显色剂反应生成有色化合物或沉淀进而干扰测定等，需设法消除或提前进行分离。

a. 控制酸度。主要是根据酸度对配合物稳定性影响的不同来提高反应的选择性。

b. 选择适当的掩蔽剂。选择掩蔽剂的原则是：掩蔽剂不与待测组分反应；掩蔽剂本身及掩蔽剂与干扰组分的反应产物不干扰待测组分的测定。

c. 生成惰性配合物。利用生成的配合物改变条件后也不易分解的特点消除干扰离子。

d. 选择适宜的波长。配制适当的参比液，避开干扰物的最大吸收，从而消除干扰组分的影响。

e. 分离干扰离子。若上述方法不易采用时，也可以采用预先分离的方法消除干扰离子再进行测定。分离干扰离子时常用的方法有沉淀、萃取、离子交换、蒸发、蒸馏以及柱色谱、纸色谱、薄层色谱等色谱分离法等。

(3) 测量条件的选择　在分光光度法中，当显色反应和显色条件确定后，为了保证测定的灵敏度和准确度，还需要从仪器角度出发选择适当的测量条件。

① 入射光波长的选择　一般情况下，在分光光度分析法中根据吸收曲线选择溶液的最大吸收波长 λ_{max} 为其测量波长，如果最大吸收波长 λ_{max} 不在可测范围内，或最大吸收波长 λ_{max} 附近有干扰存在，必须选用其他波长为测量波长。选择的原则是在保证有一定灵敏度的情况下，尽量使 ε 值随波长的改变而变化不太大，又能避免其他物质的吸收干扰。

② 参比溶液的选择　参比溶液是指不含被测组分的试剂溶液。在分光光度分析中，为了消除比色皿及所加溶剂、试剂等对入射光的反射和吸收带来的误差，需要选择合适组分的溶液为参比溶液。测定时先以它来调节仪器的透射比 100% T ($A=0$)，也称为仪器的工作零点，然后再测定待测溶液的吸光度。选择参比溶液的原则如下。

a. 如果仅待测物与显色剂的反应产物有吸收，可用纯溶剂（如蒸馏水）作参比溶液，这样可消除溶剂、吸收池等因素的影响。

b. 如果显色剂或其他试剂略有吸收，应用空白溶液，即按显色反应相同的条件加入除待测试样溶液外其他所有的成分，如显色剂、溶剂及其他试剂的溶液作为参比溶液。

c. 如试样中其他组分有吸收，但不与显色剂反应，当显色剂无吸收时，可用试样溶液作为参比溶液；当显色剂略有吸收时，可在试液中加入适当掩蔽剂将待测组分掩蔽后再加显色剂作为参比溶液。

总之，选择参比溶液就是要尽可能地消除各种共存的有色物质的干扰，使试液的吸光度能真正反映被测物质的浓度。

③ 吸光度读数范围的选择　吸光度过高或过低，误差都很大。当溶液的吸光度值为 0.434（或透射比为 36.8%）时，由读数误差引起的浓度相对误差最小。实际测量时，常根据对测量准确度的要求，调整待测液的浓度和比色皿的厚度，将被测溶液的吸光度值控制在 0.2～0.7 范围内。

(4) 定量方法　可见分光光度法最广泛和最重要的用途是对微量成分进行定量分析，其依据是朗伯-比耳定律。进行定量分析时，由于样品的组成情况及分析要求不同，分析方法也不同。

① 单一组分样品的分析　分光光度法常被用来对试样中指定组分进行测定，当在可见光区进行光度分析时，选择合适的显色反应、确定适宜的测定条件进行定量分析。

a. 吸光系数法　根据朗伯-比耳定律 $A=\varepsilon lc$，若液层厚度 l 固定且已知，吸光系数 ε 已知（可从有关手册或文献中查到），则可根据测得的吸光度 A 直接求出被测物质的浓度：$c=A/\varepsilon l$。

b. 工作曲线法　工作曲线法是实际工作中使用最多的一种定量方法。根据朗伯-比耳定律 $A=\varepsilon lc$，当被测物质固定且采用相同的吸收池进行测定，测定波长固定时则吸光系数 ε 不变，液层厚度 l 也为一定值，朗伯-比耳定律可简化为 $A=Kc$。工作曲线的绘制方法是：配制四个以上浓度不同的待测组分的标准溶液，相同条件下显色并稀释至相同体积，以空白液为参比液，在选定的波长下，分别测定各标准液的吸光度。以标准液的浓度为横坐标，吸光度为纵坐标，在坐标纸上绘制出的曲线即为工作曲线，也称标准曲线。所作曲线上必须标明工作曲线的名称、所用标样（或标准溶液）的名称和浓度、单位、测量条件（含仪器型号、入射光波长、吸收池厚度、参比液名称等）以及制作日期和制作者姓名。

按相同的方法制作待测试液，在相同条件下测量试液的吸光度，然后在曲线上查出待测试液的浓度。由于各种因素的影响，实验测出的各点可能不完全在一条直线上，这时就只能画出直线或用最小二乘法计算出直线回归方程了。其实目前已有一些软件可以直接用来进行相应的数据处理了，其中较常用的是用 Excel 软件处理。其基本操作流程如下。

数据的输入：打开一个新的 Excel 工作表，按列从小到大输入系列标准液的浓度，在另一列对应的单元格中依次输入校正的系列标准液的吸光度 A 的读数。

图表的完成：选中所有浓度及相应的吸光度的单元格，点击“插入”下拉菜单中的“图表”，在“图表”对话框“图表类型”选项中选中“XY 散点图”后，再点击“完成”按钮即得到一个以浓度为 X 轴，以吸光度为 Y 轴的图表。

回归方程和标准差计算：选中图中的数据点后再按鼠标右键，选中“添加趋势线”，在该对话框中点击“选项”菜单，选中“显示公式”和“显示 R 平方值（R）”两个选项，再点击“确定”，工作曲线的回归方程和标准差 R 的值即出现在图表中。

修饰：比如标明工作曲线、X 轴、Y 轴的名称及浓度单位等。

c. 比较法（也称为标准对照法或计算法）　在同样条件下配制标准溶液和样品溶液，使两者的浓度尽可能接近，选用适当的参比液，在选定波长处，分别测量吸光度。因为同一物质、用同一台仪器且进行测定的波长相同，其液层厚度 l 和摩尔吸光系数 ε 相等，所以有：

$$A_x/A_s=c_x/c_s \tag{1-6}$$

由此可推出：

$$c_x=A_x/A_s\times c_s \tag{1-7}$$

② 示差分光光度法（示差法）原理 **示差分光光度法**不是以空白溶液（不含待测组分的溶液）作为参比溶液，而是采用比待测溶液浓度稍低的标准溶液作参比溶液，采用较大的入射光强度，测量待测试液的吸光度，从测得的吸光度可推算出待测试液的浓度。

设：待测溶液浓度为 c_x，标准溶液浓度为 $c_s(c_s<c_x)$。$A_x=\varepsilon lc_x$，$A_s=\varepsilon lc_s$，则：

$$\Delta A=A_x-A_s=\varepsilon l(c_x-c_s)=\varepsilon l\Delta c \tag{1-8}$$

由标准曲线上查得相应的 Δc 值，则待测溶液浓度 c_x：

$$c_x=c_s+\Delta c \tag{1-9}$$

示差分光光度法能够提高测量结果准确度的原因是：用普通分光光度法以水作为参比溶液，测得浓度为 c_s 的标准溶液的透射比为 $T=10\%$，浓度为 c_x 的试样溶液的透射比为 $T=5\%$，两者均超出了准确测量的读数范围。现采用浓度为 c_s 的标准溶液作参比，将仪器的透射比调节为 $T=100\%$（见图 1-17），再测试液的透射比即为 $T=50\%$，此读数正好落入准确测量的读数范围内，从而提高了测量的准确度。

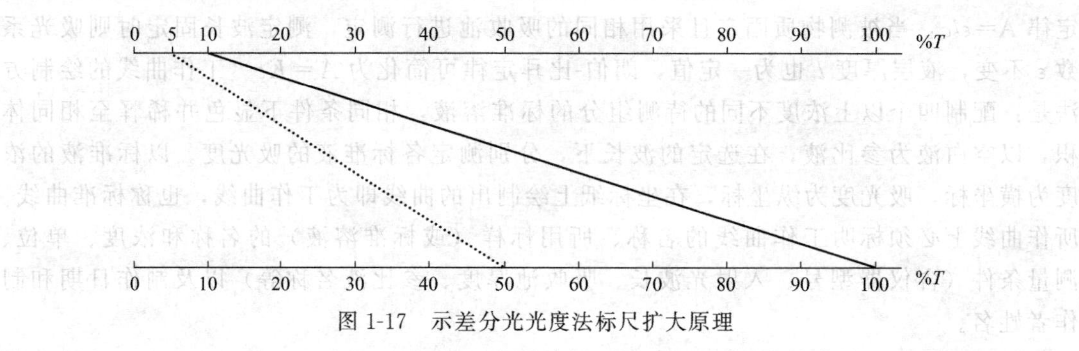

图 1-17 示差分光光度法标尺扩大原理

③ 多组分定量测定 在含有多组分的体系中（指在被测溶液中含有两个或两个以上的吸光组分），如果各组分的吸光质点彼此不发生作用，当一束平行的单色光通过该溶液时，溶液的总吸光度等于各组分吸光度之和，即吸光度具有加和性［见式 (1-10)］。利用这一特性，可以在同一试样溶液中不经分离同时测定两个以上的组分。

$$A=A_1+A_2+A_3+\cdots+A_n \tag{1-10}$$

假设某试样溶液中含有 A、B 两种组分，在同一条件下将其转化为有色化合物，分别有各自的吸收曲线，将会出现三种情况：

a. 两组分几乎互不干扰 可用测定单组分的方法分别在波长 λ_1、λ_2 处测定 A、B 两组分的吸光度；

b. 两组分中的一个组分对另一个组分有干扰 A 组分对 B 组分的测定有干扰，而 B 组分对 A 组分的测定无干扰，则可以在 λ_1 处单独测量 A 组分，求得 A 组分的浓度 c_A。再在 λ_2 处测量溶液的吸光度 $A_{\lambda_2}^{A+B}$ 及 A、B 纯物质的 $\varepsilon_{\lambda_2}^{A}$、$\varepsilon_{\lambda_2}^{B}$ 值，根据吸光度的加和性，即得：

$$\lambda_2 \quad A_{\lambda_2}^{A+B}=A_{\lambda_2}^{A}+A_{\lambda_2}^{B}=\varepsilon_{\lambda_2}^{A}lc_A+\varepsilon_{\lambda_2}^{B}lc_B \tag{1-11}$$

由此式即可以求出 c_B。

c. 两组分彼此互相干扰　此时，在 λ_1、λ_2 处分别测定溶液的吸光度 $A_{\lambda_1}^{A+B}$ 及 $A_{\lambda_2}^{A+B}$，而且同时测定 A、B 纯物质的 $\varepsilon_{\lambda_1}^{A}$、$\varepsilon_{\lambda_1}^{B}$ 及 $\varepsilon_{\lambda_2}^{A}$、$\varepsilon_{\lambda_2}^{B}$。然后列出联立方程：

$$\begin{cases} \lambda_1 \quad A_{\lambda_1}^{A+B}=A_{\lambda_1}^{A}+A_{\lambda_2}^{B}=\varepsilon_{\lambda_1}^{A}lc_A+\varepsilon_{\lambda_1}^{B}lc_B & (1\text{-}12) \\ \lambda_2 \quad A_{\lambda_2}^{A+B}=A_{\lambda_2}^{A}+A_{\lambda_2}^{B}=\varepsilon_{\lambda_2}^{A}lc_A+\varepsilon_{\lambda_2}^{B}lc_B & (1\text{-}13) \end{cases}$$

由式（1-12）得：

$$c_A=\frac{A_{\lambda_1}^{A+B}-\varepsilon_{\lambda_1}^{B}lc_B}{\varepsilon_{\lambda_1}^{A}l} \tag{1-14}$$

将式（1-14）代入式（1-13）即有：

$$A_{\lambda_2}^{A+B}=\frac{\varepsilon_{\lambda_2}^{A}l(A_{\lambda_1}^{A+B}-\varepsilon_{\lambda_1}^{B}lc_B)}{\varepsilon_{\lambda_1}^{A}l}+\varepsilon_{\lambda_2}^{B}lc_B \tag{1-15}$$

解得 c_A、c_B。显然，如果有 n 个组分的光谱互相干扰，就必须在 n 个波长处分别测定吸光度的加和值，然后解 n 元一次方程以求出各组分的浓度。应该指出，这将是繁琐的数学处理，且 n 越多，结果的准确性越差。用计算机处理测定结果将使运算大为方便。

2. 紫外分光光度法的定量分析

紫外分光光度定量分析与可见分光光度定量分析的定量依据和定量方法相同，选择入射光波长、空白溶液、吸光度读数范围的方法也与可见分光光度法类似，无需赘述。值得提出的是，在进行紫外定量分析时要参照前文的要求选择合适的溶剂。

利用紫外吸收光谱进行定量分析的例子很多。例如一些国家已将数百种药物的紫外吸收光谱的最大吸收波长和吸收系数载入药典。紫外分光光度法可方便地直接测定混合物中某些组分的含量，如环已烷中的苯，鱼肝油中的维生素 A 等。对于多组分混合物中含量的测定，如果混合物中各种组分的吸收相互重叠，则往往仍需要预先进行分离。

二、紫外-可见分光光度法的应用之二——定性分析

1. 未知化合物的定性鉴定

每一种化合物都有自己的特征光谱，光谱的形状、峰的数目、波长位置及 ε_{max}（化合物特性参数）可作为定性依据。测出未知物的吸收光谱，原则上可以对该未知物作出定性鉴定，但对复杂化合物的定性分析仍有一定的困难。

紫外-可见吸收光谱定性分析一般采用比较光谱法。所谓**比较光谱**是将经提纯的样品和标准物用相同溶剂配成溶液，并在相同的实验条件（仪器条件、溶剂条件）下，将未知物的紫外光谱与标准物质的紫外光谱进行比较。如果紫外光谱曲线完全相同（包括曲线形状、λ_{max}、λ_{min}，吸收峰数目、拐点及 ε_{max} 等），说明化合物的生色团、助色团基本相同，可初步认为是同一种化合物。为进一步确认可更换一种溶剂重新测定后再作比较。

如无标准物，可借助各种有机化合物的紫外可见标准谱图及有关电子光谱数据的文献资料比较。最常用的谱图资料是由美国费城 Sadtler 研究实验室编辑出版的萨特勒标准谱图及手册。使用与标准谱图比较的方法时，要求仪器准确度、精密度高，测定条件要完全与文献规定的相同，否则可靠性较差。

紫外-可见吸收光谱只能表现化合物生色团、助色团和分子母核，而不能表达整个分子的特征，因此只靠紫外吸收光谱曲线来对未知物进行定性可靠性不高，还要参照其他方法

（如红外光谱法、核磁共振光谱、质谱以及化合物某些物理常数等）和一些经验规则如伍德沃德（Woodward）、斯科特（Scott）规则（Woodward 和 Fieser 等总结了许多资料，对共轭分子的波长提出的一些经验规则，通过计算其最大吸收波长与实测值比较后，进行初步定性鉴定）等配合来确定（具体规定和计算方法可查阅分析化学手册）。

2. 结构分析

紫外吸收光谱在研究化合物结构中的主要作用是根据化合物的紫外-可见吸收光谱中特征吸收峰的波长和强度来推测官能团、结构中的共轭体系、取代基的位置、种类和数目。

（1）特征基团及共轭体系的判断　有机物的不少基团（生色团），如羰基、苯环、硝基、共轭体系等，都有其特征的紫外或可见吸收带，其中共轭体系会产生很强的 K 吸收带。方法是先将样品尽可能提纯，然后绘制吸收光谱，由所测出的光谱特征，根据一般规律对化合物作初步判断。

① 如果一化合物在 210nm 以上无强吸收带，可以认为该化合物不存在共轭体系，即可能是直链烷烃或环烷烃及脂肪族饱和胺、醇、醚、羧酸和烷基氟或烷基氯，不含共轭体系，没有醛基、酮基、溴或碘。

② 若在 215～250nm 区域有强吸收带，则该化合物可能有两至三个双键的共轭体系，如 1-3-丁二烯，λ_{max}为 217nm，ε_{max}为 21000L·mol^{-1}·cm^{-1}。

③ 如化合物在 270～350nm 范围内出现的吸收峰很弱，而无其他强吸收峰，则说明只含非共轭的、具有 n 电子的生色团；如在 270～300nm 处有弱的吸收带，且随溶剂极性的增大而发生蓝移，就是羰基 n-π^* 跃迁所产生 R 吸收带的有力证据；如在 250～300nm 有中等强度的吸收带且有一定的精细结构，即在 184nm 附近有强吸收带（E_1 带），在 204nm 附近有中强吸收带（E_2 带），在 260nm 附近有弱吸收带且有精细结构（B 带），则表示有苯环的特征吸收；若在 260～350nm 区域有很强的吸收带，则可能有三至五个共轭单位，如癸五烯有五个共轭双键，λ_{max}为 335nm，ε_{max}为 118000L·mol^{-1}·cm^{-1}。

④ 化合物有许多吸收峰，甚至延伸到可见光区，则可能为一长链共轭化合物或多环芳烃。

按以上规律进行初步判断后，能缩小该化合物的归属范围，然后再做进一步的确认。当然还需要其他方法配合才能得出可靠结论。

（2）异构体的判断　包括顺反异构及互变异构两种情况的判断。

① 顺反异构体的判断　生色团和助色团处于同一平面上时，才产生最大的共轭效应。由于反式异构体的空间位阻效应小，分子的平面性能较好，共轭效应强，λ_{max} 及 ε_{max} 都大于顺式异构体。利用该差别可以对其进行判别。例如，肉桂酸的顺、反式的吸收如下：

λ_{max}=280nm　ε_{max}=13500L·mol^{-1}·cm^{-1}　　λ_{max}=295nm　ε_{max}=27000L·mol^{-1}·cm^{-1}

② 互变异构体的判断　某些有机化合物在溶液中可能有两种以上的互变异构体处于动态平衡中，这种异构体的互变过程常伴随有双键的移动及共轭体系的变化，因此也产生吸收光谱的变化。例如乙酰乙酸乙酯的酮式和烯醇式两种互变异构体的吸收特性不同：酮式异构体在近紫外区是 n-π^* 跃迁产生的 R 吸收带；烯醇式异构体是 π-π^* 跃迁产生的共轭体系的 K

吸收带。在极性溶剂如水中，由于羰基可能与 H_2O 形成氢键而降低能量以达到稳定状态，所以酮式异构体占优势；而在非极性溶剂如乙烷中，由于形成分子内的氢键，且形成共轭体系，使能量降低以达到稳定状态，所以烯醇式异构体比率上升。所以根据紫外吸收光谱的特性可判定它们以何种形式存在。

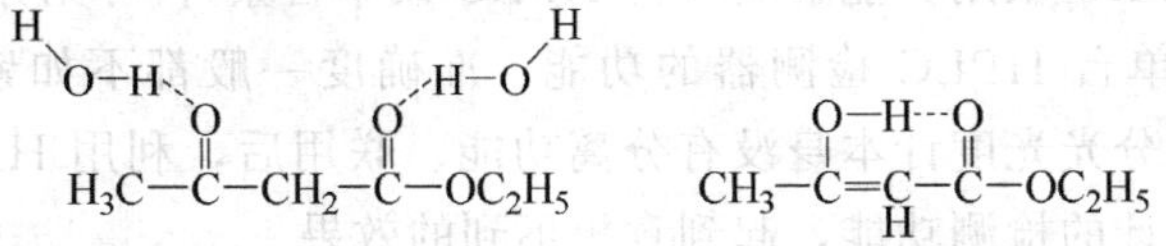

$$H_3C-\overset{\overset{O\cdots H-O-H}{\|}}{C}-CH_2-\overset{\overset{O\cdots H-O-H}{\|}}{C}-OC_2H_5 \qquad CH_3-\overset{\overset{O-H\cdots}{|}}{C}=\underset{H}{C}-\overset{\overset{O}{\|}}{C}-OC_2H_5$$

此外，紫外-可见分光光度法还可以判断某些化合物的构象（如取代基是平伏键还是直平键）及旋光异构体等。

3. 化合物纯度的检测

(1) 紫外吸收光谱可以检查无紫外吸收的有机化合物中是否含具有紫外吸收的杂质　由于有机化合物在紫外区没有明显的吸收峰，而其所含的杂质在紫外区有较强的吸收峰，经紫外-可见吸收光谱就可进行化合物纯度的检测。例如生产无水乙醇时一般加入苯进行蒸馏，可用紫外吸收光谱检测其中是否含有残留的苯。由于苯在 254nm 处有 B 吸收带，而乙醇在 210nm 以上无吸收，利用这一特征可检定之。又如要检查四氯化碳中有无二硫化碳杂质，只要观察在 318nm 处有无二硫化碳吸收峰就可以确定了。

(2) 用吸光系数来检查物质的纯度　当试样测出的摩尔吸光系数比标准品测出的摩尔吸光系数小时，其纯度一般不如标样，且相差越大，试样纯度越低。例如在 296nm 处菲的氯仿溶液有强吸收，用某方法精制和测得的菲比标准菲低 10%，说明实际含量只有 90%，其余很可能是蒽醌等杂质。

※ 拓展知识

紫外-可见分光光度法应用的进展

紫外-可见分光光度法的应用非常广泛，其应用的新进展体现在以下几个方面。

一、固体样品可直接进行测量

我国第二军医大学的吴玉田教授和他的同事发明了“褶合光谱”法，并成功应用。褶合光谱法是利用褶合变换技术将化合物的原始吸收光谱转变为褶合光谱，显示出原始吸收光谱在构成上的局部细节特征，其本质是与一种称为“数学显微镜”的离散小波变换相一致的数学变换技术，因而能有效地从信号中提取信息，通过伸缩和平移等运算功能对信号进行多尺度的细化分析。不需要对试样经过分离，可以直接用紫外-可见分光光度计分析含有多个不同组分的试样。这一发明，对药物分析工作来讲是一个重大的突破，引起了国内外广大药物分析领域的极大关注。

二、微型光纤分光光度计的使用扩大了分光光度计的应用范围

微型光纤分光光度计的使用扩大了分光光度计的应用范围，尤其是在苛刻的环境条件下。如 AstraNet Systems 公司将二极管阵列的制造与光纤采样相结合制造的仪器，可以原

位检测沸腾的液体和在线监测化学反应，检测浓度可超过常规仪器的千倍。

三、联用技术提升分光光度法的效果

紫外-可见分光光度计与其他分析测试技术的联用，也是其应用的新进展之一。如紫外-可见分光光度计与 HPLC 联用，能解决单台 HPLC 或单台紫外-可见分光光度计不能解决的许多分析问题。因为单台 HPLC 检测器的功能、准确度一般都不如紫外-可见分光光度计好，而单台紫外-可见分光光度计本身没有分离功能。联用后，利用 HPLC 的高效分离功能和紫外-可见分光光度计的检测功能，起到意想不到的效果。

※ 实践操作一

样品中亚硝酸盐含量的测定（参考 GB/T 5009.33—2008）

一、实训目的

1. 进一步熟悉分光光度计的性能、结构及使用方法。
2. 学习掌握可见分光光度法测定亚硝酸盐的原理及相应技术。

二、方法原理

试样经沉淀蛋白、除去脂肪后，在弱酸条件下亚硝酸盐与对氨基苯磺酸重氮化后与盐酸萘乙二胺偶合形成紫红色染料，与标准比较定量，测得亚硝酸盐的含量。

三、仪器、试剂

1. 仪器

紫外-可见分光光度计、玻璃吸收池、组织捣碎机或小型食品粉碎机。

2. 试剂

（1）水（二级实验室用水或去离子水）。

（2）对氨基苯磺酸溶液（$4g \cdot L^{-1}$）：称取 0.4g 无水对氨基苯磺酸（分析纯），溶于 100mL 20%盐酸中，置棕色瓶中，避光保存。

（3）氨缓冲溶液（pH9.6～9.7）：量取 30mL 盐酸（$\rho = 1.19g \cdot mL^{-1}$），加 100mL 水，混匀后加 65mL 氨水（25%），再加水稀释至 1000mL，混匀，调节 pH9.6～9.7。

（4）稀氨缓冲液：量取 50mL 氨缓冲液，加水稀释到 500mL，混匀。

（5）亚铁氰化钾溶液（$106g \cdot L^{-1}$）：称取 106.0g 分析纯亚铁氰化钾，用水溶解，并稀释至 $1000mol \cdot L^{-1}$。

（6）乙酸锌溶液（$220g \cdot L^{-1}$）：称取 220.0g 分析纯乙酸锌，先加 30mL 冰乙酸溶解，用水稀释至 1000mL。

（7）盐酸萘乙二胺溶液（$2g \cdot L^{-1}$）：称取 0.2g 分析纯盐酸萘乙二胺，溶解于 100mL 水中，混匀后置棕色瓶中避光保存。

（8）亚硝酸钠标准溶液：准确称取 0.001g 于 110～120℃干燥至恒重的亚硝酸钠，加水溶解移入 500mL 容量瓶中，加水稀释至刻度，混匀。此即每 mL 相当于 200μg 的亚硝酸钠。

（9）饱和硼砂溶液（$50g \cdot L^{-1}$）：称取 5.0g 分析纯硼酸钠，溶于 100mL 热水中，冷却后备用。

四、实训步骤

1. 样品制备

(1) 提取 蔬菜、水果、肉、水产、蛋类及奶酪等：用减量法称取 5g (精确至 0.001g) 制成匀浆的试样 (如制备过程中加水，应按加水量折算)，置于 50mL 烧杯中，加 12.5mL 硼砂饱和液，搅拌均匀，以 70℃左右的水约 300mL 将试样洗入 500mL 容量瓶中，于沸水中加热 15min，取出置冷水浴中冷却，并放置至室温。

乳及乳制品 (不含奶酪)：称取 5g (精确至 0.001g) 混匀的待检样品 (牛奶等液态乳，可取 10～20g)，置于 50mL 烧杯中，加 12.5mL 硼砂饱和液，搅拌均匀，以 50～60℃的水约 300mL 将试样洗入 500mL 容量瓶中，置超声波清洗器中超声提取 20min。

(2) 提取液净化 在上述提取液中，一边转动，一边加入 5mL 亚铁氰化钾溶液，摇匀，再加入 5mL 乙酸锌溶液，以沉淀蛋白质，加水至刻度，摇匀，放置 0.5h，除去上层脂肪，清液用滤纸过滤，弃去初滤液 30mL，滤液备用。

2. 标准曲线的绘制

(1) 制备亚硝酸钠标准使用液 吸取亚硝酸钠标准溶液 ($200\mu g \cdot mL^{-1}$) 5.00mL，置于 100.0mL 容量瓶中，加去离子水稀释至刻度，此溶液每毫升相当于 10.0μg 的亚硝酸钠。

(2) 绘制标准曲线 吸取 0.00mL、0.20mL、0.50mL、1.00mL、1.50mL、2.00mL、2.50mL 亚硝酸钠标准使用液 (相当于 0.0μg、2.0μg、5.0μg、10.0μg、15.0μg、20.0μg、25.0μg 亚硝酸钠)，分别置于 50mL 容量瓶中 (或带塞比色管，下同)。于标准容量瓶中与试样容量瓶中分别加入 2mL 对氨基苯磺酸溶液 ($4g \cdot L^{-1}$)，混匀，静置 3～5min 后各加入 1mL 盐酸萘乙二胺溶液 ($2g \cdot L^{-1}$)，加去离子水至刻度，混匀，静置 15min，用 1cm 吸收池，以 0.00mL 容量瓶调节零点，于波长 538nm 处测吸光度，绘制标准曲线。

3. 样品测定

吸取上述提取液 40.0mL 按步骤 2 的方法测量其结果，从标准曲线查出稀释样品中的亚硝酸钠的含量。

4. 结果计算

根据未知液的稀释倍数，计算待检样品中亚硝酸钠的含量。

五、数据记录

1. 样品称量数据记录

内容 \ 次数	1	2
称量瓶和试样的质量 m_1/g(第一次读数)		
称量瓶和试样的质量 m_2/g(第二次读数)		
试样的质量 m/g		

2. 样品稀释记录

3. 试剂空白数据记录

测定波长：538nm 吸收池厚度：1cm

比色皿编号	1	2	3	4
吸光度校正值				

4. 工作曲线及样品吸光度测定数据记录

测定波长：538nm　　　　　　　吸收池厚度：1cm

容量瓶编号	亚硝酸钠标准使用液(10.0μg·mL⁻¹)							样品	
	0	1	2	3	4	5	6	7	8
移取溶液的体积/mL	0.00	0.20	0.50	1.00	1.50	2.00	2.50		
亚硝酸钠的含量/μg									
吸光度									
校正后吸光度									

5. 检测结果

测定次数	1	2
食品中亚硝酸钠的含量/mg·kg⁻¹		
测定结果平均值/mg·kg⁻¹		
极差与平均值之比/%		

※ 实践操作二

饮料中苯甲酸含量的测定（参考 GB/T 12289—90）

一、实训目的

1. 通过实训了解苯甲酸的紫外吸收特征，并利用这些特征对未知物进行定性鉴定。

2. 通过测定有机化合物紫外吸收光谱，掌握鉴别化合物中发色团及其化合物类型的方法。

二、方法原理

试样混匀后，稀释、酸化、用乙醚提取苯甲酸，在碱性条件下重提，通过铬酸氧化提纯，最后用紫外分光光度计测定溶解在乙醚中的苯甲酸。

三、仪器、试剂

1. 仪器、器材

紫外分光光度计（具光径长 1cm 的石英比色杯）、分析天平、恒温水浴锅（温度能控制在 70～80℃）。

50mL 容量瓶、50mL 和 100mL 烧杯、20mL 移液管、刻度吸管、250mL 具有磨口玻璃塞锥形瓶、500mL 分液漏斗。

2. 试剂和溶液（所用试剂均为分析纯，使用蒸馏水或相应纯度的水）

(1) 酒石酸，结晶状。

(2) 氢氧化钠溶液（0.1mol·L⁻¹）：称取 4.0g 分析纯氢氧化钠，溶解至 1000mL。

(3) 重铬酸钾溶液，33～34g·L⁻¹。

(4) 硫酸溶液：用 2 体积的浓硫酸 ρ=201.84g·mL⁻¹，加到 1 体积的水中。

(5) 乙醚：重新蒸馏。

(6) 苯甲酸标准溶液：0.100g·L^{-1}乙醚溶液。

四、实训步骤

1. 试样的制备

液体样品（汁液）、可流动浆液（糖浆）和黏稠的样品（果酱）：将样品混合均匀。

2. 试样的分取

用移液管取20mL无悬浮物的试样，用约50mL水稀释并转移至500mL的分液漏斗中。

3. 苯甲酸的提取

① 取1g酒石酸放入装有稀释试样的分液漏斗中，加入60mL的乙醚并小心摇动。静置使之分层。保留醚层，将水层转入第二个500mL分液漏斗中，用60mL乙醚萃取水相，合并乙醚相于分液漏斗中。

② 从乙醚相提取苯甲酸，连续加入氢氧化钠溶液10mL、5mL，水10mL两次，每加一次及时摇动，使之分层，收集水相于蒸发皿中，将皿放在水浴上，温度控制在70～80℃，浓缩碱溶液体积至一半为止。

4. 苯甲酸的提纯

冷却后，将蒸发皿的内容物放入盛有20mL硫酸溶液和20mL重铬酸钾溶液的250mL锥形瓶中。盖塞，摇匀，放置1h以上。

5. 苯甲酸的萃取

用20～25mL的乙醚萃取上述提纯的苯甲酸两次，收集乙醚液，用5mL的水洗乙醚溶液两次，然后小心地倾出乙醚并通过干滤纸过滤至50mL容量瓶中，用乙醚冲洗滤纸并定容至刻度。

6. 测定

用分光光度计在267.5nm、272nm和276.5nm波长处以纯乙醚为对照，测量乙醚层的吸光度。苯甲酸的吸光度A按下式计算：

$$A=A_2-(A_1+A_3)/2$$

式中，A_1为267.5nm处的吸光度；A_2为272nm处的吸光度；A_3为276.5nm处的吸光度。同一试样需进行两次测定。

7. 标准曲线的绘制

向6个50mL容量瓶中分别加入苯甲酸标准溶液各5.0mL、7.5mL、10.0mL、12.5mL、15.0mL、20.0mL，用乙醚稀释至刻度。该标准系列溶液的浓度为10mg·L^{-1}、15mg·L^{-1}、20mg·L^{-1}、25mg·L^{-1}、30mg·L^{-1}、40mg·L^{-1}。按照上面第6步进行测定。以苯甲酸含量mg·L^{-1}为横坐标，吸光度A为纵坐标绘制标准曲线。

五、分析结果表示

1. 苯甲酸的含量以mg·L^{-1}表示，按下式计算：

$$苯甲酸(mg\cdot L^{-1})=m_2\times 50/20=2.5m_2$$

式中，m_2为由标准曲线上查得苯甲酸的含量，mg·L^{-1}。

2. 允许差

同一分析人员对同一试样两个平行测定值之差不得超过10mg·L^{-1}或10mg·kg^{-1}。

※ 项目小结

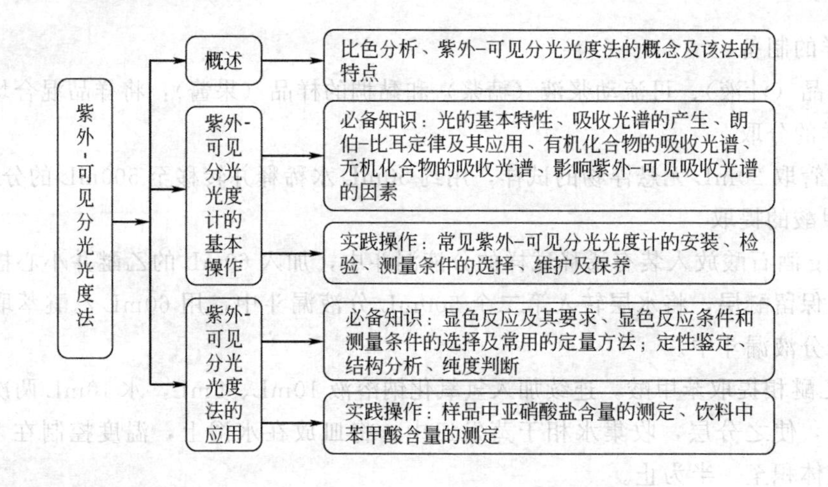

※ 思考与练习

一、名词解释

$\sigma\rightarrow\sigma^*$ 跃迁、$\pi\rightarrow\pi^*$ 跃迁、$n\rightarrow\pi^*$ 跃迁、$n\rightarrow\sigma^*$ 跃迁、电荷迁移、配位场跃迁、吸收光谱（吸收曲线）、Lambert-Beer 定律、透光率、吸光度、摩尔吸光系数、生色团、助色团、红移、紫移、R 带、K 带、B 带、E 带、双波长分光光度法

二、选择题

1. 物质与电磁辐射相互作用后，产生紫外-可见吸收光谱，这是因为（　　）。

A. 分子的振动　　B. 分子的转动

C. 原子核外层电子的跃迁　　D. 原子核内层电子的跃迁

2. 某有色配合物的摩尔吸光系数，与下面因素中有关系的量是（　　）。

A. 比色池厚度　　B. 入射光波长　　C. 吸收池材料　　D. 有色络合物浓度

3. 符合朗伯-比耳定律的有色溶液稀释时，其最大吸收峰的波长位置（　　）。

A. 向短波方向移动　　B. 向长波方向移动

C. 不移动，且吸光度值降低　　D. 不移动，且吸光度值升高

4. 双波长分光光度计与单波长分光光度计的主要区别在于（　　）。

A. 光源的种类及个数　　B. 单色器的个数　　C. 吸收池的个数　　D. 检测器的个数

5. 在紫外-可见分光光度法测定中，使用参比溶液的作用是（　　）。

A. 调节仪器透光率的零点　　B. 吸收入射光中测定所需要的光波

C. 调节入射光的光强度　　D. 消除试剂等非测定物质对入射光吸收的影响

6. 在紫外吸收光谱曲线中，能用来定性的参数是（　　）。

A. 最大吸收峰的吸光度　　B. 最大吸收峰的波长

C. 最大吸收峰处的摩尔吸光系数　　D. 最大吸收峰的波长及其摩尔吸光系数

7. 助色团对谱带的影响是使谱带（　　）。

A. 波长变长　　B. 波长变短　　C. 波长不变　　D. 谱带蓝移

8. 紫外吸收光谱中 R 吸收带是下列（　　）跃迁产生的。

A. $n\rightarrow\pi^*$　　B. $\pi\rightarrow\pi^*$　　C. $\sigma\rightarrow\sigma^*$　　D. $n\rightarrow\sigma^*$

9. 在下列化合物中，$\pi \rightarrow \pi^*$ 跃迁所需能量最大的化合物是（　）。

A. 1,3-丁二烯　B. 1,4-戊二烯　C. 1,3-环己二烯　D. 2,3-二甲基-1,3-丁二烯

10. 扫描 $K_2Cr_2O_7$ 硫酸溶液的紫外-可见吸收光谱时，一般选作参比溶液的是（　）。

A. 蒸馏水　B. H_2SO_4 溶液

C. $K_2Cr_2O_7$ 的水溶液　D. $K_2Cr_2O_7$ 的硫酸溶液

11. 下列有机化合物紫外吸收波长 λ_{max} 最长的是（　）。

A. C_2H_6　B. C_2H_4

C. $CH_2=CH-CH=CH_2$　D. $CH_2=CH-CH=CH-CH=CH_2$

12. 下列化合物中，有 $n \rightarrow \pi^*$、$\pi \rightarrow \pi^*$、$\sigma \rightarrow \sigma^*$ 跃迁的化合物是（　）。

A. 一氯甲烷　B. 丙酮　C. 二甲苯　D. 甲醇

13. 某化合物在正己烷中测得最大吸收波长为 305nm，在乙醇中测得最大吸收波长为 307nm，试指出该吸收是由下述（　）跃迁类型所引起的。

A. $n \rightarrow \pi^*$　B. $\sigma \rightarrow \sigma^*$　C. $\pi \rightarrow \pi^*$　D. $n \rightarrow \sigma^*$

14. 某有色溶液，当用 1cm 吸收池时，其透光率为 T，若改用 2cm 吸收池，则透光率应为（　）。

A. $2T$　B. $2\lg T$　C. $T^{1/2}$　D. T^2

15. 以下四种化合物，能同时产生 B 吸收带、K 吸收带和 R 吸收带的是（　）。

A. $CH_2=CHCH=O$　B. $CH\equiv C-CH=O$

C. $C_6H_5-C(=O)-CH_3$　D. $C_6H_5-CH=CH_2$

三、填空题

1. 为了使分光光度法测定准确，吸光度应控制在 0.2～0.8 范围内，可采取的措施有________和________。

2. 摩尔吸光系数是吸光物质________的度量，其值愈________，表明该显色反应愈________。

3. 分子中的助色团与生色团直接相连，使 $\pi \rightarrow \pi^*$ 吸收带向________方向移动，这是因为产生________共轭效应。

4. 各种物质都有特征的吸收曲线和最大吸收波长，这种特性可作为物质________的依据；同种物质的不同浓度溶液，任一波长处的吸光度随物质的浓度的增加而增大，这是物质________的依据。

5. 光度分析中，偏离朗伯-比耳定律的重要原因是入射光的________差和吸光物质的________引起的。

6. 如果显色剂或其他试剂对测量波长也有一些吸收，应选________为参比溶液；如试样中其他组分有吸收，但不与显色剂反应，则当显色剂无吸收时，可用________作参比溶液。

7. R 带是由________跃迁引起的，其特征是波长________；K 带是由________跃迁引起的，其特征是波长________。

8. 在紫外-可见分光光度法中，工作曲线是________和________之间的关系曲线。当溶液符合比耳定律时，此关系曲线应为________。

9. 在光度分析中，常因波长范围不同而选用不同材料制作的吸收池。可见分光光度法中选用________吸收池；紫外分光光度法中选用________吸收池；红外分光光度法中选用________吸收池。

四、问答题

1. 什么叫选择吸收？它与物质的分子结构有什么关系？

2. 电子跃迁有哪几种类型？跃迁所需的能量大小顺序如何？具有什么样结构的化合物产生紫外吸收光谱？紫外吸收光谱有何特征？

3. 摩尔吸光系数 ε 的物理意义是什么？其大小与哪些因素有关？ε 在分析化学中有何意义？

4. 请画出紫外-分光光度法仪器的组成图（即方框图），并说明各组成部分的作用？

5. 简述用紫外-分光光度法定性鉴定未知物方法。

6. 举例说明紫外-分光光度法如何检查物质纯度。

7. 为什么最好在λ_{max}处测定化合物的含量？

8. 以有机化合物的官能团说明各种类型的吸收带，并指出各吸收带在紫外-可见吸收光谱中的大概位置和各吸收带的特征。

五、计算题

1. 称取维生素C 0.0500g 溶于100mL的$5mol \cdot L^{-1}$硫酸溶液中，准确量取此溶液2.00mL稀释至100mL，取此溶液于1cm吸收池中，在$\lambda_{max}=245nm$处测得A值为0.498。求样品中维生素C的质量分数。($\varepsilon_{1cm}^{1\%}=560L \cdot mol^{-1} \cdot cm^{-1}$)

2. 精密称取维生素B_{12}对照品20.0mg，加水准确稀释至1000mL，将此溶液置厚度为1cm的吸收池中，在$\lambda=361nm$处测得$A=0.414$。另取两个试样，其一为维生素B_{12}的原料药，精密称取20.0mg，加水准确稀释至1000mL，同样条件下测得$A=0.390$，另一为维生素B_{12}注射液，精密吸取1.00mL，稀释至10.00mL，同样条件下测得$A=0.510$。试分别计算维生素B_{12}原料药的质量分数和注射液的浓度。

3. 测定废水中的酚，利用加入过量的有色的显色剂形成有色配合物，并在575nm处测量吸光度。若溶液中有色配合物的浓度为$1.0\times10^{-5}mol \cdot L^{-1}$，游离试剂的浓度为$1.0\times10^{-4}mol \cdot L^{-1}$，测得吸光度为0.657：在同一波长下，仅含$1.0\times10^{-4}mol \cdot L^{-1}$游离试剂的溶液，其吸光度只有0.018，所有测量都在2.0cm吸收池和以水作空白下进行，计算在575nm时，(1) 游离试剂的摩尔吸光系数；(2) 有色配合物的摩尔吸光系数。

4. 有一标准Fe^{3+}溶液，浓度为$6\mu g \cdot mL^{-1}$，其吸光度为0.304，而试样溶液在同一条件下测得吸光度为0.510，求试样溶液中Fe^{3+}的含量($mg \cdot L^{-1}$)。

项目二

原子吸收光谱法

[知识目标]

- 理解原子吸收光谱法及其特点。
- 理解原子吸收光谱法产生的原因，定量的依据。
- 掌握原子吸收光谱法常用的术语。
- 熟悉原子吸收分光光度计的结构、主要部件的作用及特点。
- 理解掌握影响原子吸收光谱法的因素。

[能力目标]

- 会正确使用原子吸收分光光度计，并对其进行维护与保养。
- 能正确选择原子吸收光谱法的测量条件，并可消除相关的干扰。

痕量或超痕量水平的元素分析往往借助原子分光光度法。该法一般包含原子发射光谱法（atomic emission spectroscopy，AES）、原子荧光光谱法（atomic fluorescence spectroscopy，AFS）和原子吸收光谱法（atomic absorption spectroscopy，AAS）。

原子吸收光谱法又称原子吸收分光光度法，是一种根据待测元素形成的气态基态原子对特征谱线的吸收而建立起来的一种定量分析方法。原子吸收光谱法尤其是石墨炉原子吸收光谱法是测定痕量甚至是超痕量金属元素的重要方法。

原子吸收光谱法具有如下优点：

① 应用范围广。直接测定绝大多数金属元素与一部分非金属元素，间接测定某些有机化合物，图 2-1 列出了可以通过原子吸收光谱法检测的元素，广泛应用于轻工、化工、农药、环境、医药、食品等领域。

② 灵敏度高。火焰原子吸收光谱法的检出限一般可达 10^{-9}g · mL^{-1}；无火焰原子吸收光谱法的检出限一般可达 10^{-14}～10^{-10}g · mL^{-1}。

③ 准确度高。火焰原子吸收光谱法的相对误差一般小于 1%；无火焰原子吸收光谱法的相对误差为 3%～5%。

④ 选择性好。原子吸收光谱法的选择性很高，一般不需要经任何分离即可进行测定。

⑤ 用样量少。火焰原子吸收光谱法的进样量为 3～6mL · min^{-1}，采用微量进样时甚至可以小于 10～50μL；石墨炉原子吸收光谱法的液体进样量为 10～20μL，固体进样量为 5mg 左右。

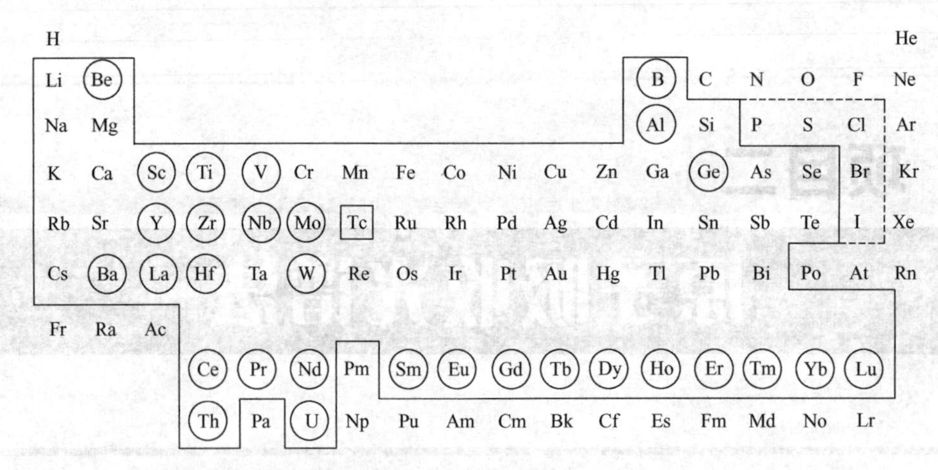

图 2-1 原子吸收光谱法可以测定的元素

（实线框表示可直接测定元素；圆圈内的元素需要高温火焰原子化；虚线内为间接测定的元素）

⑥ 分析速度快。一般在几分钟内即可完成一种元素的测定。

⑦ 仪器设备相对比较简单，操作简便，易于掌握。

然而，原子吸光光谱法也存在一定的局限性：

① 大部分情况下多元素同时测定较为困难。即使是使用多元素灯，多元素灯的稳定性、光源强度受到一定的限制，应用不是很广。

② 大多数非金属元素不能直接测定，如碳、氧、硫、磷、氮等。

③ 对于某些稀土元素，如钍、锆、铪、铌等的测定灵敏度较低。

任务一 原子吸收分光光度计的基本操作

※ 必备知识

一、原子吸收光谱法概述

1. 原子吸收光谱的产生

原子由原子核和核外电子组成，原子的能量是量子化的，形成一个一个的能级。在不受到外界扰动的情况下，原子处于能量最低的稳定状态，称为**基态**（E_0）。

基态原子受到外界能量（加热、吸收辐射、或与其他粒子进行非弹性碰撞）激发后，其外层电子吸收一定的能量跃迁到较高的能量状态，称为**激发态**（E^*），而能量最低的激发态则称为**第一激发态**（E_1），即：

$$A^0 + h\nu \longrightarrow A^* \tag{2-1}$$

式中，A^0 为基态原子；A^* 为激发态原子。

正常情况下，原子处于基态，核外电子在各自能量最低的轨道上运动。如果将外界的一定能量，如光能提供给该基态原子，当外界光能量 E 恰好等于该基态原子中基态和某一较高能级之间的能级差 ΔE 时，该原子将吸收这一特征波长的光，外层电子由基态跃迁到相应的激发态，从而产生**原子吸收光谱**。由于原子光谱的产生是由于原子外层电子（光电子）能级的跃迁，所以其光谱为线状光谱，光谱位于紫外和可见光区。

基态与激发态之间的能级差 ΔE 可用如下方程描述：

$$\Delta E = E^* - E_0 = h\nu = h\frac{c}{\lambda} \tag{2-2}$$

式中，E_0、E^* 为基态和激发态的能量；h 为普朗克常数；ν 为入射光波长；c 为光速；λ 为入射光波长。

电子跃迁到较高能级以后处于激发态，但激发态电子非常不稳定，大约经过 10^{-8}s 以后，激发态电子返回到基态或其他较低能级，并将电子跃迁时所吸收的能量以光的形式释放出去，这个过程产生原子发射光谱。

核外电子从基态跃迁至第一激发态所产生的吸收谱线称为**第一共振吸收线**。电子从第一激发态返回基态时所发射的谱线称为**第一共振发射线**。共振吸收线与共振发射线统称为**共振线**。由于各种元素的原子结构和外层电子排布不同，因而各种元素的共振线也不相同，所以共振线又称为**特征谱线**。

由于基态与第一激发态之间的能级差最小，电子跃迁概率最大，所以第一共振吸收线最易产生。对多数元素来讲，第一共振吸收线是所有吸收线中最灵敏的，在原子吸收光谱分析中通常将共振线作为分析线。

2. 玻耳兹曼分布

原子吸收光谱法是以测定原子蒸气中基态原子对特征谱线的吸收为测量基础的。但是，在样品原子化的过程中，待测元素解离成的原子不一定都是基态原子，其中有极少一部分由于吸收了较高的能量而变成激发态。

在通常的原子吸收的测量条件下，从热力学原理得出，在一定温度下的热力学平衡体系中基态与激发态的原子数比遵循玻耳兹曼分布定律，即：

$$\frac{N_i}{N_0} = \frac{g_i}{g_0} e^{-(E_i - E_0)/KT} \tag{2-3}$$

式中，N_i、N_0 为激发态和基态的原子数（密度）；g_i、g_0 为激发态和基态原子能级的统计权重，表示能级的简并度；E_0、E_i 为基态和激发态的能量；K 为玻耳兹曼常数，其值为 1.38×10^{-23} J·K^{-1}；T 为热力学温度。

从上式可以计算在一定温度下的 N_i/N_0 值。在原子吸收的原子化器中，温度一般在 2500～3000K 之间，则 N_i/N_0 在 10^{-3}～10^{-15} 之间。几种元素在不同温度下 N_i/N_0 的值，如表 2-1 所示。

表 2-1　温度对各种元素共振线的 N_i/N_0 值的影响

元素	共振线波长/nm	激发能/eV	N_i/N_0	
			T=2000K	T=3000K
Cs	852.1	1.45	4.44×10^{-4}	7.24×10^{-3}
Na	589.0	2.104	9.86×10^{-6}	5.83×10^{-4}
Sr	460.7	2.690	4.99×10^{-7}	9.07×10^{-9}
Ca	422.7	2.932	1.22×10^{-7}	3.55×10^{-5}
Fe	372.0	3.332	2.99×10^{-9}	1.31×10^{-6}
Ag	328.1	3.778	6.03×10^{-10}	8.99×10^{-7}
Cu	324.8	3.817	4.82×10^{-10}	6.65×10^{-7}
Mg	285.2	4.346	3.35×10^{-11}	1.50×10^{-7}
Pb	283.3	4.375	2.83×10^{-11}	1.34×10^{-7}
Zn	213.9	5.795	7.45×10^{-15}	5.50×10^{-10}

从上表可以看出，温度越高，N_i/N_0 值越大，且按指数关系增大；激发能（电子跃迁能级差）越小，吸收波长越长，N_i/N_0 也越大。然而，在原子吸收光谱法中，原子化温度一般小于 3000K，大多数元素的最强共振线波长都低于 600nm，N_i/N_0 值绝大多数在 10^{-3} 以下，激发态的原子数不足于基态原子数的千分之一，激发态的原子数在总原子数中可以忽略不计，因此可以用基态原子数近似等于总原子数。

3. 谱线轮廓及谱线变宽

假设有一束频率为 ν，强度为 I_0 的平行光通过宽度为 l 的原子蒸气时，被原子蒸气吸收后的透射光强度为 I_ν，如图 2-2 所示。

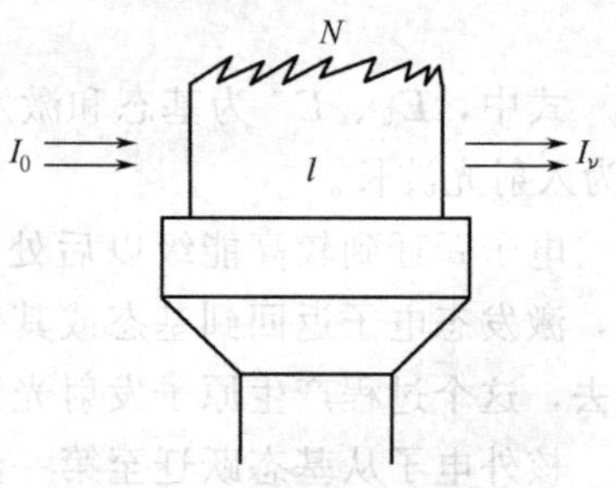

图 2-2 原子蒸气对光的吸收

该入射光与透射光强度服从朗伯-比耳定律，可用式 (2-4) 表示：

$$I_\nu = I_0 e^{-K_\nu l} \tag{2-4}$$

式中，I_0、I_ν 为入射光和出射光的强度；l 为原子蒸气厚度；K_ν 为基态原子对频率为 ν 的光的吸收系数。

物质（包括分子或原子）对光的吸收如果要符合吸收定律，那么入射光必须是单色光。对于分子的紫外-可见光吸收的测量，入射光是由单色器色散的光束中用狭缝截取一段波长宽度为零点几纳米的光，这样宽度的光对于宽度为几十纳米甚至上百纳米的分子带状光谱近乎于单色，它们对吸收的测量几乎没有影响。然而，原子吸收光谱是宽度很窄的线状光谱，如果还是采用类似分子吸收的方法测量，入射光的波长宽度就会比吸收光的宽度大得多，原子吸收的光能量只占入射光总能量的极小部分，这样的测量误差对分析结果影响就十分巨大。

原子吸收所产生的是线状光谱，但是其谱线并不是严格的几何意义上的线（几何线无宽度），而是有相当狭窄的频率或波长范围，即谱线有一定的宽度。不同元素原子吸收不同频率的光，透射光强度对吸收光频率作图（如图 2-3 所示），表明透射光的强度随入射光的频率而变化。

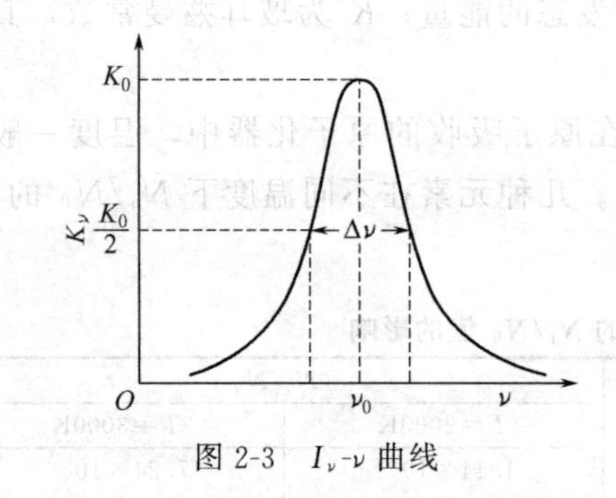

图 2-3 I_ν-ν 曲线

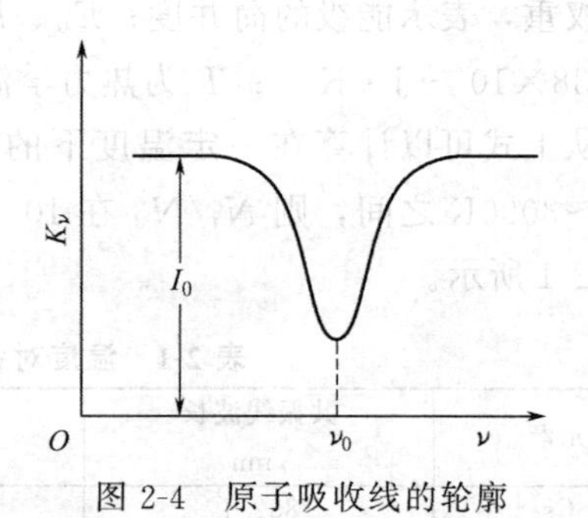

图 2-4 原子吸收线的轮廓

当频率为 ν_0 时，透射光强度最小，即吸收最大。因此，在 ν_0 频率处为基态原子的最大吸收。若将吸收系数 K_ν 对频率 ν 作图，得一曲线，该曲线的形状称为吸收线的轮廓，如图 2-4 所示。

原子吸收线的轮廓用谱线的中心频率和半宽度两个物理量来表征。中心频率用 ν_0 表示，中心频率是由原子能级所决定的。在 ν_0 处，K_ν 有极大值 K_0，K_0 称为**最大吸收系数、峰值吸收系数**或**中心吸收系数**。吸收系数 K_ν 等于峰值吸收系数 K_0 一半时，所对应的吸收轮廓上两点间的距离称为吸收峰的**半宽度**，用 $\Delta\nu$ 表示。ν_0 表明了吸收线的位置，$\Delta\nu$ 表明了吸收线的宽度。因此，ν_0 及 $\Delta\nu$ 可表征吸收线的总体轮廓。原子吸收线的 $\Delta\nu$ 为 0.001～0.005nm，比分子吸收带的半宽度（约几十纳米）要小得多。

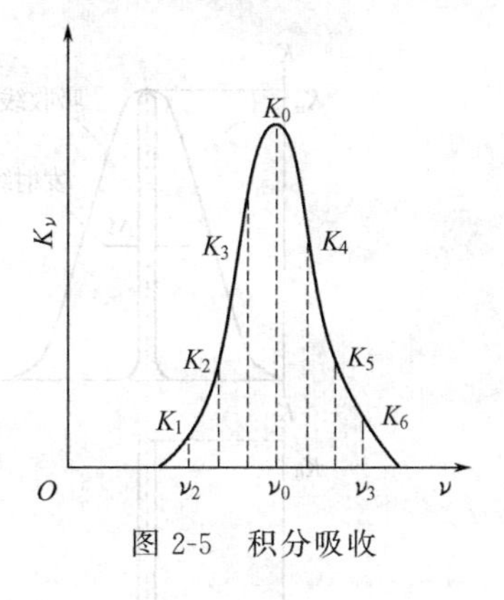

图 2-5　积分吸收

谱线变宽对原子吸收光谱分析测定的灵敏度与准确度有一定的影响。谱线宽度增大时，测定的灵敏度与准确度都会降低，所以对光谱发射谱线和原子蒸气的吸收谱线都要控制谱线变宽。影响谱线变宽的因素主要有两方面：一类是由原子性质所决定的，如自然宽度；另一类是外界影响所引起的，如热变宽、压力变宽、场致变宽、自吸变宽、同位素变宽等。

4. 积分吸收与峰值吸收

(1) 积分吸收　在吸收轮廓的频率范围内，吸收系数 K_ν 对于频率的积分，称为**积分吸收**，表示原子蒸气中的基态原子吸收共振线的全部能量，如图 2-5 所示。

从理论上可以得出，积分吸收与原子蒸气中吸收辐射的基态原子数成正比：

$$\int K_\nu \mathrm{d}\nu = \frac{\pi e^2}{mc} f N_0 \tag{2-5}$$

式中，e 为电子电荷；m 为电子质量；c 为光速；f 为振子强度（在一定条件下对一定元素为定值）；N_0 为单位体积原子蒸气中吸收辐射的基态原子数（密度）。

在一定条件下，$\frac{\pi e^2}{mc}f$ 数值一定，用 k 表示，则

$$\int K_\nu \mathrm{d}\nu = k N_0 \tag{2-6}$$

式 (2-6) 表明，在通常的原子吸收测定条件下，积分吸收与单位体积基态原子数呈线性关系。因此，若能测定积分吸收，则可以求出被测物质的含量。

然而，在实际工作中，由于吸收轮廓线的峰宽非常窄，要测量出半宽度仅为 10^{-3}nm 数量级的原子吸收线的积分吸收，在现有技术条件中无法实现的。因此，原子吸收中的定量分析，通常以测量峰值吸收来代替测量积分吸收。

(2) 峰值吸收　吸收线轮廓中心波长处的吸收系数 K_0，称为**峰值吸收**，如图 2-6 所示。在一定的火焰温度不太高的稳定火焰中，峰值吸收系数 K_0 与火焰中待测元素的基态原子 N_0 之间呈线性关系，用测量峰值吸收代替积分吸收，解决了原子吸收定量测量的难题，这就是峰值吸收法。

在通常原子吸收的测量条件下，原子吸收线的轮廓主要取决于热变宽 $\Delta\nu_D$，这时峰值吸收系数 K_0 可表示为：

$$K_0 = \frac{2\sqrt{\pi \ln 2}}{\Delta\nu_D} \times \frac{e^2}{mc} f N_0 \tag{2-7}$$

从式 (2-7) 中可以看出，峰值吸收系数 K_0 与原子数 N_0 成正比关系。

实现峰值吸收测量的条件：一是通过原子蒸气的发射线的中心频率恰好与吸收线的中心频率重合；二是光源必须是**锐线光源**，即光源发射出的谱线半峰宽远小于吸收线的半峰宽，如图 2-7 所示。

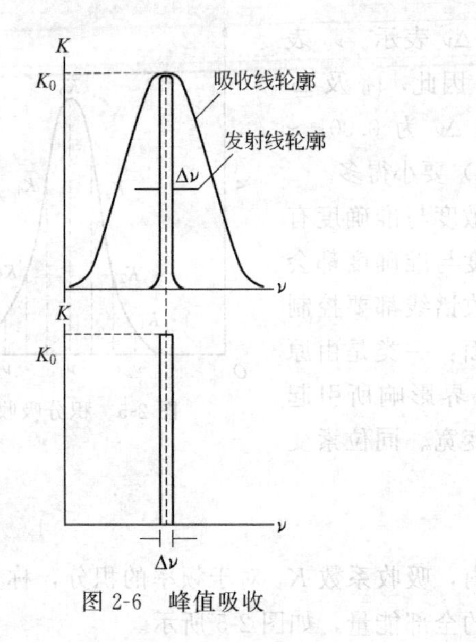

图 2-6 峰值吸收

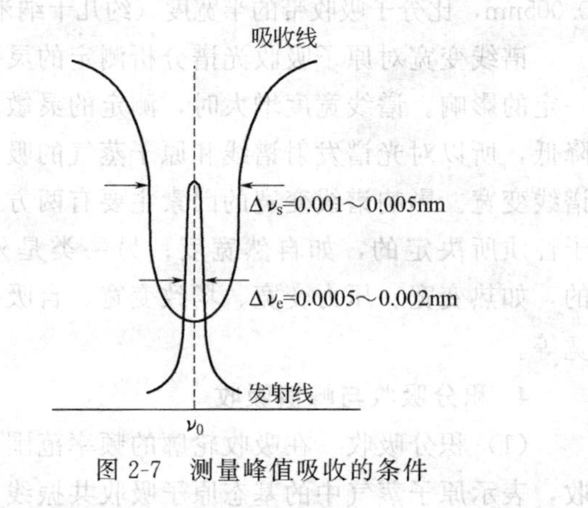

图 2-7 测量峰值吸收的条件

5. 定量分析的依据

在分光光度分析中，测量吸收强度的物理量是吸光度 A，吸光度与入射光强度 I_0 与透射光强度 I_ν 的关系如式（2-8）所示。

$$A=\lg\frac{I_0}{I_\nu} \tag{2-8}$$

将式（2-4）代入得：

$$A=\lg e^{K_\nu l}=0.434K_\nu l \tag{2-9}$$

在原子发射中心频率 ν_0 的很窄的 $\Delta\nu$ 频率范围内，K_ν 随频率变化很小，可以近似地视为常数。当 $\Delta\nu\rightarrow 0$ 时，$K_\nu\rightarrow K_0$。因此，式（2-9）可改写为：

$$A=0.434K_0 l \tag{2-10}$$

将式（2-7）代入得：

$$A=0.434\,\frac{2\sqrt{\pi\ln 2}}{\Delta\nu_D}\times\frac{e^2}{mc}fN_0 l \tag{2-11}$$

当实验条件一定时，$0.434\,\frac{2\sqrt{\pi\ln 2}}{\Delta\nu_D}\times\frac{e^2}{mc}fl$ 为常数，用 k 表示，所以：

$$A=kN_0 \tag{2-12}$$

在通常的原子吸收测定条件下，原子蒸气中基态原子数 N_0 约等于总原子数 N。若控件条件使进入试样保持一个恒定的比例，则 A 与溶液中待测元素的浓度成正比关系，因此，在一定浓度范围内，式（2-12）可改写为：

$$A=kc \tag{2-13}$$

从式（2-13）可以看出，吸光度与待测物质的浓度成正比关系，这就是原子吸收光谱法定量分析的理论依据。

二、原子吸收分光光度计的结构及工作原理

原子吸收分光光度计又称原子吸收光谱仪，是通过测量无机元素的基态原子对特征共振吸收，推断出样品中元素含量的仪器。原子吸收分光光度计主要由光源、原子化器、分光系

统和检测系统组成（见图 2-8）。

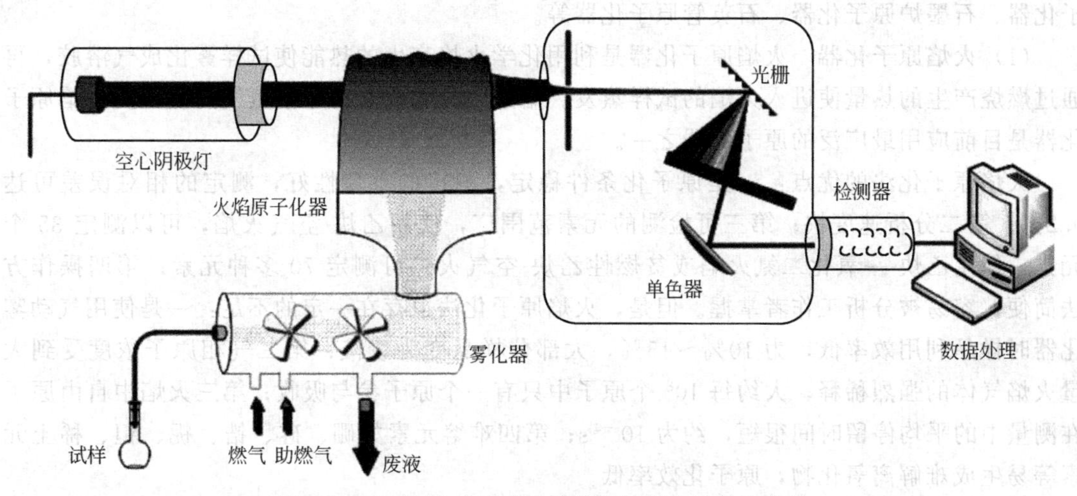

图 2-8 原子吸收分光光度法分析的基本过程示意图

1. 光源

光源是原子吸收光谱仪的重要组成部分，它的性能指标直接影响分析的检出限、精密度及稳定性等性能。用于原子吸收分光光度计的光源通常是锐线光源，常用的光源有空心阴极灯、无极放电灯、激光光源等。

空心阴极灯（hollow cathode lamps）是一种由玻璃管制成的封闭着低压气体的放电管，如图 2-9 所示，主要是由一个阳极和一个空心阴极组成。阴极为空心圆柱形，由待测元素的高纯金属或合金直接制成，空心阴极灯由此而得名，并以其空心阴极材料的元素名称命名。阳极为钨棒，上面装有钛丝或钽片作为吸气剂。灯的光窗材料根据所发射的共振线波长而定，在可见光波段用硬质玻璃，在紫外波段用石英玻璃。制作时先抽成真空，然后再充入压力为 260～1300Pa 的少量氖或氩等惰性气体。

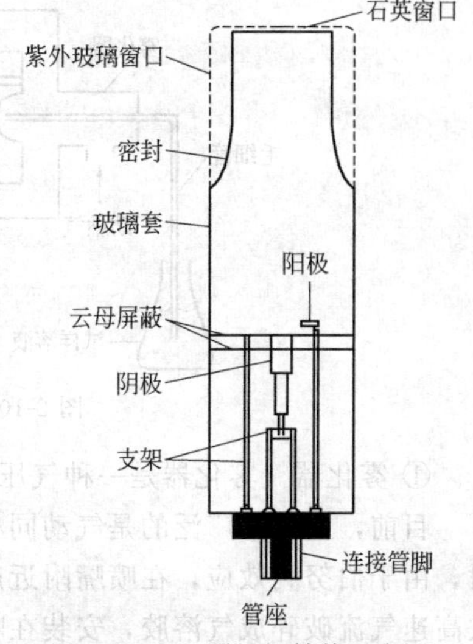

图 2-9 空心阴极灯结构示意图

空心阴极灯的放电机理是一种特殊的低压辉光放电。当电极间加上 300～500V 电压后，管内气体中存在着的极少量阳离子向阴极运动，并轰击阴极表面，使阴极表面的电子获得外加能量而逸出。逸出的电子在电场作用下，向阳极做加速运动，在运动过程中与填充的惰性气体原子发生非弹性碰撞，产生能量交换，使惰性气体原子电离产生二次电子和正离子。在电场作用下，这些质量较重、速度较快的正离子向阴极运动并轰击阴极表面，不但使阴极表面的电子被击出，而且还使阴极表面的原子获得能量从晶格能的束缚中逸出，这种现象称为阴极的“溅射”。“溅射”出来的阴极元素的原子，在阴极区再与电子、惰性气体原子、离子等相互碰撞获得能量，从而被激发发射出阴极物质的线光谱，这就是所谓的**空心阴极效应**。

2. 原子化器

提供能量将样品中被测元素转变为基态原子的过程称为**原子化**。根据原子化提供能量的方式不同，可将原子化分为加热原子化和非加热原子化两大类。常用的原子化系统有火焰原子化器、石墨炉原子化器、石英管原子化器等。

(1) 火焰原子化器　火焰原子化器是利用化学火焰产生的热能使试样雾化成气溶胶，再通过燃烧产生的热量使进入火焰的试样蒸发、熔融、分解成基态原子蒸气的装置。火焰原子化器是目前应用最广泛的原子化器之一。

火焰原子化法的优点：一是原子化条件稳定，测定的重现性好，测定的相对误差可达0.2%；第二分析速度快；第三可检测的元素范围广，使用乙炔-空气火焰，可以测定35个元素，使用乙炔-一氧化二氮火焰或贫燃性乙炔-空气火焰可测定70多种元素；第四操作方法简便，容易被分析工作者掌握。但是，火焰原子化法也存在一定的不足：一是使用气动雾化器时样品利用效率低，为10%～15%，大部分样品变为废液；第二气相原子浓度受到大量火焰气体的强烈稀释，大约每10^8个原子中只有一个原子参与吸收；第三火焰中自由原子在测量中的平均停留时间很短，约为10^{-4}s；第四难熔元素如硼、硅、锆、铌、钽、稀土元素等易生成难解离氧化物，原子化效率低。

预混合型原子化器是最为常用的原子化器，其结构是由雾化器、预混合室和燃烧器三部分组成，如图2-10所示。

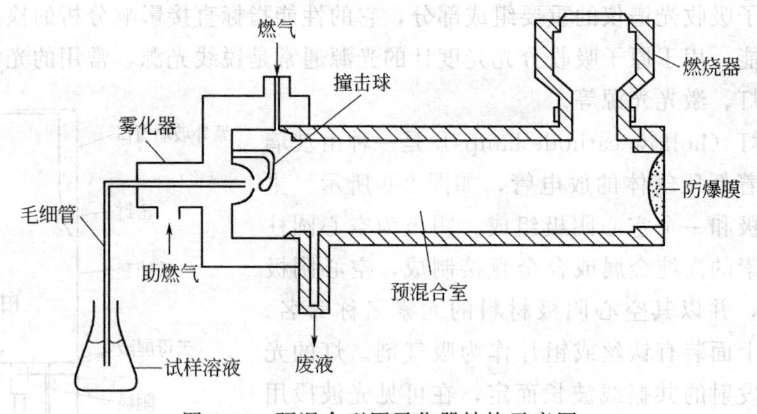

图2-10　预混合型原子化器结构示意图

① 雾化器　雾化器是一种气压式装置，作用是将试样转化为气溶胶。

目前，应用最广泛的是气动同心型喷雾器。其工作原理是当气体从喷雾器喷嘴高速喷出时，由于伯努利效应，在喷嘴附近产生负压，使样品溶液被抽吸，经由吸液毛细管流出，并被高速气流破碎成气溶胶，安装在喷雾头末端的撞击球使气溶胶进一步细化，以便于后面的原子化。一般来说，雾化器雾化效率为15%左右，产生的气溶胶直径大多数为5～10μm，气溶胶的直径越小，越容易蒸发，在火焰中就能生产更多的基态自由原子。

② 预混合室　预混合室的作用是使助燃气、燃气和气溶胶三者在进入燃烧器前得到充分混合，使粒度较大的雾珠凝聚，排除到废液收集槽内；粒度小的气溶胶均匀地进入燃烧器，尽量使燃烧不受扰动，以改善火焰的稳定性。

③ 燃烧器　试液的细雾滴进入燃烧器，在火焰中经过干燥、熔化、蒸发和离解等过程后，产生大量的基态自由原子及少量的激发态原子、离子和分子。

燃烧器通常采用长缝式。长缝式燃烧器又分为单缝和三缝两种。一般来说，三缝燃烧器外测狭缝的火焰可屏蔽大气，减小火焰噪声，其稳定性比单缝燃烧器高。然而，三缝燃烧器消耗燃气较多，并且不能用于一氧化二氮-乙炔火焰，因此，单缝燃烧器应用最为广泛。

④ 火焰　正常火焰由预热区、第一反应区、中间薄层区和第二反应区组成，界限清楚、稳定，如图 2-11 所示。

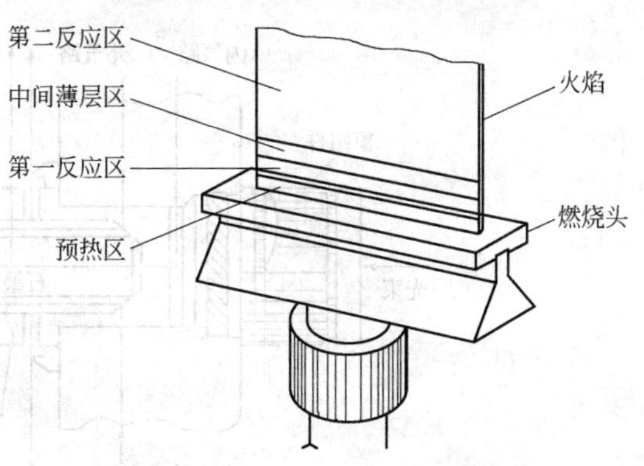

图 2-11　单缝型燃烧器火焰结构示意图

预热区，也称干燥区，燃烧不完全，温度不高，试液在这里被干燥，呈固态颗粒。

第一反应区，也称蒸发区，是一条清晰的蓝色光带，燃烧不充分，半分解产物多，温度未达到最高点，干燥的试样固体微粒在这里被熔化蒸发或升华。通常较少用这一区域作为吸收区进行分析工作。但对于易原子化、干扰较小的碱金属，可在该区进行分析。

中间薄层区，也称原子化区，燃烧完全，温度高，被蒸发的化合物在这里被原子化，是原子吸收分析的主要应用区。

第二反应区，也称电离区，燃气在该区反应充分，中间温度很高，部分原子被电离，往外层温度逐渐下降，被解离的基态原子又重新形成化合物，因此这一区域不能用于实际原子吸收分析工作。

(2) 石墨炉原子化器　石墨炉原子化器是应用最广泛的无火焰原子化器。其基本原理是，将试样放置在电阻发热体上，用大电流通过电阻发热体产生高达 2000～3000℃的高温，使试样蒸发和原子化。

石墨炉原子化器的优点有：一是原子化效率高，几乎达到 100%，自由原子在吸收区域停留时间长，约 10^{-1}s，检出限可达 10^{-14}～10^{-10}g；二是试样用量少，液体为几微升至几十微升，固体为几毫克，且几乎不受试样形态限制，可直接分析悬浮液、黏稠液体和某些固体等；三是因为石墨炉的保护气体（如氩气等）在真空紫外区域几乎无吸收，能够直接测定其共振吸收线位于真空紫外光谱区域的一些元素；第四由于操作几乎是在封闭系统内进行，故可对有毒和放射性物质进行分析，比火焰法安全可靠。但是石墨炉原子化器也存在一定的不足：石墨炉原子吸收光谱法的准确度和精密度均较差，其相对平均偏差可达 5%～10%，干扰情况也较严重，操作过程复杂，不易掌握最佳原子化条件。

石墨炉原子化器是一种电阻加热器，一般由加热电源、石墨管、炉体、气路系统、冷却水系统等几部分组成，其结构如图 2-12 所示。

溶液样品在石墨炉原子化器通常采用程序升温的方式进行加热，整个升温程序包括干燥、灰化、原子化和净化 4 个阶段，如图 2-13 所示。

干燥阶段主要作用是脱溶剂，以防止试样溶液在原子化过程中飞溅或在石墨炉中流散面积增大。灰化阶段主要作用是进一步除去水分或除去有机物和低沸点无机物，以免原子化时产生烟雾，破坏基体或使基体在原子化之前蒸发掉，同时使含氧酸化合物转化为稳定的氧化物。原子化阶段主要作用是使样品中待测元素的化合物在一定温度下分解为气态自由原子。净化阶段主要作用是清除分析完一个试样后的残渣，以减少或避免记忆效应。

(3) 低温原子化技术　低温原子化法也称化学原子化法，其温度从室温到数百摄氏度之间。包括氢化物原子化技术和汞低温原子化技术。

① 氢化物原子化　氢化物原子化法主要用来测定易形成氢化物的元素。元素周期表中ⅣA、

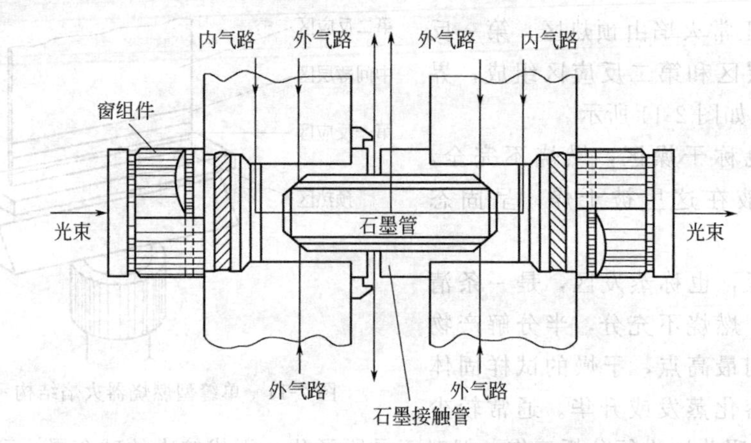

图 2-12 石墨炉原子化器结构示意图

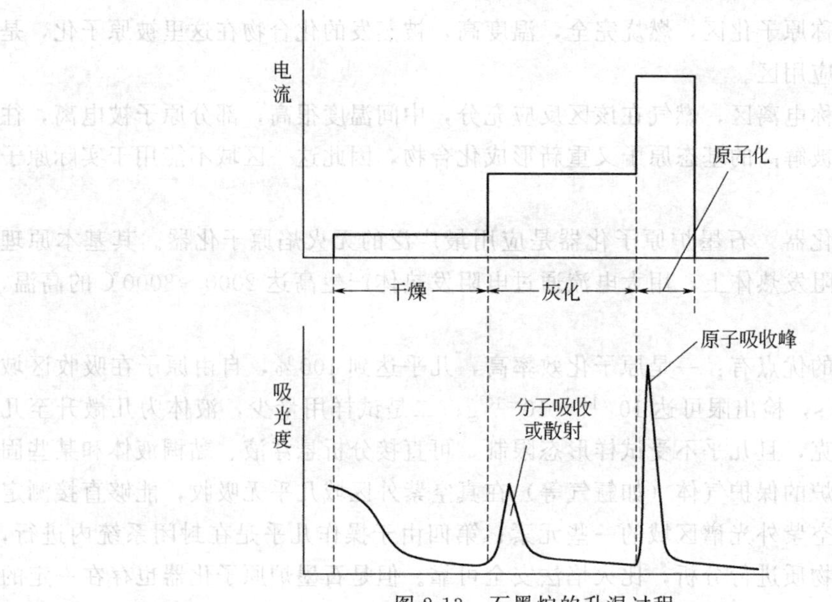

图 2-13 石墨炉的升温过程

ⅤA、ⅥA 族元素中的 Ge、Sn、Pb、As、Sb、Bi、Se、Te 等，易生成共价氢化物，其熔、沸点均在 0℃以下，即在常温常压下为气态，因此容易从溶液中分离出来。氢化物由惰性气体融入电热石英 T 形管原子化器中，通常在低于 900℃条件下解离为自由原子，如图 2-14 所示。

氢化物的发生，通常采用还原剂溶液与酸性待测元素溶液反应的方法，目前应用最广泛的还原剂是 $NaBH_4$ 和 KBH_4，例如：

$$H_3AsO_3 + NaBH_4 + H^+ \longrightarrow AsH_3 + H_2 + HBO_2 + H_2O + Na^+$$

氢化物原子化法的特点在于酸度范围广且反应速率快，几秒内即可完成，所用设备简单、操作方便、能够克服试样中其他组分对被测元素的干扰，所以测量灵敏度比火焰原子化法约高 3 个量级。但是，氢化物原子化法的精度不如火焰原子化法，校正曲线的线性范围较窄，而且氢化物毒性很大，本身又是一种较强的还原剂，容易被氧化，所形成的氧化物毒性更大，所以操作必须在良好通风的条件下进行。

② 汞低温原子化　汞低温原子化是在酸性溶液中，用氯化亚锡（$SnCl_2$）将无机汞 Hg（Ⅱ）还原为金属汞，它在常温常压下很容易形成汞原子蒸气，然后用载气（Ar 或 N_2）将其导入石英

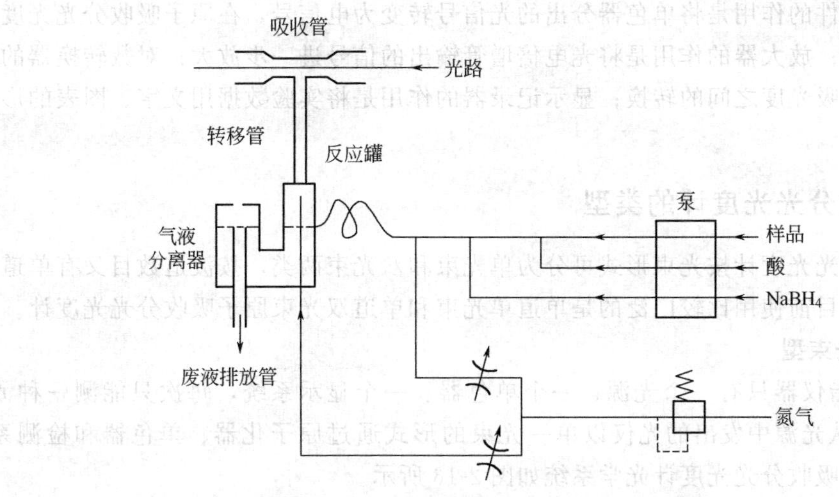

图 2-14　氢化物原子化装置结构示意图

吸收管中，测量汞蒸气对吸收线 253.7nm 的吸收。如果样品中含有有机汞，可采用 $KMnO_4$ 和 H_2SO_4 的混合物将其分解，过量的氧化剂用盐酸羟胺除去，再用 $SnCl_2$ 还原为汞后逸出液相，液、气两相达到平衡，通过载气带入石英吸收管中测定，测汞仪结构如图 2-15 所示。

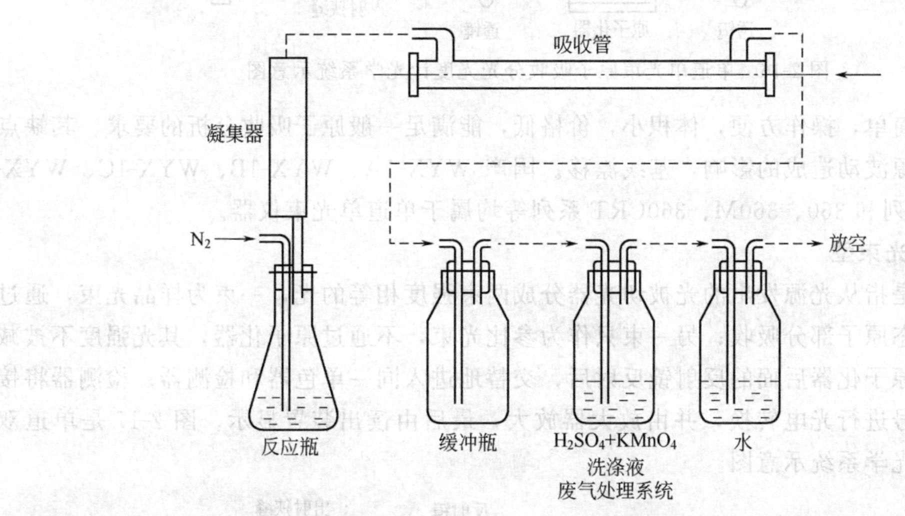

图 2-15　测汞仪结构示意图

该方法不需要加热石英吸收管分解试样，故又称为冷原子吸收光谱法。其设备简单，操作方便，干扰少，但一般能沉淀汞的阴离子 I^-、S^{2-} 等会抑制元素 Hg 的生成，此时可采用预先氧化再还原的方法将干扰消除。

3. 分光系统

原子吸收分光分度计的分光系统主要由色散元件、反射镜和狭缝等组成，它一般密封在一个防尘、防潮的金属暗箱内，其主要作用是把待测元素的共振线与其他谱线分开。

分光系统由入射狭缝、准直镜、光栅、成像物镜和出口狭缝组成。入射狭缝被照明作为发光物，准直镜把光束转变为平行光均匀射向光栅。复合光被色散分光后，由成像物镜聚焦到出口狭缝上。

4. 检测系统

检测系统主要由光电转换元件、放大器、对数转换器、显示记录器组成。

光电转换元件的作用是将单色器分出的光信号转变为电信号，在原子吸收分光光度计中常用光电倍增管；放大器的作用是将光电倍增管输出的信号进一步放大；对数转换器的作用是实现光强度与吸光度之间的转换；显示记录器的作用是将实验数据用文字、图表的形式记录并显示出来。

三、原子吸收分光光度计的类型

原子吸收分光光度计按光束形式可分为单光束和双光束两类，按波道数目又有单道、双道和多道之分。目前使用比较广泛的是单道单光束和单道双光束原子吸收分光光度计。

1. 单道单光束型

“单道”是指仪器只有一个光源、一个单色器、一个显示系统，每次只能测一种元素。“单光束”是指从光源中发出的光仅以单一光束的形式通过原子化器、单色器和检测系统，单道单光束原子吸收分光光度计光学系统如图 2-16 所示。

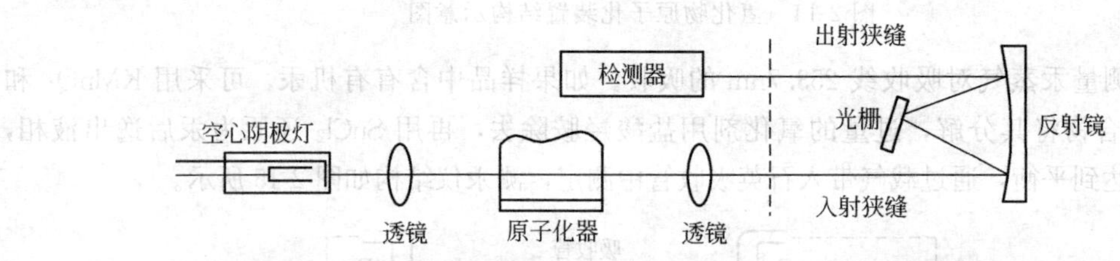

图 2-16 单道单光束原子吸收分光光度计光学系统示意图

这类仪器简单，操作方便，体积小，价格低，能满足一般原子吸收分析的要求。其缺点是不能消除光源波动造成的影响，基线漂移。国产 WYX-1A、WYX-1B、WYX-1C、WYX-1D 等 WYX 系列和 360、360M、360CRT 系列等均属于单道单光束仪器。

2. 单道双光束型

双光束型是指从光源发出的光被切光器分成两束强度相等的光，一束为样品光束，通过原子化器被基态原子部分吸收；另一束只作为参比光束，不通过原子化器，其光强度不被减弱。两束光被原子化器后面的反射镜反射后，交替地进入同一单色器和检测器。检测器将接收到的脉冲信号进行光电转换，并由放大器放大，最后由读出装置显示。图 2-17 是单道双光束型仪器的光学系统示意图。

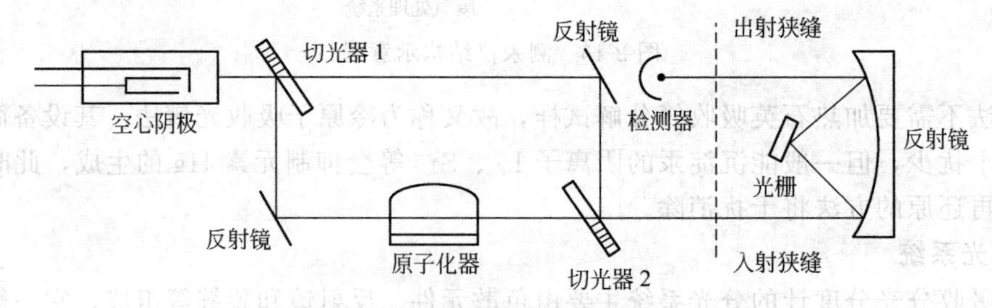

图 2-17 单道双光束仪器光学系统示意图

由于两光束来源于同一个光源，光源的漂移通过参比光束的作用而得到补偿，所以能获得一个稳定的输出信号。不过由于参比光束不通过火焰，火焰扰动和背景吸收影响无法消除。国产 310 型、320 型、GFU-201 型、WFX-Ⅱ型均属此类仪器。

3. 双道单光束型

“双道单光束”是指仪器有两个不同光源、两个单色器、两个检测显示系统，而光束只有一路。仪器光学系统示意图见图 2-18。

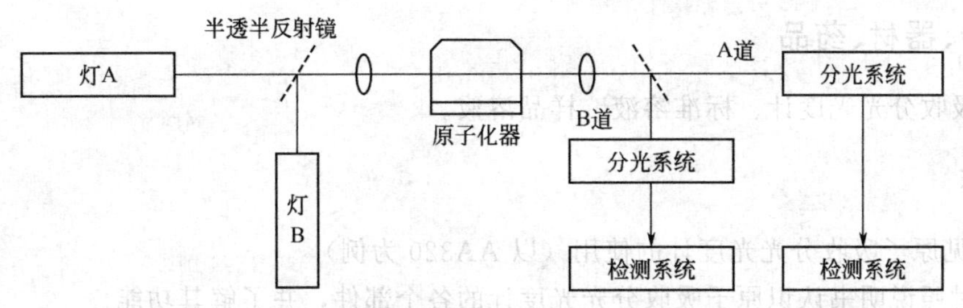

图 2-18　双道单光束型仪器光学系统示意图

两种不同元素的空心阴极灯发射出不同波长的共振发射线，两条谱线同时通过原子化器，被两种不同元素的基态原子蒸气吸收，利用两套各自独立的单色器和检测器，对两路光进行分光和检测，同时给出两种元素的检测结果。这类仪器一次可测两种元素，并可进行背景吸收扣除。这类仪器型号有日本岛津 AA-8200 和 AA-8500 型。

4. 双道双光束型

这类仪器有两个光源、两套独立的单色器和检测显示系统。但每一光源发出的光都分为两个光束，一束为样品光束，通过原子化器；另一束为参比光束，不通过原子化器。仪器光学系统如图 2-19 所示。

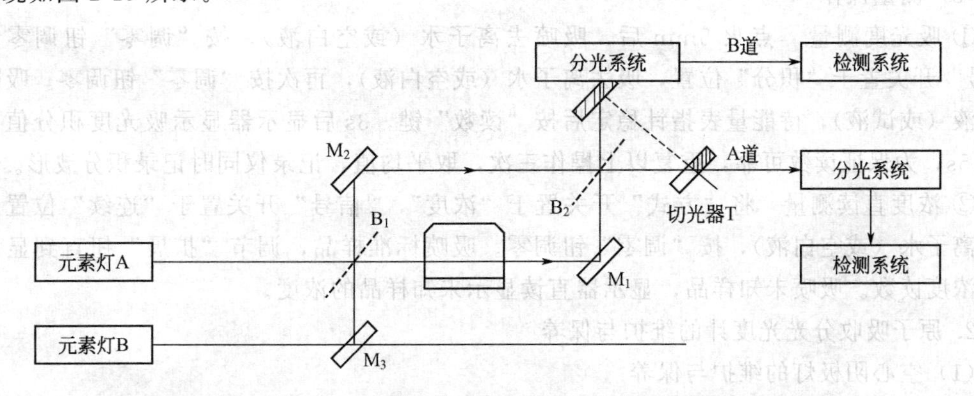

图 2-19　双道双光束型仪器光学系统示意图

M_1，M_2，M_3—平面反射镜；B_1，B_2—半透半反射镜；T—双道切光器

这类仪器可以同时测定两种元素，能消除光源强度波动的影响及原子化系统的干扰，准确度高，稳定性好，但仪器结构复杂。多道原子吸收分光光度计可用来作多元素的同时测定。目前美国 PE 公司推出的 SIM6000 多元素同时分析原子吸收光谱仪，以新型四面体中阶梯光栅取代普通光栅单色器，获取二维光谱。以光谱响应的固体检测器替代光电倍增管，取得了同时检测多种元素的理想效果。

※ 实践操作

常见原子吸收分光光度计的使用、维护与保养

一、实训目的

1. 掌握原子吸收分光光度法的特点及应用。

2. 了解原子吸收分光光度计的结构及其使用方法。

二、仪器、器材、药品

原子吸收分光光度计、标准溶液、样品溶液。

三、操作

1. 常见原子吸收分光光度计的使用（以 AA320 为例）

(1) 对照说明书认识原子吸收分光光度计的各个部件，并了解其功能。

(2) 开机前按仪器说明书检查仪器各部件，各气路接口是否安装正确，气密性是否良好。检查水封是否有水，乙炔管道有无泄漏（空气中有无乙炔气味）。

(3) 打开抽风机通风。

(4) 根据待分析元素选择、安装空心阴极灯。

(5) 打开电源开关，选择灯电流、波长、光谱带宽等参数。

(6) 将“方式”开关置于“调整”，信号开关置于“连续”，进行光源对光和燃烧器对光。然后将“方式”开关置于“吸光度”。

(7) 打开气瓶，点燃火焰。

(8) 测量操作

① 吸光度测量　点火 5min 后，吸喷去离子水（或空白液），按“调零”钮调零。将“信号”开关置于“积分”位置，吸去离子水（或空白液），再次按“调零”钮调零。吸喷标准溶液（或试液），待能量表指针稳定后按“读数”键，3s 后显示器显示吸光度积分值，并保持 5s，为保证读数可靠，重复以上操作三次，取平均值，记录仪同时记录积分波形。

② 浓度直读测量　将“方式”开关置于“浓度”，“信号”开关置于“连续”位置，吸喷去离子水（或空白液），按“调零”钮调零。吸喷标准样品，调节“扩展”钮直到显示已知的浓度读数。吸喷未知样品，显示器直读显示未知样品的浓度。

2. 原子吸收分光光度计的维护与保养

(1) 空心阴极灯的维护与保养

对新购置的空心阴极灯，应该进行扫描测试和登记发射线的波长和强度以及背景发射的情况，以方便后期使用。当仪器不使用时，不要点燃空心阴极点，以免缩短灯的使用寿命。空心阴极灯应该在额定电流范围内使用。仪器使用完毕后，要在空心阴极灯充分冷却后，从灯架上取下存入。当仪器长期不使用时，空心阴极灯应该每两到三个月点燃一个小时左右，以免灯的性能下降。

(2) 火焰原子器的维护与保养

火焰原子化分析样品完毕（尤其是分析浓度很高或酸性很强的样品）后，应该用蒸馏水吸喷 5min 左右，以防止雾化室和燃烧器被沾污或锈蚀。

点火后，燃烧器的整个缝隙上方应该是一片燃烧均匀的蓝色火焰，并且火焰呈完整的带状。如果带状火焰中间出现缺口或呈锯齿状，说明燃烧头缝隙有污物或滴液，需要清洗。清洗方法是在接通空气，关闭乙炔的条件下，用滤纸插入燃烧缝隙中仔细擦拭。如果擦拭后火焰形状还没有改善，可以取下燃烧头用软毛刷刷洗；如果燃烧头已经形成熔珠，可用细的砂纸或刀片轻轻磨刮，以除去沉积物。

若测过有机试样再作其他测定，往往会产生吸光度信号的噪声和不稳定现象，这可能是由于有机溶液污染了随后测量的水溶液样品，所以使用有机试样后要立即对燃烧器进行清洗。一般首先吸喷容易与有机样品混合的有机溶液约 5min，然后吸喷丙酮 5min，再吸喷 1%的硝酸 5min，并将废液排放管和废液容器倒空，重新装水。

雾化器应经常清洗，以避免雾化器的毛细管发生堵塞。若已经发生堵塞，会造成溶液提升量下降，吸光度减小。这时可以吸喷纯净的溶液直到吸光度计数恢复正常为止；如果吸光度仍未恢复，则可卸下混合室端盖，取下撞击球和雾化气软管，用雾化气将毛细管吹通，或用清洁的细金属丝小心地通一下毛细管端部，将异物除去。

(3) 石墨炉原子化器的维护与保养

石墨管内部因测试样品的复杂程度不同会产生不同程度的残留物，通过洗耳球将可吹掉的杂质清除，使用酒精棉进行擦拭，将其清理干净，自然风干后加入石墨管空烧即可。石英窗落入灰尘后会使透光率下降，产生能量的损失，因此可将石英窗旋转拧下，用酒精棉擦拭干净后使用擦镜纸将污垢擦净，安装复位即可。夏天天气比较热的时候冷却循环水水温不宜设置过低（18～19℃），防止产生水雾凝结在石英窗上，影响到光路的顺畅通过。

(4) 气路系统的维护与保养

由于气路通常采用聚乙烯塑料管，时间长了容易老化，所以要经常对气体进行检漏，特别是乙炔的渗漏可能会造成危险。严禁在乙炔气路管道中使用紫铜、银制零件，并要禁油，测试高浓度铜或银溶液时，应经常用去离子水喷洗。要经常放出空气压缩机气水分离器的积水，防止水进入助燃气流量计。

当仪器点火时，先开助燃气，然后开燃气；当仪器测定完毕后，先关乙炔钢瓶输出阀门，等燃烧器上的火焰熄灭后再关闭空气压缩机，以确保安全。

乙炔钢瓶只可直立状态移动或储藏，且应远离热源、火源，避免阳光直射。工作时，乙炔钢瓶应放置在室外，温度不宜超过 40℃。开启乙炔钢瓶阀门时，不宜超过 1.5 圈，防止丙酮逸出，乙炔钢瓶输出压力应该不低于 0.05MPa，以免丙酮进入火焰，对测量产生干扰。

任务二 原子吸收光谱法的应用

一、试样的制备

1. 取样

原子吸收光谱法中，测量条件的选择对测定的准确度、灵敏度都会有较大影响。因此必须选择合适的测量条件，才能得到满意的分析结果。测量条件包括分析线、狭缝宽度、灯电流原子化条件等。

样品在采样、包装、运输、碎样等过程中要防止污染，污染是限制灵敏度和检出限的重要原因之一。污染主要来源于容器、大气、水和所用试剂。如用橡皮布、磁漆和颜料对固体样品编号时，可能引入 Zn、Pb 等元素；利用碎样机碎样时，可能引入 Fe、Mn 等元素；使用玻璃、玛瑙等制成的研钵制样，可能会引入 Si、Al、Ca、Mg 等元素。对于痕量元素还要考虑大气污染。在普通的化验室中，空气中常含有 Fe、Ca、Mg、Si 等元素，而大气污染一般来说很难校正。样品通过加工制成分析试样后，其化学组成必须与原始样一致。样品存放的容器材质要根据测定要求而定，对不同容器应采取各自合适的洗涤方法洗净。无机样品溶液应置于聚氯乙烯容器中，并维持必要的酸度，存放于清洁、低温、阴暗处；有机试样存放时应避免与塑料、胶木瓶盖等物质直接接触。

2. 样品预处理

(1) 样品溶解　对无机试样，首先考虑能否溶于水，若能溶于水，应首选去离子水为溶剂来溶解样品，并配成合适的浓度范围。若样品不能溶于水，则考虑用稀酸、浓酸或混合酸处理后配成合适浓度的溶液。常用的酸是 HCl、H_2SO_4、H_3PO_4、HNO_3、$HClO_4$，H_3PO_4 常与 H_2SO_4 混合用于某些合金试样的溶解，氢氟酸常与另一种酸生成氟化物而促进溶解。用酸不能溶解或溶解不完全的样品采用熔融法。熔剂的选择原则是：酸性试样用碱性熔剂，碱性试样用酸性熔剂。常用的酸性熔剂有 $NaHSO_4$、$KHSO_4$、$K_2S_2O_7$、酸性氟化物等。常用的碱性熔剂有 Na_2CO_3、K_2CO_3、NaOH、Na_2O_2、$LiBO_2$（偏硼酸锂）、$Li_2B_4O_7$（四硼酸锂），其中偏硼酸锂和四硼酸锂应用广泛。

在作痕量分析时，常使用石英器皿、二次蒸馏水和分析纯试剂。溶解和存贮溶液的容器的材料也应有所选择：对很稀的样品溶液或标准溶液，玻璃器皿对离子的吸附是引起误差的主要因素，故稀溶液不应在玻璃容器中存贮过久，最好即时配用。另外，玻璃器皿在多次使用后，会由于前吸附离子的释出，造成对其盛放的溶液的干扰，故在盛放前应用盛放溶液来处理。

(2) 样品的灰化　灰化又称消化，灰化处理可除去有机物基体。灰化处理分为干法灰化和湿法消化两种。

① 干法灰化　**干法灰化**是在较高的温度下，用氧来氧化样品。具体做法是：准确称取一定量样品，放在石英坩埚或铂坩埚中，于 80～150℃低温加热，赶去大量有机物，然后放于高温炉中，加热至 450～550℃进行灰化处理。冷却后再将灰分用 HNO_3、HCl 或其他溶剂进行溶解。如有必要则加热溶液，以使残渣溶解完全，最后转移到容量瓶中，稀释至标线。干法灰化技术简单，可处理大量样品，一般不受污染，广泛用于无机分析前破坏样品中的有机物。这种方法不适于易挥发元素，如 Hg、As、Pb、Sn、Sb 等的测定，因为这些元素在灰化过程中损失严重。对于 Bi、Cr、Fe、Ni、V 和 Zn 来说，在一定条件下可能以金属、氯化物或有机金属化合物的形式而损失掉。

干法灰化有时可加入氧化剂帮助灰化。在灼烧前加少量盐溶液润湿样品，或加几滴酸，或加入纯 $Mg(NO_3)_2$、醋酸盐作灰化基体，可加速灰化过程和减少某些元素的挥发损失。已有一种低温干法灰化技术，它是在高频磁场中通入氧，氧被活化，然后将这种活化氧通过被灰化的有机物上方，可以使其在低于 100℃的温度下氧化。这种技术的优点是能保留样品的形态，并减少由于样品的挥发造成的损失，从容器或大气中引入的污染也较少。

② 湿法消化　**湿法消化**是在样品升温下用合适的酸加以氧化。最常用的氧化剂是：HNO_3、H_2SO_4 和 $HClO_4$。它们可以单独使用，也可以混合使用，如 HNO_3+HCl、HNO_3+HClO_4 和 $HNO_3+H_2SO_4$ 等，其中最常用的混合酸是 $HNO_3+H_2SO_4+HClO_4$（体积比为 3∶1∶1）。湿法消化样品损失少，不过 Hg、Se、As 等易挥发元素不能完全避免。湿法消化时由于加入试剂，故污染可能性比干法灰化大，而且需要小心操作。

目前，采用微波消解样品法已被广泛采用。无论是地质样品，还是有机样品，微波消解均可获得满意的结果。采用微波消解法，可将样品放在聚四氟乙烯焖罐中，于专用微波炉中加热，这种方法样品消解快、分解完全、损失少、适合大批量样品的处理工作，对微量、痕量元素的测定结果好。

塑料类和纺织类样品的溶解，应根据样品性质，合理选择方法。如：聚苯乙烯、乙醇纤维、乙醇丁基纤维，可溶于甲基异丁基酮中。聚丙烯酯可溶于二甲基甲酰胺中。聚碳酸酯、聚氯乙烯可溶于环己酮中。聚酰胺（尼龙）可溶于甲醇中，聚酯也可溶于甲醇中。羊毛可溶于质量浓度为 50g・L^{-1} 的 NaOH 中。棉花和纤维可溶于质量分数为 12% 的 H_2SO_4 溶液中。

3. 被测元素的分离与富集

分离共存干扰组分同时使被测组分得到富集是提高痕量组分测定灵敏度的有效途径。目前常用的分离与富集方法有沉淀和共沉淀法、萃取法、离子交换法、浮选分离富集技术、电解预富集技术及应用泡沫塑料、活性炭等的吸附技术。其中应用较普遍的是萃取和离子交换法。

二、标准样品溶液的配制

标准样品的组成要尽可能接近未知试样的组成。配制标准溶液通常使用各元素合适的盐类来配制，当没有合适的盐类可供使用时，也可直接溶解相应的高纯（99.99%）金属丝、棒、片于合适的溶剂中，然后稀释成所需浓度范围的标准溶液，但不能使用海绵状金属或金属粉末来配制。金属在溶解之前，要磨光并用稀酸清洗，以除去表面的氧化层。

非水标准溶液可将金属有机物溶于适宜的有机溶剂中配制（或将金属离子转变成可萃取化合物），用合适的溶剂萃取，通过测定水相中的金属离子含量间接加以标定。

所需标准溶液的浓度在低于 0.1mg・mL^{-1} 时，应先配成比使用的浓度高 1～3 个量级的浓溶液（大于 1mg・mL^{-1}）作为储备液，然后经稀释配成。储备液配制时一般要维持一定酸度，以免器皿表面吸附。配好的储备液应储于聚四氟乙烯、聚乙烯或硬质玻璃容器中。浓度很小（小于 1μg・mL^{-1}）的标准溶液不稳定，使用时间不应超过 1～2d。表 2-2 列出了常用储备标准溶液的配制方法。

表 2-2　常用储备标准液的配制

金属	基准物	配制方法(浓度 1mg・mL^{-1})
Ag	金属银(99.99%)	溶解 1.00g 银于 20mL(1+1)硝酸中，用时稀释至 1L
	$AgNO_3$	溶解 1.57g 硝酸银于 50mL 水中，加 10mL 浓硝酸，用水稀释至 1L
Au	金属金	将 0.1000g 金溶解于数 mL 王水中，在水浴上蒸干，用盐酸和水溶解，稀释到 100mL，盐酸浓度为 1mol・L^{-1}
Ca	$CaCO_3$	将 2.4972g 在 110℃烘干过的碳酸钙溶于 1∶4 硝酸中，用水稀释至 1L
Cd	金属镉	溶解 1.000g 金属镉于(1+1)硝酸中，用水稀释至 1L
Co	金属钴	溶解 1.000g 金属钴于(1+1)硝酸中，用水稀释至 1L
Cr	$K_2Cr_2O_7$	溶解 2.829g 重铬酸钾于水中，加 20mL 硝酸，用水稀释至 1L
	金属铬	溶解 1.000g 金属铬于(1+1)硝酸中，加热使之溶解完全，冷却，用水稀释至 1L

标准溶液的浓度下限取决于检出限，从测定精度的观点出发，合适的浓度范围应该是在能产生 0.2～0.8 单位吸光度或 15%～65%透射比之间的浓度。

三、测量条件的选择

1. 火焰原子吸收光谱法测定条件的选择

（1）分析线的选择　原子吸收光谱法常用于微量元素分析，因此一般选择最灵敏的共振吸收线。而测定高含量元素时，可以选择次灵敏线；表 2-3 列出了原子吸收光谱法常见元素的分析线及相对灵敏度。有些元素的分析灵敏度相差不大，可以从谱线稳定度以及减少干扰等方面考虑选择适宜的吸收线，并且应该避免可能的干扰及谱线的重叠问题，尽可能地选用线性范围宽的分析线。

(2) 空心阴极灯工作参数的选择

① 工作电流　空心阴极灯的最大工作电流与元素种类、灯的结构及光源的调制方式有关，一般灯的平均电流为3～20mA。灯的发射强度由灯电流的大小决定，增大灯电流时发射强度增大，稳定性增加。但是当工作电流过大时，阴极表面溅射增加，产生密度较大的原子蒸气，使自吸现象增强，谱线变宽，导致检出限与线性指标变坏。同时，随着溅射的加剧，加快了充入惰性气体的消耗，使气体压力降低，缩短灯的寿命。合适的灯电流应由实验决定，在信噪比允许的情况下选用较小的灯电流可以改善检出限及测量动态范围，同时也能延长灯的使用寿命。实际工作中，工作电流一般为额定电流的40%～60%。

② 工作电压　空心阴极灯的工作电压为150～300V，根据阴极材料和充放惰性气体的性质而定，在灯的起辉时还要高出100～200V。

③ 预热时间　由于阴极电子发射要在阴极溅射达到平衡时才能有一个稳定的发射，这之间需要一个过程。有的元素过程极短，如Ag、Au等在1～2min内就能达到稳定发射；有的过程比较长，但一般不会越过30min。仪器一般具有两个以上的灯座，一个灯工作时，另一个灯预热。

表 2-3　原子吸收光谱法常见元素分析线及相对灵敏度

元素	分析线/nm	相对灵敏度	元素	分析线/nm	相对灵敏度	元素	分析线/nm	相对灵敏度
Ag	328.1	1.0	Cs	852.1	1.0	Mg	285.2	1.0
	338.3	1.9		455.5	85.0		202.5	24
Al	309.3	1.0	Cu	324.7	1.0	Mn	279.5	1.0
	396.2	1.1		216.5	6.0		280.1	1.9
As	193.7	1.0	Fe	248.3	1.0	Mo	313.3	1.0
	197.2	2.0		371.9	5.7		315.0	4.0
Ba	553.6	1.0	Ga	287.4	1.0	Na	589.0	1.0
	250.1	16		294.4	1.0		589.6	1.0
Bi	233.1	1.0	Gd	407.8	1.0	Ni	232.0	1.0
	222.6	2.4		368.4	1.1		305.1	4.5
Ca	422.7	1.0	Ge	265.1	1.0	Pb	283.3	1.0
	239.8	120		269.1	3.8		217.0	0.4
Cd	228.8	1.0	K	766.5	1.0	Si	251.6	1.0
	326.1	435		769.9	2.2		252.9	3.2
Co	240.7	1.0	La	550.1	1.0	Ti	364.3	1.0
	262.1	2.0		357.4	4.0		365.4	1.1
Cr	357.8	1.0	Li	670.8	1.0	Zn	213.9	1.0
	360.5	2.2		823.3	235.0		307.6	4700

(3) 光谱通带的选择　光谱通带的宽窄直接影响测定的灵敏度和校准曲线的线性范围。单色器的光谱通带取决于仪器的色散能力和狭缝宽度，但光谱通带的选择实际上是通过改变

狭缝宽度来实现的。选择合适的光谱通带，既要考虑谱线的纯度，又要照顾到光强度。光谱通带宽，光强度大，信噪比高，但若有邻近线也通过狭缝导致灵敏度降低，校准曲线弯曲；光谱通带窄，光强度弱，需加较高的负高压，则信噪比降低，稳定性下降，但易保证有较高的谱线纯度，灵敏度高，校准曲线线性好。

光谱通带的选择原则是：在保证只有分析线通过狭缝到达检测器的前提下，尽可能地选用较宽的光谱通带，以获得较高的信噪比和稳定性。对于简单的元素（如碱土金属、碱金属），宜用较宽的光谱通带，以获得较高的仪器信噪比和分析准确度。对于多谱线元素（如铁族、稀有元素）和在火焰连续背景较强的情况下，宜用较窄的光谱通带，这样既能提高分析灵敏度，也能改善校准曲线的线性度。

(4) 火焰的燃烧速度及类型　化合物在燃烧过程中经历干燥、熔化、离解、激发和化合等复杂过程。在此过程中，除产生大量的被测元素基态原子外，还产生激发态原子、离子和分子等其他粒子，因此选择合适的燃烧速度及火焰类型是原子吸收分析的关键之一。

① 燃烧速度　燃烧速度影响火焰的安全操作和燃烧的稳定性。要使火焰稳定，可燃混合气体的供应速度应大于燃烧速度。但供气速度过大，会使火焰离开燃烧器，变得不稳定，甚至吹灭火焰；供气速度过小，将会引起回火。

② 火焰类型　在原子吸收分析中，通常采用乙炔、煤气、氢气作为燃气，以空气、氧化亚氮、氧气作为助燃气。

根据燃气成分不同，可将火焰分为两大类：碳氢火焰和氢气火焰。碳氢火焰在短波区有较大的吸收，而氢气火焰的透射性能则好得多。对于分析线位于短波区的元素的测定，在选择火焰时应考虑火焰透射性能的影响。

根据火焰的反应特性，一般将火焰分为还原性火焰（富燃火焰）、中性火焰（化学计量火焰）和氧化性火焰（贫燃火焰）三大类。化学计量火焰：是指燃气与助燃气之比与化学反应计量关系相近，又称其为中性火焰，该火焰温度高、稳定、干扰小、背景低；富燃火焰：是指燃气与助燃气之比大于化学计量的火焰，又称还原性火焰，该火焰呈黄色，层次模糊，温度稍低，火焰的还原性较强，适合于易形成难离解氧化物元素的测定；贫燃火焰：燃气与助燃气之比大于化学计量的火焰，又称氧化性火焰，该火焰氧化性较强，火焰呈蓝色，温度较低，适于易离解、易电离元素的原子化，如碱金属等。

选择适宜的火焰可根据试样的具体情况，通过实验或查阅有关的文献确定。一般而言，选择火焰的温度应使待测元素恰能分解成基态自由原子为宜。若温度过高，会增加原子电离或激发，而使基态自由原子减少，导致分析灵敏度降低。

(5) 观测高度的选择　观测高度可大致分为三个部位：①光束通过氧化焰区，这一高度大约是离燃烧口 6～12mm 处，此高度处火焰稳定、干扰少、对紫外线吸收较弱，但灵敏度较低，吸收线在紫外区的元素适合于这种高度；②光束通过氧化焰和还原焰区，这一高度大约离燃烧器缝口 4～6mm 处，此高度处火焰稳定性比前一种差、温度稍低、干扰较多，但灵敏度高，适用于 Be、Pb、Sn、Se、Cr 等元素的分析；③光束通过还原焰区，这一高度大约离燃烧器缝口 4mm 处以下，此高度处火焰稳定性最差、干扰最多、对紫外线吸收最强，而吸收灵敏度较高，适用于长波段元素的分析。

(6) 进样量的选择　试样的进样量一般以 3～6mL・min^{-1} 较为适宜。进样量过多对火焰产生冷却效应，同时大雾滴进入火焰，难以完全蒸发，原子化效率降低；进样量过少，火焰中气态原子浓度太低，产生的信号较弱，影响测定的灵敏度。

2. 石墨炉原子吸收光谱法测定条件的选择

石墨炉原子吸收光谱分析的吸收线、光谱通带和灯电流的选择原则与火焰法相同，除此以外，石墨炉原子吸收光谱法应当选择合适的干燥、灰化、原子化、净化的温度和时间以及惰性气体流量。

(1) 干燥温度和时间的选择　干燥阶段是一个低温加热过程，其作用是除去样品溶液的溶剂。干燥条件直接影响分析结果的重现性。干燥温度与时间，应根据不同基体组分的样品进行选择。一般而言，干燥温度应略高于溶剂的沸点。例如，水溶液应选择在 100～125℃范围。干燥温度的选择必须避免样液过于猛烈地沸腾、流散或飞溅，又要保证有较快的蒸干速度。对于某些黏度较大的、易冒泡的有机溶剂或含盐量较高的和较为黏稠的液体样品，可采用斜坡升温方式缓慢升温。

(2) 灰化温度和时间的选择　灰化阶段的作用是尽可能地把样品中的共存物质全部或大部分除去，并保证尽量少的待测元素的损失。灰化温度和时间的选择应考虑两个方面：一方面使用足够高的灰化温度和足够长的时间以有利于灰化完全和降低背景吸收；另一方面使用尽可能低的灰化温度和尽可能短的灰化时间以保证待测元素不受灰化损失。在实际选择时，通常通过测绘灰化温度曲线，即吸光度随灰化温度的变化曲线来确定最佳的灰化温度。

若待测元素较基体组分难挥发，可选择稍高的灰化温度，除去基体组分而待测元素无灰化损失；若待测元素较基体组分易挥发，可选择稍低的灰化温度，使基体组分残留而待测元素仅被原子化。一般灰化温度在 100～1800℃，灰化时间为 0.5～300s。

(3) 原子化温度和时间的选择　原子化阶段的作用是使样品中待测元素完全尽可能多地变成自由状态的原子，气相物理化学的干扰尽可能地小。原子化温度和时间是原子吸收光谱分析的重要条件之一，随待测元素的不同而不同。一般原子化温度在 2500～3000℃，时间为 3～10s。

(4) 净化温度和时间的选择　净化阶段也称为除残阶段，其作用是在一个样品测定结束后，将温度提高并保持一段时间，以除去石墨管中的残留物，净化石墨管，减少因样品残留所产生的记忆效应。净化温度一般高出原子化温度 10%左右，净化时间一般为 3～5s。

(5) 惰性气体流量的选择　为了延长原子化器的使用寿命和减缓其表面物理化学性质变坏及避免分析元素原子蒸气再被氧化，原子化器需在无氧条件下工作，否则会使石墨炉原子化器的表面因生成一氧化碳和二氧化碳而迅速变得疏松多孔，所以需要采用惰性气体保护。目前商品石墨炉大都采用内外单独供气方式。外部气体是连续不断的，其流量较大；内部气体流量较小。常用的保护气体是氩气。外部氩气流量在 $1 \sim 5L \cdot min^{-1}$ 范围内变化时，对原子吸收信号的测量没有影响。内部氩气流量一般为 $60mL \cdot min^{-1}$。在原子化阶段，若使氩气瞬间停止流动，可降低自由原子的扩散迁移效应而延长自由原子在吸收区的平均停留时间，因此，这种“停气”技术可提高分析灵敏度。

四、定量方法

1. 常用方法

原子吸收光谱法中，测量条件的选择对测定的准确度、灵敏度都会产生较大影响。因此必须选择合适的测量条件，才能得到满意的分析结果。测量条件包括分析线、狭缝宽度、灯电流原子化条件等。

常用的分析方法有标准曲线法和标准加入法。

（1）标准曲线法 这是最常用的分析方法。首先，配制一组含有被测元素的不同浓度的标准溶液（通常是4～6个）。然后，在与试样测定完全相同的条件下，依浓度由低到高的顺序测定吸光度。接着，以浓度 c 为横坐标、以吸光度 A 为纵坐标，绘制标准曲线。最后，测定试样的吸光度值，在标准曲线上用内插法求出待测元素的含量。

标准曲线法简单、快速，适于大批量组成简单和相似的试样分析。使用标准曲线法应注意以下几点。

① 标准系列的组成与待测试样组成尽可能相似，配制标准系列时，应加入与试样相同的基体成分。在测定时应该进行背景校正。

② 所配制的试样浓度应该在 A-c 标准曲线的直线范围内，吸光度在0.15～0.6之间测量的准确度较高。通常根据被测元素的灵敏度来估计试样的合适浓度范围。

③ 在整个分析过程中，测定条件始终保持不变。若进样效率、火焰状态、石墨炉工作参数等稍有改变，都会使标准曲线的斜率发生变化。在大量试样测定过程中，应该经常用标准溶液校正仪器和检查测定条件。

（2）标准加入法 当试样组成复杂、待测元素含量很低时，应该采用标准加入法定量分析，该方法可以消除基体效应的干扰。标准加入法又称为直线外推法。首先，取几份相同量的被测试液，分别加入不同体积被测元素的标准溶液，然后稀释至相同的体积，其浓度分别为 c_x、c_x+c_s、c_x+2c_s、c_x+3c_s、……最后分别测定它们的吸光度值。然后，以加入的标准溶液浓度为横坐标、以吸光度为纵坐标绘制标准加入工作曲线，再将该曲线外推至与浓度轴相交，交点至坐标原点的距离 c_x 即为试样中待测元素的浓度。

设 c_x、c_s 分别表示试样中待测元素的浓度和试液中加入的标准溶液的浓度，则 c_x+c_s 为加入标准溶液后的浓度；A_x、A_s 分别表示试液和加入标准溶液后的吸光度，根据比耳定律，则：

$$A_x=Kc_x$$

$$A_s=K(c_x-c_s)$$

$$c_x=\frac{A_x}{A_s-A_x}c_s \tag{2-14}$$

在实际工作中很少采用式（2-14）计算法，而是用作图法，又称为直线外推法。取若干份相同体积的试样溶液，依次加入浓度分别为0、c_0、$2c_0$、$3c_0$、$4c_0$……的标准溶液，用溶剂定容，摇匀后在相同测定条件下测量其吸光度，以吸光度对加入标准溶液的浓度作图，即作 A-c 标准曲线，延长曲线与浓度轴相交，交点与原点的距离即为试样中被测元素的浓度 c_x。应用标准加入法应注意以下几点：

① 测量应在 A-c_x 标准曲线的线性范围内进行；

② 为了得到准确的分析结果，至少应采用4个工作点制作标准曲线后外推。首次加入的元素标准溶液的浓度（c_0）应大致和试样中被测定元素浓度（c_x）相接近；

③ 标准加入法只能消除基体干扰和某些化学干扰，但不能消除背景吸收干扰。因此，在测定时应该首先进行背景校正。

（3）内标法 内标法是指将一定量试液中不存在的元素的标准物质加入试液中进行测定

的方法，所加入的这种标准物质称为内标元素。首先，在一组不同浓度的含有待测元素的标准溶液以及试样溶液中加入相同量的内标元素，然后稀释至相同的体积。在同一实验条件下，分别在内标元素及待测元素的共振吸收线处，依次测量每种溶液中待测元素和内标元素的吸光度 A_M 和 A_N，将求出比值 A_M/A_N，以浓度 c 为横坐标、以 A_M/A_N 为纵坐标，绘制内标工作曲线。最后，测定试样的吸光度值 $(A_M/A_N)_x$，在内标工作曲线上用内插法求出待测元素的含量。

内标法不仅能消除物理干扰，还能消除实验条件波动而引起的误差，但是内标法不能在单道仪器上使用，仅适用于双道或多道仪器。

2. 灵敏度、检出限和回收率

在进行微量或痕量分析时，都会很关心分析的灵敏度与检出限，它们是评价分析方法与分析仪器的重要指标。

(1) 灵敏度　根据 IUPAC 规定，**灵敏度** S 的定义是分析标准函数 $x=f(c)$ 的一次导数，用 $S=\mathrm{d}x/\mathrm{d}c$ 表示。显然，S 是标准曲线的斜率，S 值大，则灵敏度高。在原子吸收光谱分析中，$S=\mathrm{d}A/\mathrm{d}c$ 或 $S=\mathrm{d}A/\mathrm{d}m$，即当被测元素的浓度或改变一个单位时吸光度的变化量。习惯上是采用低浓度或低含量时标准曲线斜率的倒数来表征测定元素的灵敏度，即用特征浓度和特征质量表征灵敏度。

① 特征浓度　在火焰原子吸收法中，用特征浓度 c_c 表征元素测定的相对灵敏度。把能产生 1%吸收或产生 0.0044 吸光度时所对应的被测元素的质量浓度定义为元素的**特征浓度**。以 $\mu g \cdot mL^{-1}$ 或 $\mu g \cdot mL^{-1}/1\%$ 表示。1%吸收相当于吸光度为 0.0044，即：$A=\lg\dfrac{I_0}{I}=\lg\dfrac{100}{99}=0.0044$

因此，元素的特征浓度的计算公式为：

$$c_c=\frac{\rho_s\times 0.0044}{A}(\mu g \cdot mL^{-1}/1\%) \tag{2-15}$$

式中，ρ_s 为试液的质量浓度，$\mu g \cdot mL^{-1}$；A 为试液的吸光度。显然，c_c 越小，元素测定的灵敏度越高。

② 特征质量　在石墨炉原子吸收法中，用特征质量 m_c 表征元素测定的绝对灵敏度。把能产生 1%吸收或产生 0.0044 吸光度时所对应的被测元素的质量定义为元素的**特征质量**。以 g 或 g/1%表示。元素的特征质量的计算公式为：

$$m_c=\frac{\rho_s V\times 0.0044}{A}(g/1\%) \tag{2-16}$$

式中，ρ_s 为试液的质量浓度，$g \cdot mL^{-1}$；V 为试液进样体积，mL；A 为试液的吸光度。同样，m_c 越小，元素测定的灵敏度越高。

(2) 检出限　**检出限**的定义：指以特定分析方法，以适当的置信水平被检出的最低浓度或最小量。在原子吸收法中，检出限（D）表示被测元素能产生的信号为空白值的标准偏差 3 倍（3σ）时元素的质量浓度。单位用 $g \cdot mL^{-1}$ 或 g 表示。原子吸收法常用元素的灵敏度和检出限列于表 2-4。

(3) 回收率　进行原子吸收分析实验时，通常需要测出所用方法的待测元素的回收率，以此评价方法的准确度和可靠性。回收率的测定可采用以下两种方法。

① 利用标准物质进行测定　将已知含量的待测元素标准物质，在与试样相同的条件下进行预处理，在相同仪器及相同操作条件下，以相同定量方法进行测量，求出标样中待测组分的含量，则回收率为测定值与真实值之比，即

$$回收率=\frac{含量测定值}{含量真实值} \tag{2-17}$$

此法简便易行，但多数情况下，含量已知的待测元素标样不易得到。

表 2-4　原子吸收法常用元素的灵敏度和检出限

元素	分析线波长 /nm	火焰吸收法		石墨炉吸收法	
		特征浓度 /(μg·mL⁻¹/1%)	检出限 /μg·mL⁻¹	特征质量 /(g/1%)	绝对检出限 /g
Ag	328.1	0.06	0.002	5.0×10^{-12}	1.0×10^{-13}
Al	309.3	1.0	0.03	5.0×10^{-11}	5.0×10^{-12}
As	193.7	2.0	0.05	2.5×10^{-11}	2.0×10^{-11}
Au	242.8	0.05	0.01	2.0×10^{-11}	1.0×10^{-11}
Ba	553.6	0.4	0.01	1.5×10^{-10}	5.0×10^{-11}
Be	234.9	0.03	0.02	2.0×10^{-12}	5.0×10^{-13}
Bi	223.1	0.7	0.025	4.0×10^{-11}	2.0×10^{-11}
Ca	422.7	0.07	0.005	4.0×10^{-12}	4.0×10^{-13}
Cd	228.8	0.025	0.002	8.0×10^{-14}	3.0×10^{-15}
Co	240.7	0.15	0.002	4.0×10^{-11}	5.0×10^{-12}
Cr	357.9	0.1	0.003	2.0×10^{-11}	1.0×10^{-11}
Cu	324.7	0.1	0.001	3.0×10^{-11}	2.0×10^{-12}
Fe	248.3	0.1	0.005	2.5×10^{-11}	5.0×10^{-12}
Mg	285.2	0.007	0.0001	4.0×10^{-14}	4.0×10^{-14}
Mn	279.5	0.05	0.001	2.0×10^{-13}	3.0×10^{-14}
Ni	232.0	0.1	0.002	1.7×10^{-11}	9.0×10^{-12}
Pb	283.3	0.5	0.01	5.3×10^{-12}	2.0×10^{-12}
Zn	213.9	0.015	0.001	3.0×10^{-14}	1.0×10^{-13}

② 利用标准加入法测定　在给定的实验条件下，先测定未知试样中待测元素的含量，然后在一定量的该试样中，准确加入一定量待测元素，以同样方法进行样品处理，在同样条件下，测定其中待测元素的含量，则回收率等于加标样测定值与未加标样测定值之差与标样加入量之比，即

$$回收率=\frac{加标样测定值-未加标样测定值}{标样加入量} \tag{2-18}$$

显然回收率愈接近于1，方法的可靠性就愈高。

五、干扰及其消除

原子吸收光谱法是一种高度选择性的分析方法，干扰较小、易于抑制和消除。但在

实际工作中，由于工作条件、分析对象的多样性和复杂性，存在的干扰也不可忽视。原子吸收光谱法中的干扰一般可分为光谱干扰、背景干扰、物理干扰、化学干扰和电离干扰五大类型。

1. 光谱干扰及其消除

光谱干扰是指在所选用的光谱通带内，除了分析元素所吸收的辐射之外，还有来自于光源或原子化器的某些不需要的辐射同时被检测器所检测而引起的干扰。光谱干扰有以下几种类型：光谱线的重叠干扰、多重吸收线的干扰和光谱通带内存在光源发射的非吸收线干扰。

(1) 光谱线的重叠干扰及其消除　在光谱通带内，如果有其他物质（如空心阴极灯材料中的杂质、灯内填充气等）产生的发射线或分析元素（特别是复杂的元素）有一条以上的发射线同时参与吸收，产生谱线的重叠干扰，如图 2-20 所示。

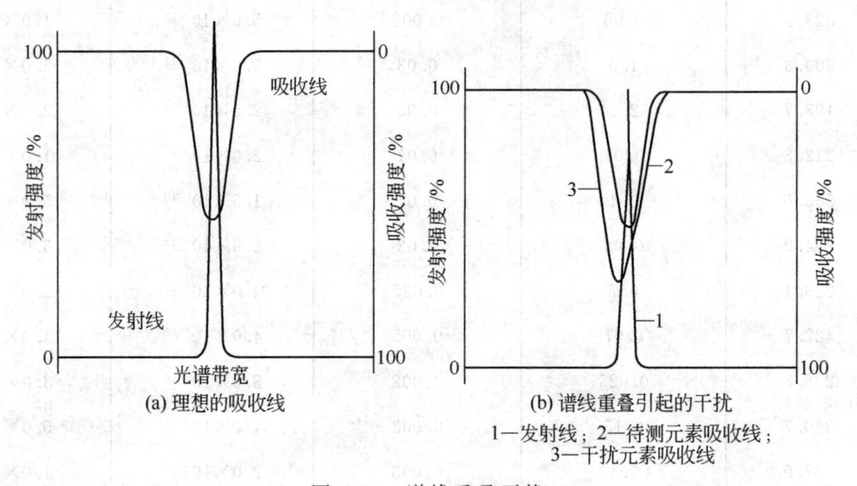

图 2-20　谱线重叠干扰

干扰的大小取决于光谱线重叠的程度、干扰元素的浓度及其灵敏度。当两元素吸收线的波长差等于或小于 0.03nm 时，则认为光谱线重叠干扰是严重的。若重叠的吸收线是灵敏线，即使相差 0.1nm，干扰也会明显表现出来。

消除这种光谱线重叠干扰的途径有三条：一是选用被测元素的其他分析线；二是预先分离干扰元素；三是利用塞曼效应或自吸效应背景校正技术。

(2) 多重吸收线的干扰及其消除　在光谱通带内存在一条以上分析元素发射线和一条以上分析元素吸收线，产生多重吸收线的干扰，如图 2-21 所示。由于多重吸收线各组分的吸收系数不一样并且其他组分的吸收系数均小于主吸收线的吸收系数，所以该情况下测得的吸光度要小于仅有单一主吸收时所得到的吸光度。多重吸收线与主吸收线吸收系数相差越大，则灵敏度下降越严重，校准曲线线性范围越窄。

多重吸收线干扰以过渡元素较多，尤其是 Fe、Co、Ni 等多谱线元素。为消除这种干扰，若多重吸收线和主吸收线的波长差不是很小，则可通过减小狭缝宽度的方法来克服多重吸收线引起的干扰。但当波长差很小时，通过减小狭缝仍难以消除干扰，并且可能使信噪比降低，此时需另选吸收线。

(3) 光谱通带内存在光源发射的非吸收线干扰及其消除　在光谱通带内，除了一条分析元素共振发射谱线外，还存在其他物质发射的不参与吸收的谱线，称为**非吸收线**。由上述原因引起的光谱干扰称为非吸收线干扰，如图 2-22 所示。

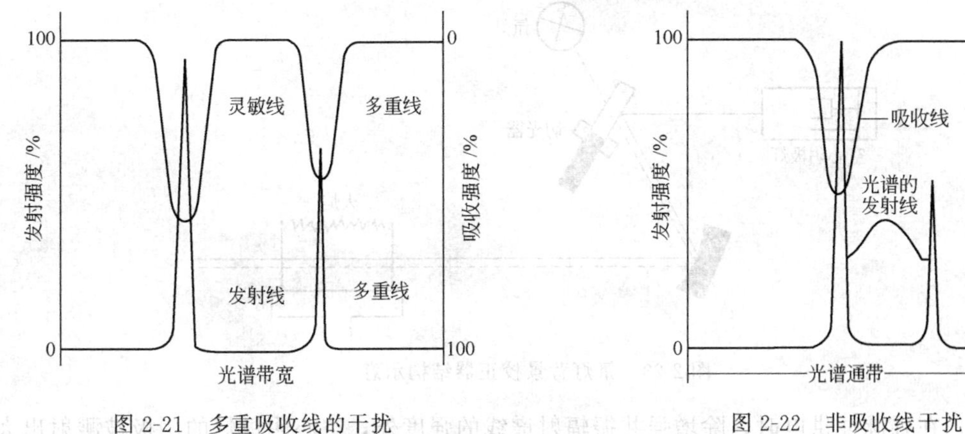

图 2-21　多重吸收线的干扰　　图 2-22　非吸收线干扰

造成这种干扰的原因：一是具有复杂光谱的元素本身发射出单色器难以完全分开的谱线；二是多元素空心阴极灯因发射线较复杂而存在非吸收干扰；三是光源阴极材料中的杂质引起非吸收线干扰；四是光源填充的惰性气体的辐射线引起非吸收干扰。

消除这种干扰的常用方法是减小狭缝宽度，使光谱通带小到足以分离开非吸收线，但这样会使信噪比变差。此时可以选用其他吸收线，虽然这样灵敏度会稍有下降，但允许较大的光谱通带，有利于提高信噪比。

2. 背景干扰及其校正

在原子化阶段，高浓度基体挥发出来的气态分子、盐的微粒以及石墨炉中产生的“烟雾”，都会产生分子吸收、光散射引起的“假信号”，统称为背景吸收，由此引起测量产生正误差，称为背景干扰。背景干扰是一种特殊形式的光谱干扰，一般来说包括分子吸收干扰和光散射干扰。分子吸收干扰是指气相分子物质吸收分析元素共振发射能量产生光解离，致使测定吸光值偏高。光散射干扰是指在原子化过程中由试样形成的微粒，在光路中对光源发射光产生散射，被散射的光偏离光路，使到达检测器的光强度减小。

在原子吸收光谱法中，常用的背景校正技术有：氘灯背景校正技术、自吸背景校正技术和塞曼效应背景校正技术等。

(1) 氘灯背景校正技术　氘灯背景校正技术，从严格意义上说是一种连续光源校正技术，是用氘灯测定背景吸收值，再从测定的表观总吸光度中扣除背景吸光值，从而达到扣除背景的目的。氘灯校正技术使用两个光源，即空心阴极灯和氘灯。空心阴极灯光束为样品光束，氘灯光束为参比光束。通过机械调制盘的旋转或半透半反镜使样品光束与参比光束交替通过原子化器，完成背景校正的两次测量。图 2-23 为氘灯背景校正器的结构示意。

氘灯背景校正技术是使用时间最长和应用范围最广的背景校正技术，也是发展比较成熟的一种背景校正技术。该技术的优点是背景校正装置结构简单、操作方便、对灵敏度的影响较小。但是，这种装置的缺点是采用两种光源，由于光源的结构不同，两种灯的光斑大小也存在差异，不易准确聚光于原子化器的同一部位，故影响背景校正效果。氘灯在长波处的能量较低，不易进行能量平衡，也不适用于长波区的背景校正。

(2) 空心阴极灯自吸背景校正技术　空心阴极灯自吸背景校正技术，又称 S-H（Smith-Hieftje）法，是利用在大电流时空心阴极灯出现自吸收现象，发射的光谱线变宽，以此测量

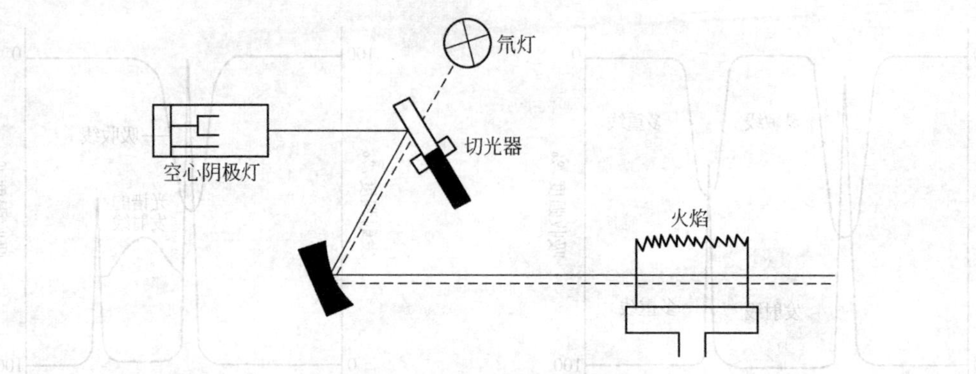

图 2-23 氘灯背景校正器结构示意

背景吸收。在强脉冲供电时，除增强共振辐射谱线的强度外，空心阴极灯的阴极被溅射出大量基态原子，这些基态原子对阴极的特征谱线产生共振吸收，致使空心阴极灯特征辐射谱线的轮廓发生自吸变宽，使其中心波长位置凹入，与原子吸收线之间相互作用产生的吸光度值大幅度小于弱脉冲供电的情况，即在测量背景吸收的同时，也测量到一部分原子吸收。而在弱脉冲时，两者测量到的背景吸收相同。

空心阴极灯自吸背景校正装置的主要优点：一是装置简单，除灯电流控制电路及软件外不需要任何的光机结构；二是背景校正可在整个波段范围（190～900nm）内实施；三是用同一支空心阴极灯测量原子吸收及背景吸收，样品光束与参比光束完全相同，校正精度很高。但是，该方法同时也存在一些不足：一是不是所有的空心阴极灯都能产生良好的自吸发射谱线。一些低熔点的元素在很低的电流下即产生自吸，一些高熔点元素在很高的电流下也不产生自吸，对这样一些元素测定，灵敏度损失严重，甚至不能测定。二是由于空心阴极灯的辐射相对供电脉冲有延迟，为在自吸后能返回到正常状态，调制频率不宜太高。

（3）塞曼效应背景校正技术　1896 年，荷兰科学家塞曼（Pieter Zeeman）发现，当把产生光谱的光源置于高达几千高斯的磁场中时，光源辐射的每条谱线分裂成几条偏振化的分线，这种磁致谱线分裂现象称为**塞曼效应**。利用这种效应进行背景扣除校正，称为塞曼效应背景校正技术。塞曼效应调制有两种类型，直接塞曼调制（光源调制）和倒塞曼调制（吸收线调制）。前者是指光源在磁场中使发射线发生分裂。后者是指原子化器在磁场中使吸收线发生分裂。磁场方向若与光束方向垂直，则为横向塞曼调制，磁场方向与光束方向平行，则为纵向塞曼调制。根据磁场的性质，又可分为恒定磁场调制和交变磁场调制两种。目前，大部分商品化仪器将塞曼效应施加于原子化器，应用较多的有横向恒定磁场塞曼调制、横向交变磁场塞曼调制及纵向交变磁场塞曼调制。其中，纵向交变磁场塞曼调制效果最好，它无需偏振器，能量损失最小，在磁场足够大时不影响检出限等指标。

3. 物理干扰及其消除

物理干扰是指试样在转移、蒸发和原子化过程中由于试样溶液的黏度、表面张力、密度等的差异变化而引起的干扰。在火焰原子吸收光谱法中，这些物理特性的变化引起试液喷雾速度、气溶胶大小及其传送效率等发生了变化，从而引起吸收强度的变化。在石墨炉原子吸收光谱法中，物理性质的差别会引起挥发速度的差异，尤其是高含盐量的样品差异更加显著，引起试样在石墨炉内的散布情况不同，从而引起吸收峰的开关和高度。这种物理干扰是非选择性干扰，对试样中各分析元素的影响是相同的。

消除物理干扰的常用方法是配制与分析试液组成相似的标准溶液，以使试液与标准溶液具有相同或相近的物理性质。例如加入同样量的试剂、保持同样的稀释倍数等。当样品溶液含盐量高时（盐的质量分数超过1%），不仅影响吸喷速率和雾化效率并且可能造成燃烧器缝隙的堵塞，这种干扰可以用适当稀释的方法来解决。在悬浮液进样时，基体的匹配情况对测定结果影响较大，更需特别注意。另外，也可以使用标准加入法消除物理干扰。

4. 化学干扰及其消除

化学干扰是指在样品溶液转化为自由原子的过程中，待测元素与其他组分之间的化学作用而引起的干扰效应。这主要影响待测元素化合物的熔融、蒸发和解离过程，这种效应可以是正效应，增强原子吸收信号，也可以是负效应，降低原子吸收信号。化学干扰是一种选择性干扰，它不仅取决于待测元素与干扰元素的性质，而且还与火焰类型、火焰温度、火焰状态、观测部位、其他共存组分、雾珠与气溶胶微粒的大小等因素有关。

化学干扰是原子吸收光谱法的主要干扰来源，但是由于其复杂性，目前还没有一种通用的消除方法，需要针对特定的样品、待测元素和实验条件进行具体分析。消除化学干扰的方法主要有以下几点。

（1）化学分离法　用化学方法将被测元素和干扰元素分开，是一种行之有效的消除干扰的方法。经常使用的分离方法有萃取、离子交换、共沉淀等，其中以萃取法应用最广泛。化学分离不仅可以消除干扰，而且还可以起到富集的作用。但是，化学分离法较为繁琐，试剂用量也多，还可能对被测样品造成污染。

（2）利用高温火焰　一般来说，在高温火焰中的化学干扰比低温火焰要少。例如，在乙炔-空气火焰中测量钙的含量，有磷酸根的存在时，由于磷酸根和钙形成稳定的磷酸钙而干扰钙的测定，然而在乙炔-氧化亚氮高温火焰中，即使磷比钙的量高出200倍，也不会造成干扰。

（3）选择合适的火焰气氛　对于易形成难熔、难挥发氧化物的元素，如Si、Ti、Al等，如果使用还原性气氛很强的火焰，如乙炔-氧化亚氮火焰中有半分解产物CN、CH、CO等可能夺取氧化物中的氧，则有利于这些元素的原子化。

（4）采用标准加入法　采用标准加入法也可以在一定程度上消除“与浓度无关”的化学干扰，但同时也有可能引起灵敏度的降低。

（5）使用化学改进技术　通过化学反应抵制和消除化学干扰，包括加入释放剂、保护剂、缓冲剂以及各种化学改进剂等。

5. 电离干扰及其消除

电离干扰是由于原子在火焰中电离而引起的效应。分析元素在火焰中形成自由原子之后又发生电离，使基态原子数减少，导致测定吸光度降低，校正曲线在高浓度区弯向纵坐标。

电离干扰虽然是一个不利因素，但是共存元素又能起着有益的作用。当有第二种元素是易电离的，就可使被测元素的电离平衡向着生成基态原子的方向移动，使吸光度增加。这种易电离元素的共存起到了电离缓冲剂的作用，因此把起到这种作用的元素称为消电离剂。常用的消电离剂都是一些电离电位低的金属元素，如K、Na、Rb、Cs等。

另外，采用低温火焰，如乙炔-空气火焰的电离干扰比较小。其次，使用标准加入法在一定程度上可以消除电离干扰。

※ 拓展知识

原子荧光光谱法

一、原子荧光光谱法概述

气态自由原子吸收光源的特征辐射后，原子的外层电子跃迁到较高能级，接着又以辐射形式去活化，跃迁返回基态或较低能级，同时发射出与原激发辐射波长相同或不同的辐射即为**原子荧光**。**原子荧光光谱法**（atomic fluorescence spectrometry，AFS），又称**原子荧光分光光度法**是通过测量待测元素的原子蒸气在特定频率辐射能激发下所产生的荧光强度来测定元素含量的一种仪器分析方法。早在1902年Wood等首次观察到在丙烷与空气火焰中钠的589.0nm谱线的荧光现象。1956年，Alkemade利用原子荧光研究了火焰中的物理和化学过程，并于1962年提出了火焰中激发原子的方法，以及用于测量不同火焰中钠D双线共振荧光的量子效率装置，并预言可以将原子荧光技术用于化学分析工作中。1964年，美国的Winefordner和Vickers提出并论证了原子荧光火焰光谱法可作为一种新的分析方法，并且Winefordner和英国的West对原子荧光光谱法进行了广泛深入的研究和改进，从此以后，原子荧光光谱分析进入了快速发展阶段，并作为一种新的仪器分析方法被广泛应用。

原子荧光光谱法具有以下优点：

① 灵敏度高，检出限好。疏于待测元素原子蒸气所产生的原子荧光辐射强度随激发光源强度的增加呈线性增加，因此，可以通过增加辐射强度来增加荧光强度，这样大大提高了灵敏度。现在20多种元素的原子荧光检出限低于原子吸收光谱法。

② 原子荧光的谱线比较简单，便于分辨。可采用一般的分光光度计，甚至可以用滤光片或日盲光电倍增管直接测量。因此这种仪器结构简单、价格便宜。

③ 原子荧光向各方向辐射，使用制作多通道仪器，适合多元素的同时测定。

④ 校正曲线线性范围宽，如果用激光光源，其线性范围可达4～7个量级。

⑤ 干扰效应相对较少，与原子吸收相比原子荧光不一定需要光源。

但是，原子荧光光谱法也存在一定的局限性：

① 散射光的影响严重；

② 当试样溶液浓度较高时，会产生自吸；

③ 存在物理干扰和化学干扰；

④ 量子效率随原子化温度和组成成分而改变。因而在一定上影响分析的精密度和重现性，应该严格控制这些试验条件；

⑤ 在某些样品系统中，荧光猝灭降低分析灵敏度。

二、原子荧光光谱分析的基本原理

原子荧光是一种辐射的去活化过程。当自由原子吸收激发态光源发射的特征波长辐射后被激发，然后辐射去活化而发射出荧光。一般来说，荧光线的波长与激发线的波长相同，也可能比激发线波长长，但是比激发线波长短的情况比较少。原子荧光的基本类型有共振荧光、非共振荧光、敏化荧光等。

1. 共振荧光

当原子吸收辐射光与发射光波长相同时，所产生的荧光叫做**共振荧光**。与其他跃迁相比，共振跃迁概率要大得多，所以共振跃迁产生的谱线是对分析最有用的**共振荧光线**。

如果自由原子处于由热激发产生的较低的亚稳态能级，则共振荧光可从亚稳态能级上产生，该过程是经热激发后处在亚稳态能级的原子通过吸收激发光源的适宜的非热振线后被进一步激发，然后再发射出相同波长的共振荧光，这一过程称为**热助共振荧光**。

2. 非共振荧光

当激发线和发射的荧光波长不相同时，所产生的荧光叫做**非共振荧光**，包括直跃线荧光和阶跃线荧光两类。

原子受到光辐射而被激发，从基态跃迁到能量较高的激发态，然后直接跃迁到能量高于基态的亚稳态能级，此时所产生的荧光称为**直跃线荧光**。

原子受到光辐射激发后，在发射波长较长的荧光辐射之前，由于碰撞去活化而损失部分能量，激发线与发射线的高能级有差异，此时产生的荧光称为**阶跃线荧光**。

阶跃线荧光又分为正常阶跃线荧光和热助阶跃线荧光两种类型。

正常阶跃线荧光是指原子被激发到第一激发态以上的高能态后，分两步去活化，首先由于碰撞引起无辐射，原子跃迁到第一激发态，然后跃迁到基态而发射荧光线。

热助阶跃线荧光是激发态原子进一步被激发到较高的能级，然后通过发射荧光线而跃迁到第一激发态。

3. 敏化荧光

敏化荧光是指当被外部光源激发的原子或分子通过碰撞将激发能量转移给待测原子，然后处于激发态的待测原子跃迁到基态而发射的荧光线。

4. 荧光强度与原子浓度的关系

荧光强度正比于基态原子对某一频率激发光的吸收强度。若激发光源是稳定的，入射光是平行而非均匀的光束，自吸可以忽略。当仪器与操作条件一定时，单位体积基态原子的数目与试样中被测元素浓度成正比，即荧光强度正比于被测元素的浓度，这是原子荧光的定量分析基础。

三、原子荧光分光光度计

原子荧光分光光度计由激发光源、原子化器、分光系统、检测系统和数据处理器部分组成。

1. 激发光源

原子荧光分光光度计的激发光源是锐线光源，也可以是连续光源。常用的光源有高强度空心阴极灯、无极放电灯、电感耦合等离子体、氙弧灯或激光等。

2. 原子化器

原子化器的作用是提供待测自由原子蒸气的装置。与原子吸收光谱相类似，原子荧光分析中采用的原子化器主要分为火焰原子化器、电热火焰原子化器和氢化物原子化器三大类，如火焰原子化器、石墨炉、电感耦合高频等离子体、汞及可形成氢化物元素用原子化器等。

3. 分光系统

在原子荧光分光光度计中，为了避免激发光源对荧光信号测量的影响，要求激发光源、原子化器和检测器三者处于垂直状态。

4. 检测系统

原子荧光分光光度计的检测器主要由光电转换和放大计两部分组成。光电转换部分主要采用的电子元件有光电倍增管、光敏二极管、光敏电阻等。

四、原子吸收光谱法与原子荧光光谱法的比较

原子荧光光谱法与原子吸收光谱法从基本原理来看有相似之处。相应能级间所得的光谱、波长或频率完全相同，而且吸收强度和荧光强度与元素性质、谱线特征及外界条件间的依赖关系基本类似。

然而，原子荧光光谱法与原子吸收光谱法也存在根本的区别。

① 原子荧光光谱法是研究待测元素受激跃迁所发射的荧光强度，属于发射光谱；原子吸收光谱法是研究待测原子蒸气对光源共振线的吸收强度，属于吸收光谱。

② 由于只有产生受激吸收之后才能产生荧光，因此原子荧光谱线大多是强度较大的共振线，其谱线数目比原子共振吸收线少，因此相对的干扰也更少。

③ 原子荧光光谱与原子吸收光谱的性能比较，如表 2-5 所示。

表 2-5 原子荧光光谱法与原子吸收光谱法性能的比较

项目	原子吸收光谱法		原子荧光光谱法	
	火焰法	石墨炉法	火焰法	石墨炉法
检出限	好	很好	好	很好
精密度	很好	较差	好	较差
准确度	很好	差	好	差
样品消耗量	多	较少	多	较少
多元素测定能力	差	差	尚好	尚好
校正曲线线性范围	较窄	较窄	较宽	较宽
操作简单性	简单	较简单	较简单	较简单
设备费用	较低	较高	较低	较高

※ 实践操作一

原子吸收法测定葡萄糖酸锌口服液中锌含量

一、实训目的

1. 掌握原子吸收分光光度计的主要结构及操作方法。
2. 熟悉原子吸收光谱法进行定量测定的基本原理。
3. 学会用标准曲线进行定量分析。

二、实训原理

将试样喷入火焰中，使锌原子化，在火焰中形成的钙基态原子对特征谱线（波长

213.9nm）产生选择性吸收。测得的样品吸光度和校准溶液的吸光度进行比较，确定样品中被测元素的浓度。

三、仪器与试剂

1. 仪器

原子吸收分光光度计（配锌元素空心阴极灯）、空气压缩机、乙炔钢瓶、容量瓶、移液管等。

2. 试剂

（1）葡萄糖酸锌口服液　哈药集团三精制药厂，规格：每 100mL 含锌 35.3mg。

（2）盐酸（1+1）。

（3）锌标准储备液（1000mg·L^{-1}）　准确称取 1.0000g 高纯金属锌在烧杯中，用盐酸（1+1）溶解，然后移入 1000mL 容量瓶中，用去离子水稀释至刻度。

四、实训步骤

1. 溶液的配制

（1）锌标准溶液的配制　量取锌标准储备液 10.00mL，置于 100mL 容量瓶中，加盐酸溶液（1+1）1.00mL，用去离子水稀释至刻度。

（2）系列锌标准溶液的配制　取 6 个 50mL 容量瓶，分别取上述锌标准溶液 0、5.00mL、10.00mL、15.00mL、20.00mL、25.00mL，然后用去离子水定容至刻度，此系列锌标准溶液的浓度分别为 0、10.00mg·L^{-1}、20.00mg·L^{-1}、30.00mg·L^{-1}、40.00mg·L^{-1}、50.00mg·L^{-1}。

（3）试样的配制　量取葡萄糖酸锌口服液 10.00mL，置于 25mL 容量瓶中，用去离子水稀释至刻度。再量取该溶液 10.00mL，置 50mL 容量瓶中，用去离子水稀释至刻度。

2. 测定

（1）选定工作条件　空心阴极灯工作电流 3mA，狭缝宽 0.4mm，波长 213.9nm，燃烧器高度 6mm。

（2）系列锌标准溶液的测定　在上述选定的工作条件下，用去离子水调零，由低浓度到高浓度依次测定系列锌标准溶液的吸光度。

（3）试样溶液的测定　在上述选定工作条件下，用去离子水调零，测定试样溶液中锌的吸光度。

五、结果计算

1. 以系列锌标准溶液的吸光度对浓度作图，得标准曲线，并求出吸光度与浓度关系的一元线性回归方程及相关系数。

2. 根据标准曲线计算出试样中锌的浓度，然后计算出葡萄糖酸锌口服液中锌含量：

$$X = fc$$

式中　X——锌的含量，以 Zn 计，mg·L^{-1}；

f——稀释倍数；

c——由标准曲线查得试样锌的浓度，mg·L^{-1}。

※ 实践操作二

原子吸收法测定自来水中钙的含量

一、实验目的

1. 掌握原子吸收分光光度计的主要结构及操作方法。

2. 了解火焰原子吸收法中化学干扰的消除方法。

二、实验原理

将试样喷入火焰中，使钙原子化，在火焰中形成的钙基态原子对特征谱线（波长422.7nm）产生选择性吸收。测得的样品吸光度和校准溶液的吸光度进行比较，确定样品中被测元素的浓度。自来水中的其他离子对钙测定会产生干扰，使测定结果偏低，加入镧作为释放剂可以获得较好的效果。

三、仪器与试剂

1. 仪器

原子吸收分光光度计（配钙元素空心阴极灯）、空气压缩机、乙炔钢瓶、容量瓶、移液管等。

2. 试剂

(1) 硝酸溶液（1+1）。

(2) 镧溶液（$0.1g \cdot mL^{-1}$） 氧化镧11.8g用少量硝酸溶液溶解，蒸至近干，加5mL硝酸溶液（1+1）及适量水，微热溶解，冷却后用去离子水定容至100mL容量瓶中。

(3) 钙储备液（$1000mg \cdot L^{-1}$） 准确称取已经120℃烘干2h的碳酸钙2.4973g于100mL烧杯中，加20mL水，小心滴加硝酸溶液至溶解，再多加10mL硝酸溶液，加热煮沸，冷却后用去离子水定容至1000mL容量瓶中。

四、实训步骤

1. 溶液的配制

(1) 钙标准溶液的配制 量取5.00mL钙储备液于100mL容量瓶中，用去离子水稀释至刻度，此时钙标准溶液的浓度为$50mg \cdot L^{-1}$。

(2) 系列钙标准溶液的配制 取7个50mL容量瓶，分别加入上述配制好的钙标准溶液0、1.00mL、2.00mL、3.00mL、4.00mL、5.00mL、6.00mL，加入1.00mL硝酸溶液（1+1）和1.00mL镧溶液，用去离子水稀释至刻度，此系列钙标准溶液的浓度分别为0、$1.00mg \cdot L^{-1}$、$2.00mg \cdot L^{-1}$、$3.00mg \cdot L^{-1}$、$4.00mg \cdot L^{-1}$、$5.00mg \cdot L^{-1}$、$6.00mg \cdot L^{-1}$。

(3) 试样的配制 准确吸取自来水10.00mL于50mL容量瓶中，加入1.00mL硝酸溶液（1+1）和1.00mL镧溶液，用去离子水稀释至刻度。

2. 测定

(1) 选定工作条件 空心阴极灯工作电流4mA，狭缝宽1.5mm，波长422.7nm，燃烧器高度8mm。

（2）系列钙标准溶液的测定　在上述选定的工作条件下，用去离子水调零，由低浓度到高浓度依次测定各钙标准溶液的吸光度。

（3）试样溶液的测定　在上述选定工作条件下，用去离子水调零，测定试样溶液中钙的吸光度。

五、结果计算

1. 以系列钙标准溶液的吸光度对浓度作图，得标准曲线，并求出吸光度与浓度关系的一元线性回归方程及相关系数。

2. 根据标准曲线计算出试样中钙的浓度，然后计算出自来水中钙的含量：

$$X = fc$$

式中　X——钙的含量，以 Ca 计，$mg \cdot L^{-1}$；

f——稀释倍数，即试样定容体积与试样体积之比；

c——由标准曲线查得试样中钙的浓度，$mg \cdot L^{-1}$。

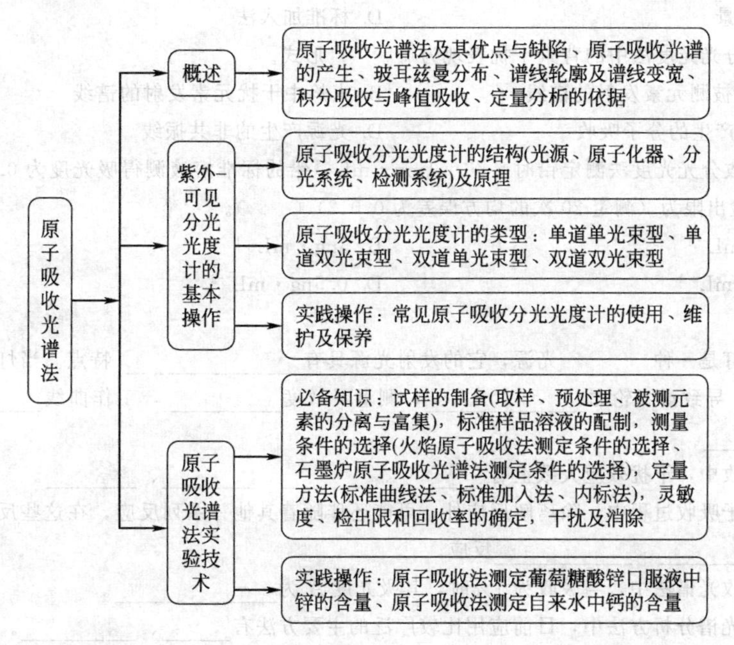

一、名词解释

共振发射线、共振吸收线、吸收轮廓、谱线半宽度、中心频率、峰值吸收系数、自然变宽、多普勒变宽。

二、选择题

1. 原子吸收光谱是由下列哪种粒子产生的（　）。

A. 固体物质中原子的外层电子　　B. 气态物质中基态原子的外层电子

C. 气态物质中激发态原子的外层电子　　D. 气态物质中基态原子的内层电子

2. 原子吸收光谱线的多普勒变宽是由下面哪种原因产生的（　　）。

A. 原子的热运动　　B. 原子与其他粒子的碰撞

C. 原子与同类原子的碰撞　　D. 外部电场对原子的影响

3. 原子吸收分析中光源的作用是（　　）。

A. 提供试样蒸发和激发所需的能量　　B. 产生紫外线

C. 发射待测元素的特征谱线　　D. 产生具有足够浓度的散射光

4. 空心阴极灯中对发射线宽度影响最大的因素是（　　）。

A. 阴极材料　　B. 阳极材料

C. 填充气体　　D. 灯电流

5. 非火焰原子吸收法的主要优点为（　　）。

A. 谱线干扰小　　B. 稳定性好

C. 背景低　　D. 试样用量少

6. 原子吸收分光光度计的分光系统有系列各部件组成，其中关键的部件是（　　）。

A. 入射狭缝　　B. 平面反射镜

C. 色散元件　　D. 出射狭缝

7. 原子吸收分光光度法中的物理干扰可用（　　）方法消除。

A. 释放剂　　B. 保护剂

C. 扣除背景　　D. 标准加入法

8. 原子吸收分光光度法中的背景干扰表现为（　　）形式。

A. 火焰中被测元素发射的谱线　　B. 火焰中干扰元素发射的谱线

C. 火焰中产生的分子吸收　　D. 光源产生的非共振线

9. 用原子吸收分光光度法测定铅时，以 $0.1mg \cdot mL^{-1}$ 铅的标准溶液测得吸光度为 0.24，如以置信度为 2，其检出限为（测定 20 次的均方误差为 0.012）（　　）。

A. $1ng \cdot mL^{-1}$　　B. $5ng \cdot mL^{-1}$

C. $10ng \cdot mL^{-1}$　　D. $0.5ng \cdot mL^{-1}$

三、填空题

1. 空心阴极灯是一种________光源，它的发射光源具有________________特点。当灯电流升高时，由于______的影响，导致谱线轮廓________________，测量灵敏度__________，工作曲线____________，灯寿命________________。

2. 在原子吸收中，干扰效应大致上有________、________、________、________。

3. 试样在原子吸收过程中，除离解反应外，可能还伴随着其他一系列反应，在这些反应中较为重要的是__________、________、__________反应。

4. 在原子吸收光谱法中，当吸收为 1% 时，其吸光度 A 为____________。

5. 原子吸收光谱分析方法中，目前应用比较广泛的主要方法有______、__________。

6. 原子吸收法测定 NaCl 中微量 K 时，用纯 KCl 配制标准系列制作工作曲线，经多次测量结果________________。其原因是____________，改正办法是________________。

7. 原子吸收分光光度分析中，是利用处于____________的待测原子蒸气，对从光源辐射的________________________的吸收来进行分析的。

四、问答题

1. 原子吸收法的基本原理是什么？

2. 原子吸收中影响谱线变宽因素有哪些？

3. 为什么在原子吸收分析时采用峰值吸收而不应用积分吸收？

4. 测量峰值吸收的条件是什么？

项目三

红外吸收光谱分析法

[知识目标]

- 了解红外光谱分析法的基本原理。
- 了解并初步掌握傅里叶变换红外光谱仪的基本原理与构造。
- 学习红外光谱法测定化合物结构的方法。
- 了解影响分析测定的重要因素，学会优化分析条件。

[能力目标]

- 能正确进行样品的制备。
- 可进行谱图的解析。
- 能结合测定已知和未知样品的红外光谱，正确操作傅里叶红外光谱仪。

任务　红外吸收光谱仪的使用

※ 必备知识

一、概述

红外光谱法（infrared spectroscopy）是研究红外线与物质间相互作用的科学，即以连续波长的红外线为光源照射样品，引起分子振动和转动能级之间跃迁，所测得的吸收光谱为分子的振转光谱，又称**红外光谱**。红外区可分为以下几个区域，见表 3-1。

表 3-1　红外光谱区域划分

区域	波长 $\lambda/\mu m$	波数 $\tilde{\nu}/cm^{-1}$	能级跃迁类
近红外区	0.76～2.5	13158～4000	NH、OH、CH 倍频区
中红外区	2.5～50	4000～200	振动转动
远红外区	50～1000	200～10	转动

红外光谱在化学领域中主要用于分子结构的基础研究（测定分子的键长、键角等）以及化学组成的分析（即化合物的定性、定量分析），但其中应用最广泛的还是化合物的结构鉴

定，根据红外光谱的峰位、峰强及峰形，判断化合物中可能存在的官能团，从而推断出未知物的结构。有共价键的化合物（包括无机物和有机物）都有其特征的红外光谱，除光学异构体及长链烷烃同系物外，几乎没有两种化合物具有相同的红外吸收光谱，即所谓红外光谱具有“指纹性”，因此红外光谱法是用于有机药物的结构测定和鉴定的最重要的方法之一。

红外光谱法主要研究分子结构与其红外光谱之间的关系。一条红外吸收曲线，可由吸收峰（λ_{max}或$\tilde{\nu}$）及吸收强度（ε）来描述，下面主要讨论红外光谱的起因、峰位、峰数、峰强及红外光谱的表示方法。

二、物质产生红外吸收光谱的原因

1. 红外线及红外光谱

介于可见光与微波之间的电磁波称为红外线。以连续波长的红外线为光源照射样品所测得的光谱称为**红外光谱**。

分子运动的总能量为：$E_{分子}=E_{电子}+E_{平动}+E_{振动}+E_{转动}$

分子中的能级是由分子的电子能级、平动能级、振动能级和转动能级所组成的。引起电子能级跃迁所产生的光谱称为紫外光谱。又因为分子的平移（$E_{平动}$）不产生电磁辐射的吸收，故不产生吸收光谱。分子振动能级之间的跃迁所吸收的能量恰巧与中红外线的能量相当，所以红外线可以引起分子振动能级之间的跃迁，产生红外线的吸收，形成光谱。在引起分子振动能级跃迁的同时，不可避免地要引起分子转动能级之间的跃迁，故红外光谱又称为振-转动光谱。

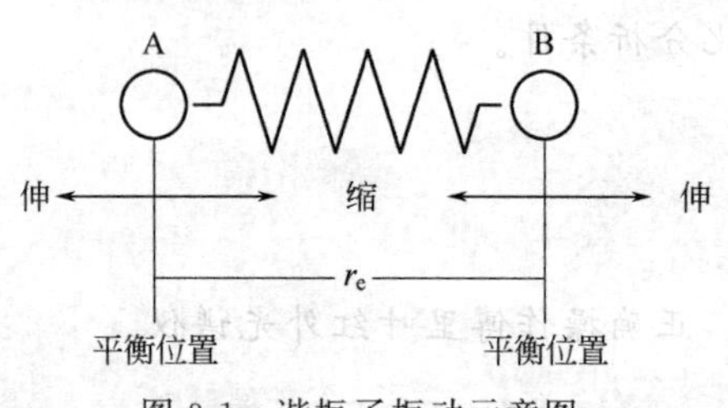

图 3-1　谐振子振动示意图

2. 分子的振动能级与振动频率

分子是由原子组成的，原子与原子之间通过化学键连接组成分子，分子是非刚性的，而且有柔曲性，因而可以发生振动。为了简单起见，把原子组成的分子，模拟为不同原子相当于各种质量不同的小球，不同的化学键相当于各种强度不同的弹簧组成的谐振子体系，进行简谐振动（即无阻尼的周期线性振动）。

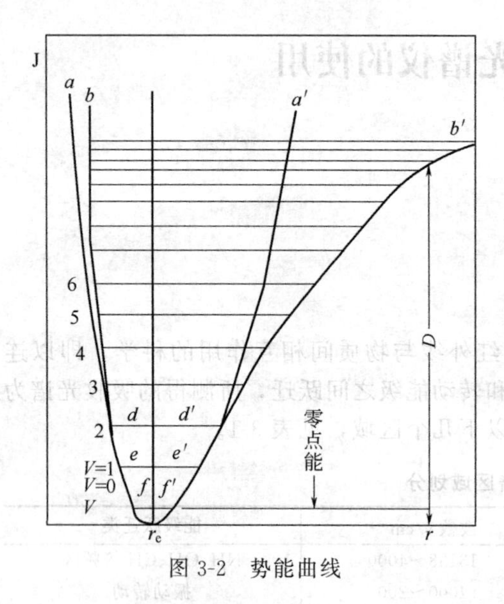

图 3-2　势能曲线

（1）双原子分子的振动及其频率　为了研究简单，以双原子分子为例，说明分子的振动。如果把化学键看成是质量可以忽略不计的弹簧，A、B 两原子看成两个小球，则双原子分子的化学键振动可以模拟为连接在一根弹簧两端的两个小球的伸缩振动。也就是说把双原子分子的化学键看成是质量可以忽略不计的弹簧，把两个原子看成是在其平衡位置做伸缩振动的小球（见图 3-1）。振动位能与原子间距离 r 及平衡距离 r_e 间的关系：

$$U=\frac{1}{2}k(r-r_e)^2 \tag{3-1}$$

式中，k 为力常数，当 $r=r_e$ 时，$U=0$，当 $r>r_e$ 或 $r<r_e$ 时，$U>0$。振动过程位能的变化，可用位能曲线描述（见图 3-2）。假如分子处于基态（$V=0$），振动过程原子间的距离 r 在 f 与 f' 间变化，位能沿 f→最低点→f' 曲线变化，在 $V=1$ 时，r 在 e 与 e' 间变化，位能沿 e→最低点→e' 曲线变化。其他类推，在 A、B 两原子距平衡位置最远时：

$$E_v=U=\left(V+\frac{1}{2}\right)h\nu \tag{3-2}$$

式中，ν 为分子的振动频率；V 为振动量子数，$V=0,1,2,\cdots$；h 为普朗克常数，$6.626\times10^{-34}\text{J}\cdot\text{s}$。

由图 3-2 势能曲线可知：

① 振动能是原子间距离的函数，振幅加大，振动能也相应增加。

② 在常态下，分子处于较低的振动能级，分子的振动与谐振子振动模型极为相似。只有当 $V=3$ 或 4 时分子振动势能曲线才显著偏离谐振子势能曲线。而红外吸收光谱主要从基态（$V=0$）跃迁到第一激发态（$V=1$）或第二激发态（$V=2$）引起的红外吸收。因此可以利用谐振子的运动规律近似地讨论化学键的规律。

③ 振幅越大，势能曲线的能级间隔将越来越密。

④ 从基态（V_0）跃迁到第一激发态（V_1）时将引起一强的吸收峰，称为**基频峰**（fundamental bands）；从基态（V_0）跃迁到第二激发态（V_2）或更高激发态（V_3）时将引起一弱的吸收峰，称为**倍频峰**（overtone bands）。

⑤ 振幅超过一定值时，化学键断裂，分子离解，能级消失，势能曲线趋近于一条水平直线，此时 E_{max} 等于离解能（见图 3-2 中 b→b' 曲线）。

根据 Hooke 定律，其谐振子的振动频率：

$$v=\frac{1}{2\pi}\sqrt{\frac{k}{\mu}} \tag{3-3}$$

式中，k 为力常数，$\text{N}\cdot\text{m}^{-1}$；$\mu$ 为折合质量。若表示双原子分子的振动时，k 以 $\text{mdyn}\cdot\text{Å}^{-1}$ 为单位。红外光谱中常用 $\tilde{\nu}$ 波数表示频率（$1\text{dyn}=10^{-5}\text{N}$，$\text{Å}=10^{-10}\text{m}$）。

$$\tilde{\nu}=1307\sqrt{\frac{K}{\mu'}}=1307\sqrt{\frac{K}{\dfrac{m_A m_B}{m_A+m_B}}} \tag{3-4}$$

式中，K 为化学键常数，含义为两个原子由平衡位置伸长 1Å 后的恢复力；m_A、m_B 分别为 A、B 的摩尔质量，$\text{g}\cdot\text{mol}^{-1}$。

实验结果表明，不同化学键具有不同的力常数，单键力常数（k）的平均值为 $5\text{mD}\cdot\text{Å}^{-1}$，双键和三键的力常数分别为单键力常数的二倍及三倍，即双键的 $k=10\text{mD}\cdot\text{Å}^{-1}$，三键的 $k=15\text{mD}\cdot\text{Å}^{-1}$。

(2) 双原子分子的振动能量

分子的振动能量：

$$E_v=\left(V+\frac{1}{2}\right)h\nu \tag{3-5}$$

常温下，大多数分子处于振动基态（$V=0$），分子在基态的振动能量 $E_0=\frac{1}{2}h\nu$，分子受激发后，处于第一激发态（$V=1$）的能量为：$E_1=\frac{3}{2}h\nu$。分子由振动基态（$V=0$），跃迁到振动激发态的各个能级，需要吸收一定的能量来实现。这种能量可由照射体系红外线来供给。由振动的基态（$V=0$）跃迁到振动第一激发态所产生的吸收峰为**基频峰**。光子能量 $E_L=h\nu_L$，而基态和第一激发态能级差 $\Delta E=E_1-E_0=h\nu$，分子吸收能量是量子化的，即分子吸收红外线的能量必须等于分子振动基态和激发态能级差的能量 ΔE，即 $\Delta E=E_L$，即：

$$h\nu_L=h\nu，\nu_L=\nu \tag{3-6}$$

由此可见，分子由基态（$V=0$）跃迁到第一激发态（$V=1$）吸收红外线的频率等于分子的化学键振动频率。由式(3-4)可知：分子的振动频率取决于键力常数（k）和形成分子两原子的折合质量（μ），利用此式可近似计算出各种化学键的基频波数。例如碳—碳键的伸缩振动引起的基频峰波数分别为：

碳—碳键折合质量 $\mu'=\dfrac{m_A m_B}{m_A+m_B}=\dfrac{12\times12}{12+12}=6$

C—C $k=5\text{mD}\cdot\text{Å}^{-1}$ $\tilde{\nu}=1307\sqrt{\dfrac{K}{\mu'}}=1307\times\sqrt{\dfrac{5}{6}}=1190\text{cm}^{-1}$

C═C $k=10\text{mD}\cdot\text{Å}^{-1}$ $\tilde{\nu}=1307\sqrt{\dfrac{K}{\mu'}}=1307\times\sqrt{\dfrac{10}{6}}=1690\text{cm}^{-1}$

C≡C $k=15\text{mD}\cdot\text{Å}^{-1}$ $\tilde{\nu}=1307\sqrt{\dfrac{K}{\mu'}}=1307\times\sqrt{\dfrac{15}{6}}=2060\text{cm}^{-1}$

上式表明化学键的振动频率与键的强度和折合质量的关系。键常数（k）越大，折合质量（μ'）越小，振动频率越大。反之，k 越小，μ'越大，振动频率越小。由此可以得出：

① 由于 $k_{C\equiv C}>k_{C=C}>k_{C-C}$，故红外振动波数：$\tilde{\nu}_{C\equiv C}>\tilde{\nu}_{C=C}>\tilde{\nu}_{C-C}$。

② 与C原子成键的其他原子随着原子质量的增加，μ'增加，相应的红外振动波数减小：

$$\tilde{\nu}_{C-H}>\tilde{\nu}_{C-C}>\tilde{\nu}_{C-O}>\tilde{\nu}_{C-Cl}>\tilde{\nu}_{C-Br}>\tilde{\nu}_{C-I}$$

③ 与氢原子相连的化学键的红外振动波数，由于 μ'小，它们均出现在高波数区：$\tilde{\nu}_{C-H}$ 2900cm^{-1}、$\tilde{\nu}_{O-H}$3600～3200cm^{-1}、$\tilde{\nu}_{N-H}$3500～3300cm^{-1}。

④ 弯曲振动比伸缩振动容易，说明弯曲振动的力常数小于伸缩振动的力常数，故弯曲振动在红外光谱的低波数区，如 d_{C-H}1340cm^{-1}，γ_{CH} 1000～650cm^{-1}。伸缩振动红外光谱的高波数区 ν_{C-H}3000cm^{-1}。

3. 振动光谱选律

产生红外吸收的振动必须要满足振动的选律即振动光谱的选择性定律。

(1) 只有能引起分子间偶极矩（μ）变化（$\Delta\mu\neq0$）的振动，才能观察到红外吸收光谱。非极性分子在振动过程中无偶极矩变化，故观察不到红外光谱。

如单质的双原子分子（如 H_2，O_2，Cl_2，…），只有伸缩振动，这类分子的伸缩振动过程不发生偶极矩变化，没有红外吸收。对称性分子的对称伸缩振动（如 CO_2 的 $\nu_{O=C=O}$）也没有偶极矩变化，也不产生红外吸收。不产生红外吸收的振动称为非红外活性振动。

(2) 力学证明，非谐振子的选律不只局限于 $\Delta V=\pm1$，即不局限于相邻振动能级之间的跃迁。ΔV 可以等于任何其他整数值，即 $\Delta V=\pm1$，±2，±3，…。真实分子的振动仅是近似的简谐振动，故它可遵守非谐振子的这一选律。

为了说明以上的选律，可先讨论一下振动的吸收过程。

双原子分子在一定温度下，吸收一定能量处于相应的振动能级，以一定的频率振动着。

在振动过程中，两原子间相对位置发生变化。这样振动的两原子正、负电荷中心相对位置发生变化，即分子偶极矩发生变化。这样振动的两原子分子就产生一个频率与其振动频率相同、大小周期性变化的交变电磁场，当用一束红外线照射分子时，由分子振动偶极变化产生的交变电磁场便与频率相等的红外线相互作用，而使分子的振幅加大，从低振动能级跃迁到高的振动能级。被吸收的光子能量恰好等于这两个振动能级之间的能量差，即 $\Delta E = h\nu_L$，由基态跃迁到第一激发态时 $\Delta E = h\nu$。

$$h\nu_L = h\nu，即\ \nu_L = \nu$$

对于不发生偶极变化的振动，就不产生偶极变化的交变电磁场，不与红外线相互作用，不产生红外吸收光谱，即为非红外活性的振动。在红外吸收光谱中，振动能级由基态（$V=0$）跃迁到振动第一激发态（$V=1$）的吸收基频峰，由于 $\Delta V=1$，所以分子的基频峰位置，即分子的振动频率。分子由 $V=0$ 跃迁到第二激发态（$V=2$）的 $\Delta V=2$，$\nu_{光子}=2\nu_{振}$ 所吸收的红外线频率是基团基本振动频率的二倍，产生的吸收峰为二倍频峰。

在倍频峰中，二倍频峰还较强，三倍频峰以上，由于跃迁概率很小，常常是很弱的，一般测不到。由于分子的非谐性质，倍频峰并非基频峰的整数倍，而是略小一些。除此之外，还有合频峰 V_1+V_2，$2V_1+V_2$，…，差频峰 V_1-V_2，$2V_1-V_2$，…。倍频峰、合频峰及差频峰统称为泛频峰，在红外图谱上出现的区域称为**泛频区**。泛频峰的存在，使光谱变得复杂，但也增加了光谱对分子结构特征性的信息。

4. 分子的基本振动形式

（1）基本振动形式　有机化合物分子大都是多原子分子，振动形式比双原子分子要复杂得多，在红外光谱中，分子的基本振动形式可分为两大类，一类是伸缩振动（ν），另一类为弯曲振动（δ）。

① 伸缩振动（stretching vibration）　沿键轴方向发生周期性的变化的振动称为**伸缩振动**。多原子分子（或基团）的每个化学键可以近似地看成一个谐振子，其振动形式可分为：

a. 对称伸缩振动 ν_s 或 ν^s

b. 不对称伸缩振动 ν_{as} 或 ν^{as}。

② 弯曲振动（bending vibration）　使键角发生周期性变化的振动称为**弯曲振动**。其振动形式可分为：

a. 面内弯曲振动（β）：弯曲振动在几个原子所构成的平面内进行，称为**面内弯曲振动**。面内弯曲振动又可分为剪式振动和面内摇摆振动。

剪式振动（δ）：在振动过程中键角发生变化的振动。

面内摇摆振动（ρ）：基团作为一个整体，在平面内摇摆的振动。

b. 面外弯曲振动（γ）：弯曲振动在垂直于几个原子所构成的平面外进行，称之为**面外弯曲振动**。也可分为两种：

面外摇摆振动（ω）和面外扭曲振动（τ）。

以亚甲基（ $>CH_2$ ）为例来说明各种振动形式（见图 3-3）。

对于—CH_3 或—NH_3^+ 等基团的弯曲振动也有对称和不对称振动之分（见图 3-4）。

上面几种振动形式中出现较多的是伸缩振动（ν_s 和 ν_{as}），剪式振动（δ）和面外弯曲振动（γ）。按照振动形式的能量排列，一般为 $\nu_{as}>\nu_s>\delta>\gamma$。

（2）自由度与峰数　理论上讲，一个多原子分子在红外线区可能产生的吸收峰的数目，

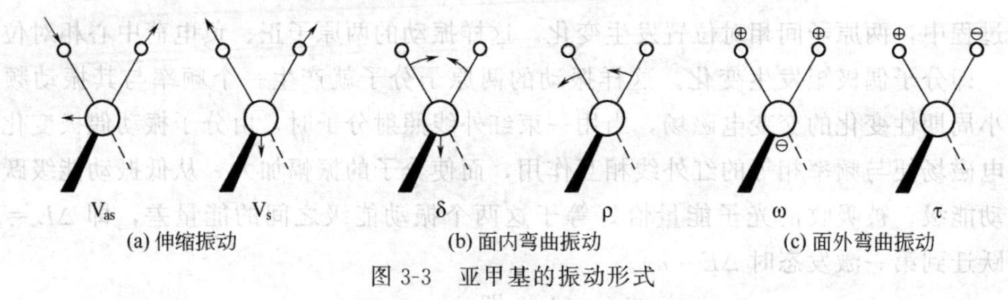

图 3-3　亚甲基的振动形式

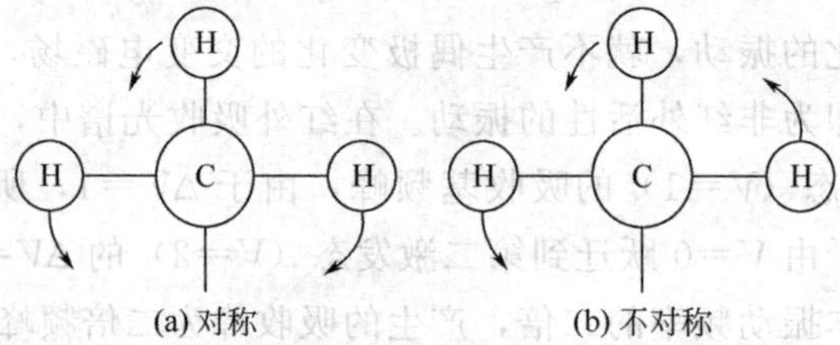

(a) 对称　(b) 不对称

图 3-4　甲基的对称振动与不对称振动

决定于它的振动自由度。原子在三维空间的位置可用 x、y、z 三个坐标表示，称原子有三个自由度，当原子结合成分子时，自由度数目不损失。对于含有 N 个原子的分子中，分子自由度的总数为 $3N$ 个。分子的总的自由度是由分子的平动（移动）、转动和振动自由度构成的。即分子的总的自由度 $3N$＝平动自由度＋转动自由度＋振动自由度。

分子的平动自由度：分子在空间的位置由三个坐标决定，所以有三个平动自由度。

分子的转动自由度：是因分子通过其重心绕轴旋转产生的，故只有当转动时原子在空间的位置发生变化时，才产生转动自由度。

① 线性分子　线性分子的转动有以下 A、B、C 三种情况，A 方式转动时原子的空间位置未发生变化，没有转动自由度，因而线性分子只有两个转动自由度。

所以线性分子的振动自由度＝$3N-3-2=3N-5$。

② 非线性分子　有三种转动方式，每种方式转动原子的空间位置均发生变化，因而非线性分子的转动自由度为 3。

所以非线性分子的振动自由度＝$3N-3-3=3N-6$。

理论上讲，每个振动自由度（基本振动数）在红外光谱区将产生一个吸收峰。但是实际上，峰数往往少于基本振动的数目，其原因如下：

a. 当振动过程中分子不发生瞬间偶极矩变化时，不引起红外吸收；

b. 频率完全相同的振动彼此发生简并；

c. 弱的吸收峰位于强、宽吸收峰附近时被交盖；

d. 吸收峰太弱，以致无法测定；

e. 吸收峰有时落在红外区域（$4000\sim400\text{cm}^{-1}$）以外。

若有泛频峰时，也可使峰数增多，但一般很弱或者超出了红外区。

【例 1】　水分子的基本振动形式及其红外光谱

水分子为非线性分子，振动自由度＝$3\times3-6=3$，三种振动形式及其红外光谱见图 3-5，每一种基本振动形式，产生一个吸收峰。

【例 2】　CO_2 分子的基本振动形式及其红外光谱

CO_2 为线性分子，振动自由度＝$3\times3-5=4$，其四种振动形式及其红外光谱见图 3-6。

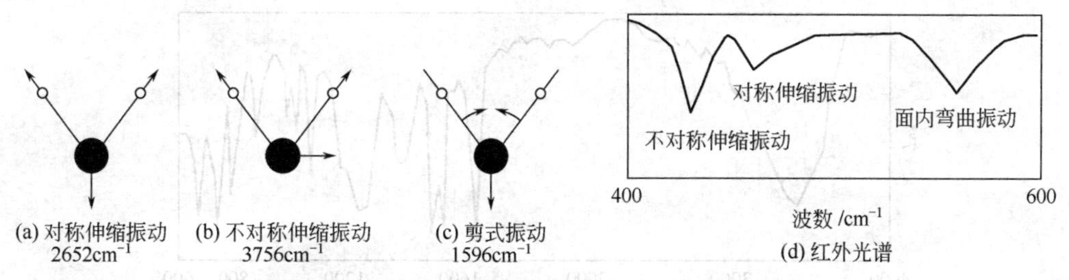

图 3-5　H_2O 分子的三种振动形式及其红外光谱

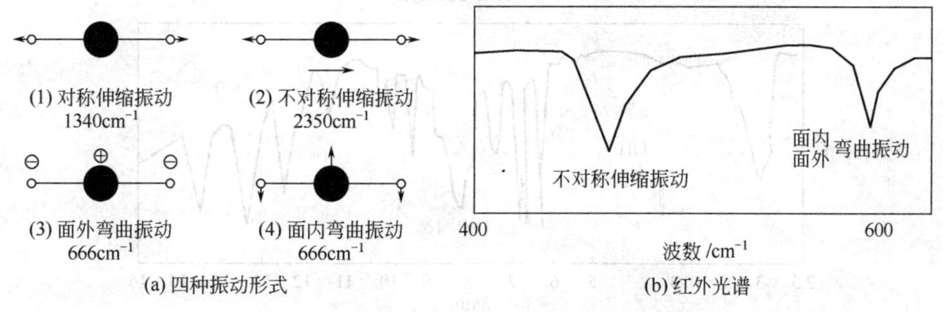

图 3-6　CO_2 分子的振动形式及其红外光谱

有四种振动形式，但红外图上只出现了两个吸收峰，（$2349cm^{-1}$ 和 $667cm^{-1}$），这是因为 CO_2 的对称伸缩振动，不引起瞬间偶极矩变化，是非红外活性的振动，因而无红外吸收，CO_2 面内弯曲振动（δ）和面外弯曲振动（γ）频率完全相同，谱带发生简并。

5. 红外光谱的表示方法

红外光谱中吸收峰的位置可用波长（λ）或波数（$\tilde{\nu}$）来表示，即红外光谱有频率（波数）等间隔和波长等间隔两种表示方法，见图 3-7。如不注意坐标的表示，很可能把同一物质用不同的横坐标表示的红外光谱误认为是不同化合物的红外光谱。

6. 影响吸收谱带位置和强度的因素

（1）影响吸收谱带位置的因素　分子内各基团的振动不是孤立的，而是受到邻近基团和整个分子其他部分结构的影响，了解峰位的影响因素有利于对分子结构进行准确判定。

① 内部因素

a. 电子效应　诱导效应和共轭效应。

诱导效应（I 效应）：由于电负性物质的取代而使基团周围电子云密度发生变化，吸电子基团的诱导效应常使吸收峰向高频移动。如 $\nu_{C=O}$。

$R-C(=O)-R'$　$1715cm^{-1}$　　$R-C(=O)-O-R'$　$1735cm^{-1}$　　$R-C(=O)-Cl$　$1780cm^{-1}$

共轭效应（C 效应或 M 效应）：共轭效应存在使电子云密度平均化，使双键的性质降低，力常数减小，双键吸收峰向低波数区移动，如 $\nu_{C=O}$。

$R-C(=O)-R'$　$1715cm^{-1}$　　$R-C(=O)-CH=C(CH_3)_2$　$1690cm^{-1}$　　$R-C(=O)-NH_2$　$1680cm^{-1}$

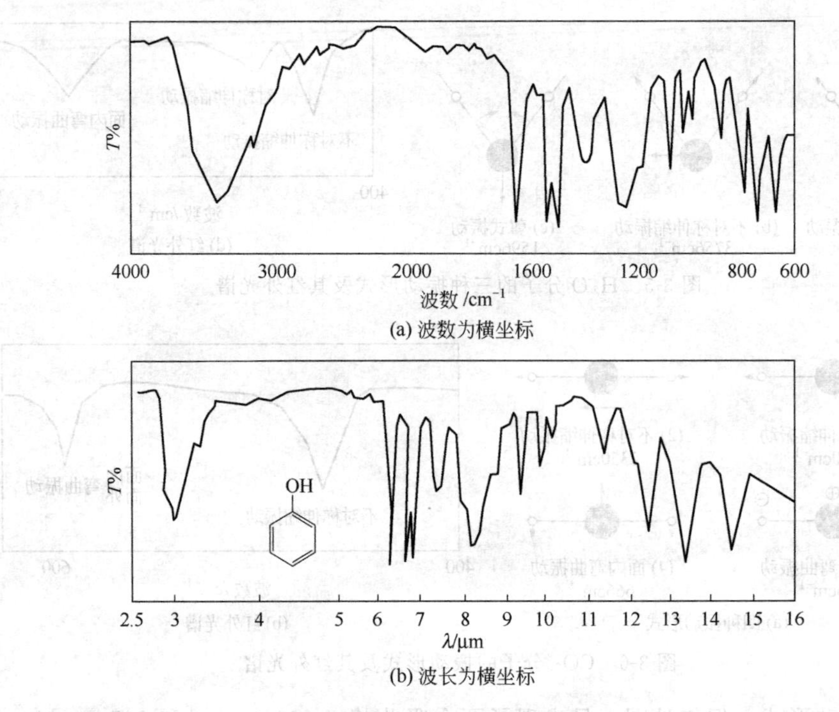

图 3-7 苯酚的红外光谱

如果同时存在 I 效应和 C 效应，吸收峰的位移方向由影响较大的那个效应所决定。

b. 空间效应 场效应、空间位阻、跨环效应和环张力。

场效应（F 效应）：诱导效应与共轭效应是通过化学键而使电子云密度发生变化的，场效应是通过空间作用使电子云密度发生变化的，通常只有在立体结构上相互靠近的基团之间才能发生明显的场效应。如：

O Br(*a*) 化合物Ⅰ $1716cm^{-1}$

O H_3C CH_3 Br(*e*) 化合物Ⅱ $1728cm^{-1}$

环己酮（Ⅰ）和 4,4-二甲基环己酮的 $\nu_{C=O}$ 有差别，是由于在（Ⅰ）、（Ⅱ）两个化合物中虽然 C—Br 与 C ═O 可形成两个偶极，但在（Ⅱ）中 C—Br 键处于平伏状态与 C ═O 靠得较近，将与C ═O 键产生同电荷的反拨，致使 Br 与 O 电负性减小（C—Br 与 C ═O 的极性减小），C ═O的双键性增加，结果 $\nu_{C=O}$ 增高，（Ⅱ）中 Br 键处于平伏构象的原因是由于—CH_3 位阻的影响。（Ⅰ）中无空间障碍，Br 处在直立键。在甾体药物中，常遇到 α-卤素酮的规律也是 F 效应的结果。

空间位阻：

O C CH_3 化合物Ⅲ $1663cm^{-1}$

H_3C CH_3 O C CH_3 CH_3 化合物Ⅳ $1715cm^{-1}$

化合物Ⅳ的立体障碍比较大，使环上的双键与 C ═O 共平面性降低，共轭受到限制，故化合物Ⅳ的双键性强于化合物Ⅲ的双键性，吸收峰出现在高波数区。

跨环效应：例如中草药中的克多品生物碱 $\nu_{C=O}$ 1675cm^{-1} 比正常的 $\nu_{C=O}$ 吸收频率低，主要由于共振，使含 C ═O 双键比例降低，含有单键比例增高的缘故。如果使克多品生物碱生成高氯酸盐时，则根本看不到 $\nu_{C=O}$ 振动吸收峰。

环张力：环状烃类化合物比链状化合物吸收频率增加。

对环外双键及环上羰基来说，随着环上元素的减少，环张力增加，其振动频率相应增加，见图 3-8。环上羰基类从没有张力的六元环每减少一个碳原子，使 $\nu_{C=O}$ 吸收频率升高 30cm^{-1}。这是由于构成小环的 C—C 单键，为了满足小内角的要求，需要 C 原子提供较多的 p 轨道成分（键角越小，碳键的 p 轨道成分越多，如 sp 杂化轨道间夹角 180°；sp^2 杂化为 120°；sp^3 为 109°），而使 C—H 键有多的 s 轨道成分，C、H 形成分子轨道时电子云重叠增加，C—H 键的强度（k）增加，吸收频率升高。同样形成环外双键时，双键 σ 键的 p 轨道成分相应减少，而 s 轨道成分增加，C ═C 力常数增加，频率升高。

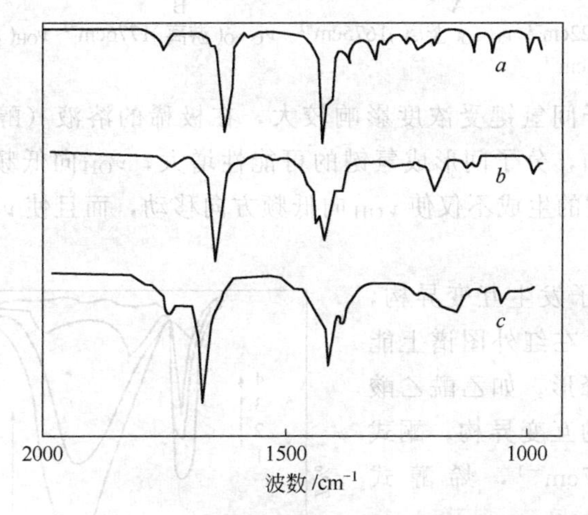

图 3-8 环张力对碳碳双键伸缩振动频率的影响

a—六元环环外双键；*b*—五元环环外双键；*c*—四元环环外双键，

随着张力增大，碳碳双键伸缩振动频率逐渐增大

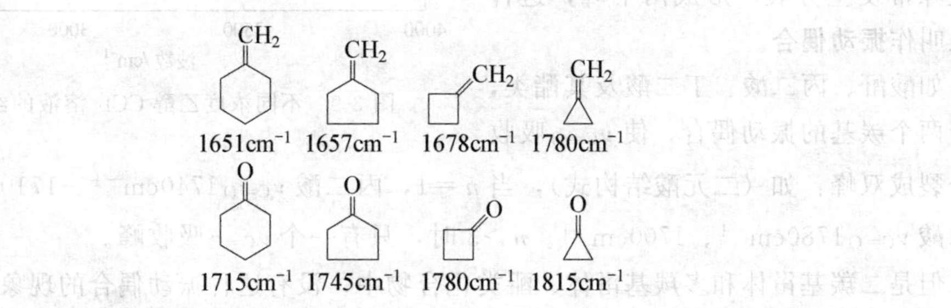

环内双键的 $\nu_{C=C}$ 则随环张力的增加或环内角的变小而降低，环丁烯（内角 90°）达最小值，环内角继续变小（环丙烯内角 60°），吸收频率反而升高。

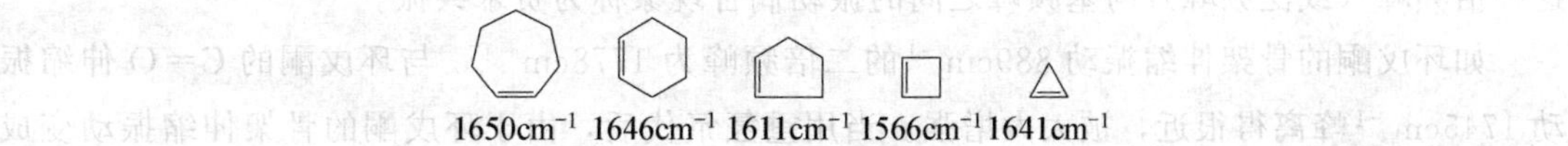

这一现象可用 C ═C 双键的振动与键合的 C—C 单键的振动偶合得到解释，当 C—C 单

键与 C ═C 双键相垂直的（环丁烯中）C—C 键的振动与 C ═C 键的振动正交因而不能偶合，当内角大于（或小于）90°，ν_{C-C}可分解成 a、b 两个矢量，其中 a 与 $\nu_{C=C}$在一条直线上，两种振动的偶合，导致吸收频率增高。

c. 氢键效应　分子内氢键和分子间氢键。

分子内氢键：分子内氢键的形成，可使吸收带明显向低频方向移动。

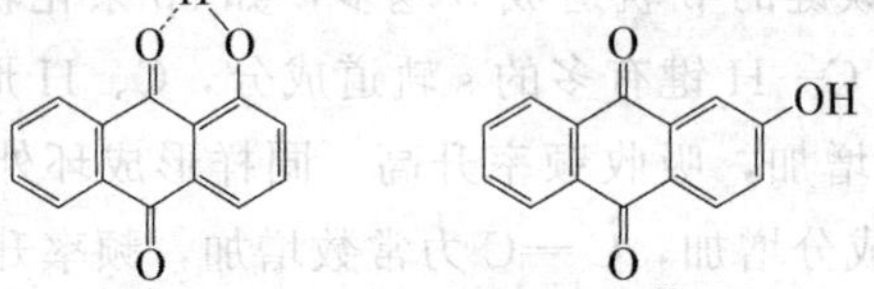

A　　　　B

$\nu_{C=O}$(缔合)1622cm^{-1}　$\nu_{C=O}$(游离)1675cm^{-1}　$\nu_{C=O}$(游离)1776cm^{-1}　ν_{OH}(游离)3610cm^{-1}
ν_{OH}(缔合)2843cm^{-1}

分子间氢键　分子间氢键受浓度影响较大，在极稀的溶液（醇或酚）中，呈游离的状态，随着浓度的增加，分子间形成氢键的可能性增大，ν_{OH}向低频方向移动。在羧酸类化合物中，分子间氢键的生成不仅使 ν_{OH}向低频方向移动，而且使 $\nu_{C=O}$也向低频方向移动(见图 3-9)。

d. 互变异构　分子发生互变异构，吸收峰也将发生位移，在红外图谱上能够看出各互变异构的峰形。如乙酰乙酸乙酯的酮式和烯醇式的互变异构，酮式 $\nu_{C=O}$ 1738cm^{-1}、1717cm^{-1}，烯醇式 $\nu_{C=O}$1650cm^{-1}、ν_{OH}3000cm^{-1}。

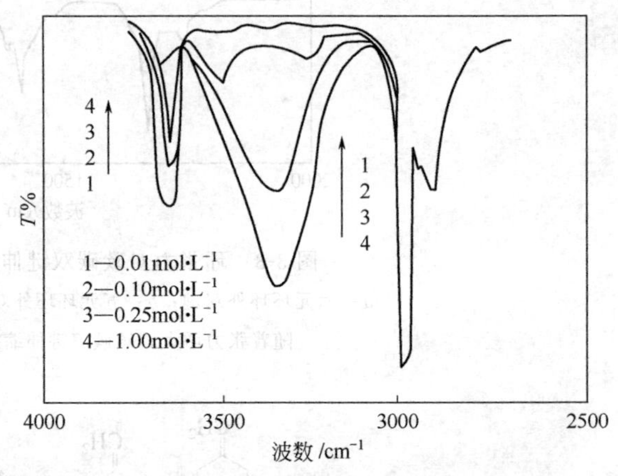

图 3-9　不同浓度乙醇 CCl_4 溶液的红外光谱

e. 振动偶合效应　当两个相同的基团在分子中靠得很近时，其相应的特征吸收峰常发生分裂，形成两个峰，这种现象叫作**振动偶合**。

如酸酐、丙二酸、丁二酸及其酯类，由于两个羰基的振动偶合，使 $\nu_{C=O}$吸收峰分裂成双峰：如（二元酸结构式），当 $n=1$，丙二酸 $\nu_{C=O}$1740cm^{-1}、1710cm^{-1}，$n=2$，丁二酸 $\nu_{C=O}$1780cm^{-1}、1700cm^{-1}。$n>3$ 时，只有一个 $\nu_{C=O}$吸收峰。

但是二羰基甾体和多羰基甾体、醌类化合物中，没有这种振动偶合的现象。

还有一种振动偶合作用称为**费米共振**（Fermi resonance），当倍频峰（或泛频峰）出现在某强的基频峰附近时，弱的倍频峰（或泛频峰）的吸收强度常常被增强，甚至发生分裂，这种倍频峰（或泛频峰）与基频峰之间的振动偶合现象称为费米共振。

如环戊酮的骨架伸缩振动 889cm^{-1}的二倍频峰为 1778cm^{-1}，与环戊酮的 C═O 伸缩振动 1745cm^{-1}峰离得很近，被大大增强。当用重氢氘代后，由于环戊酮的骨架伸缩振动变成 827cm^{-1}，其倍频峰变为 1654cm^{-1}，离 C ═O 伸缩振动较远，不被加强，结果在此区域出现 C═O 的单峰。

f. 样品物理状态的影响　气态下测定红外光谱，可以提供游离分子的吸收峰情况。液态和固态样品，由于分子间的缔合和氢键的产生，常常使峰位发生移动。如丙酮 $\nu_{C=O}$ 气态 1738cm^{-1}，液态 1715cm^{-1}。

② 外部因素

a. 溶剂影响　极性基团的伸缩振动常常随溶剂极性的增加而降低。极性基团的伸缩振动频率常常随溶剂极性的增加而降低。如羧酸中 $\nu_{C=O}$ 的伸缩振动在非极性溶剂、乙醚、乙醇和碱中的振动频率分别为 1760cm^{-1}、1735cm^{-1}、1720cm^{-1} 和 1610cm^{-1}。所以在核对文献时要特别注意溶剂的影响。

b. 仪器的色散元件　棱镜与光栅的分辨率不同，光栅光谱与棱镜光谱有很大不同。在 4000～2500cm^{-1} 波段内尤为明显。

(2) 影响吸收带强度的因素

① 峰强度的表示　物质对红外线的吸收符合朗伯-比耳定律，故峰强可用摩尔吸收系数 ε 表示。通常 $\varepsilon>100$ L·mol^{-1}·cm^{-1}时，为很强吸收，用 vs 表示；$\varepsilon=20\sim100$ L·mol^{-1}·cm^{-1}时，为强吸收，用 s 表示；$\varepsilon=10\sim20$ L·mol^{-1}·cm^{-1}时，为中吸收，用 m 表示；$\varepsilon=1\sim10$ L·mol^{-1}·cm^{-1}，为弱吸收，用 w 表示；$\varepsilon<1$ L·mol^{-1}·cm^{-1}时，为很弱吸收，用 vw 表示。

② 影响吸收带强度的因素　能级跃迁概率与振动过程中偶极矩变化均可影响吸收带的强度。如倍频峰当由基态跃迁到第二激发态时，振幅加大，偶极矩变大，但由于这种跃迁的概率很低，结果峰强度很弱。又如样品浓度增大，峰强增大，这是由于跃迁概率增加的缘故，基态分子的很少一部分，吸收某一频率的红外线，产生振动能级的跃迁而处于激发态。激发态分子通过与周围基态分子的碰撞等原因，损失能量而回到基态，它们之间形成动态平衡。跃迁过程中激发态分子占总分子数的百分数，称为**跃迁概率**，谱带强度是跃迁概率的量度。一般来说，跃迁概率与偶极矩的变化（$\Delta\mu$）有关，$\Delta\mu$ 越大，跃迁概率越大，谱带强度越强。对于基频峰的强度来说，主要取决于振动过程中偶极矩的变化，因为只有引起偶极矩变化的振动才能吸收红外线而引起能级的跃迁，瞬间偶极矩变化越大，吸收峰越强。

瞬间偶极矩变化的大小与以下各种因素有关。

a. 原子的电负性　电负性相差越大，伸缩振动时，引起的瞬间偶极矩变化越大，吸收峰越强，如 $\nu_{C=O}$ 吸收峰强于 $\nu_{C=C}$ 吸收峰，$\nu_{C\equiv N}$ 吸收峰强于 $\nu_{C\equiv C}$ 吸收峰。

b. 振动形式　通常情况下：$\nu_{as}>\nu_s$，$\nu>\delta$。

c. 分子的对称性　对称性越高的分子，振动过程中瞬间偶极矩变化越小，吸收峰的强度越小，完全对称的分子振动过程中 $\Delta\mu=0$，不吸收红外线。

如：CO_2 的对称伸缩振动 $\overset{\longleftarrow}{O}{=}C{=}\overset{\longrightarrow}{O}$，没有红外吸收。

丁二酮的 $\nu_{C=O}$ 对称伸缩振动，不产生红外光的吸收。

d. 其他因素的影响

费米共振：由频率相近的泛频峰与基频峰相互作用产生费米共振，结果使泛频峰强度大大增加或发生分裂。如苯甲醛分子在 2830cm^{-1} 和 2730cm^{-1} 处产生二个特征吸收峰，这就是由于苯甲醛中 ν_{C-H}（2800cm^{-1}）的基频峰和 δ_{C-H}（1390cm^{-1}）的倍频峰（2780cm^{-1}）费米共振形成的。

氢键的形成：氢键的形成往往使吸收峰强度增大，谱带变宽，因为氢键的形成使偶极矩发生了明显的变化。

与偶极矩变化大的基团共轭：如 C ═C 键的伸缩振动过程偶极矩变化很小，吸收峰强度很弱，但它与 C ═O 键共轭时，则 C ═O 与 C ═C 两个峰的强度都增强。

三、认识傅里叶红外光谱仪

1. 红外光谱仪的发展阶段

红外光谱仪的发展经历了三个阶段：第一代（20 世纪 40～60 年代），以棱镜为色散元件，使红外分析技术进入到实用阶段；第二代（20 世纪 60～70 年代），光栅为色散元件；第三代（20 世纪 70 年代后）出现了以迈克尔逊干涉取代分光系统的傅里叶变换红外光谱仪 (Fourier transform infrared spectroscopy)。光栅的分辨能力比棱镜高，仪器的测试范围较第一代宽了许多。20 世纪 80 年代后，随着计算机价格的大幅度降低及不受环境限制、性能稳定的干涉仪的使用，使价格便宜、性能好的傅里叶变换红外光谱仪得到了越来越广泛的应用。傅里叶变换红外光谱仪的特点是：扫描速度快；光通量大，便于配置各种附件，检测透射比较低的样品；分辨率高；测定光谱范围宽，只要相应地改变光源、分束器和检测器的配置，就可以得到整个红外区的谱图。

2. 傅里叶红外光谱仪的基本构造

傅里叶红外光谱仪的基本结构如图 3-10 所示。

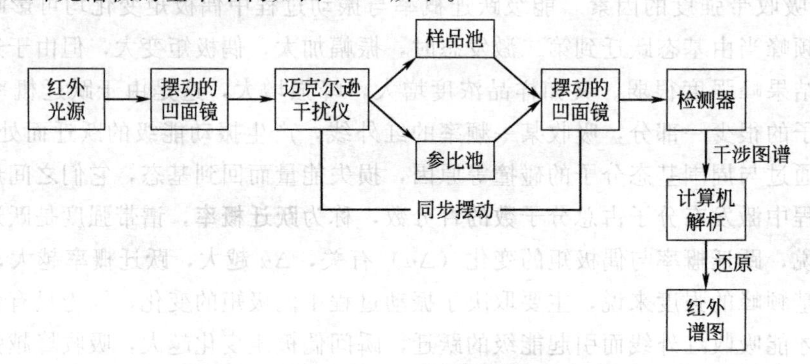

图 3-10 傅里叶红外光谱仪基本结构示意图

3. 傅里叶红外光谱仪的工作原理

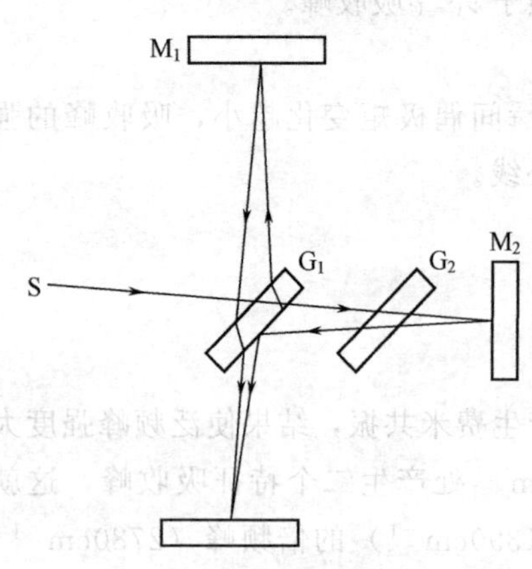

图 3-11 迈克尔逊干涉仪工作原理

光源发出的红外线由迈克尔逊干涉仪分成两束相干光，相干光照射到样品上，含有样品信息的相干光到达检测器，由检测器将光信号转化为电信号，并将此电信号传递到指示系统——计算机中。计算机将时间域信息通过傅里叶变换转化为频率域信息，最终得到透过率随波数变化的红外吸收光谱图。

(1) 光源　光源要求能发射出稳定、高强度连续波长的红外线，能斯特灯、碳化硅或涂有稀土化合物的镍铬旋状灯丝是通常使用的光源材料。

(2) 干涉仪　常用的干涉仪是迈克尔逊干涉仪，迈克尔逊干涉仪的作用是将复色光变为干涉光。中红外干涉仪中的分束器主要由溴化钾材料制成；近红外干涉仪中的分束器一般以石英和 CaF_2 为材料；远红外干涉仪中的分束器一般由 Mylar 膜和网格固体材料制成。

迈克尔逊干涉仪工作原理如图 3-11 所示。

迈克尔逊干涉仪是由固定不动的反射镜 M_1（定镜）、可移动的反射镜 M_2（动镜）以及广分束器 G_1 和 G_2 组成。M_1 和 M_2 是互相垂直的平面反射镜，G_1 和 G_2 以 45°置于 M_1 和 M_2 之间。光线由光源 S 发出之后，入射在半透半反镜 G_1 上，部分光线反射到平面镜 M_1，再经 M_1 反射和 G_1 透射，最后到达检测器，同时，另一部分光线经 G_1 透射后，穿过 G_2 到达 M_2，再经 M_2 反射沿原路返回，最后被 G_1 反射至检测器。由于动镜的移动，使两束光产生了光程差。当光程差为半波长的偶数倍时，发生相长干涉，产生明线；当光程差为半波长的奇数倍时，发生相消干涉，产生暗线。当动镜连续移动时，在检测器上记录的信号将连续变化。

（3）检测器　红外区的检测器一般有两种类型：热检测器和光导电检测器。红外光谱仪中常用的热检测器有：热电偶、辐射热测量计以及热电检测器等。热电偶和辐射热测量计主要用于色散型分光光度计中，而热电检测器主要用于中红外傅里叶变换光谱仪中。

傅里叶变换红外光谱仪的结构、原理及使用

一、实训目的

1. 初步了解傅里叶变换红外光谱仪的结构及工作原理。
2. 熟悉 FT-IR 的实验过程。
3. 初步学会读谱图。

二、仪器的使用

1. 实训前准备

（1）在指导教师的指导下对照仪器使用说明，熟悉仪器各部分的构造。

（2）实训前首先开启烘干机，保持实验室内干燥，否则影响仪器的性能并且使样品沾有水分影响分析。在实训前将所需的药品：溴化钾、样品 A、B、C，用研钵初步磨细、磨匀，然后放入烘箱，将模具、镊子、药匙和研钵等用沾有无水乙醇的纸巾擦拭干净。

2. 压片的制备以及图谱绘制

（1）KBr 空白压片的制备　用电子天平称取 200mg 左右初步磨好的溴化钾粉末，放入研钵中用力再次磨细、磨匀。然后用药匙小心地将磨好的 KBr 粉末移入模具中，转移过程中应小心谨慎，防止粉末溅洒到模具周围，引起粉末的损失，导致压片不均匀。将模具盖装好，旋转几圈，使 KBr 粉末在模具中均匀分布。随后将模具放入手压机，用约 $600kg \cdot cm^{-2}$ 的压力在液压机上压制 2min 左右。取出模具，用镊子小心地将压好的 KBr 薄片放在磁板上。

（2）样品压片　用电子天平称取约 1mg 样品（A、B、C 中任选一种），实验中选择的是 A 样品。再取约 200mg 溴化钾粉末，将两者混合，用研钵研磨，其余操作步骤同上。以上步骤每用完一次药品要及时放回干燥器内，保持药品的绝对干燥。

（3）绘制红外图谱　首先将装有 KBr 薄片的磁板放入样品槽中，开启红外光谱仪，在计算机中设定好参数，仪器开始运行，最后在计算机上会显示出红外光谱图，作为空白。

将待测样品放入样品槽，重复以上步骤，计算机将自动扣除空白后的光谱图显示出来。随后表示出每个明显吸收峰对应的波数，保存文件，完成图谱的绘制。

三、实训步骤

1. 打开计算机及红外光谱仪主机电源，预热 30min。
2. 检查仪器工作状态并设置实验参数。
3. 根据样品的特点，在样品中加入一定比例的 KBr 并在玛瑙研钵中研磨均匀。
4. 将研磨好的样品装入模具中，然后用压片机压片。
5. 将试片在红外灯下干燥片刻后置于红外光谱仪主机的样品架上。
6. 采集样品的透射红外光谱图，并保存谱图。
7. 对谱图进行解析。

四、数据处理

解析测试的样品红外谱图中主要官能团的特征吸收峰，并作出标记。

五、思考题

1. 压片实验中加 KBr 的作用是什么？
2. 影响固体样品红外光谱图质量的因素是什么？

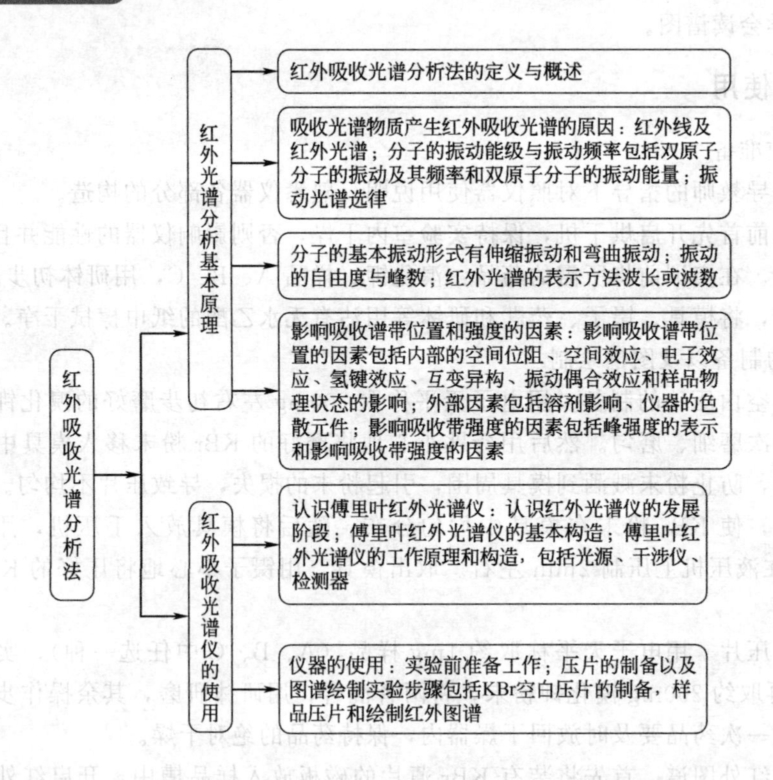

 思考与练习

一、单项选择题

1. 红外吸收光谱属于（　　）。
   A. 原子吸收光谱　B. 分子吸收光谱　C. 电子光谱　D. 核磁共振波谱
   E. 质谱
2. 产生红外吸收光谱的原因是（　　）。
   A. 原子内层电子能级跃迁　B. 分子外层价电子跃迁
   C. 分子转动能级跃迁　D. 分子振动-转动能级跃迁
   E. 原子核能级跃迁
3. 伸缩振动指的是（　　）。
   A. 键角发生变化的振动　B. 吸收频率发生变化的振动
   C. 分子平面发生变化的振动　D. 吸收峰强度发生变化的振动
   E. 键长沿键轴方向发生周期性变化的振动
4. 红外光谱又称为（　　）。
   A. 电子光谱　B. 分子振动-转动光谱　C. 核磁共振光谱　D. 原子发射光谱
   E. 原子吸收光谱
5. 振动自由度指（　　）。
   A. 线性分子的自由度　B. 非线性分子的自由度　C. 分子总的自由度　D. 基本振动数目
   E. 分子的平动及转动自由度之和
6. 振动能级由基态跃迁至第一激发态所产生的吸收峰是（　　）。
   A. 合频峰　B. 基频峰　C. 差频峰　D. 倍频峰
   E. 泛频峰
7. 红外光谱所吸收的电磁波是（　　）。
   A. 微波　B. 可见线　C. 红外线　D. 无线电波
   E. 紫外线
8. 双原子分子的振动形式有（　　）。
   A. 一种　B. 二种　C. 三种　D. 四种
   E. 五种
9. 红外光谱图中用作纵坐标的标度是（　　）。
   A. 吸光度 A　B. 光强度 I　C. 百分透光率 $T\%$　D. 波数 σ
   E. 波长 λ
10. 关于红外线描述正确的是（　　）。
    A. 能量比紫外线大，波长比紫外线长　B. 能量比紫外线的小，波长比紫外线长
    C. 能量比紫外线小，波长比紫外线的短　D. 能量比紫外线大，波长比紫外线的短
    E. 红外线的能量与波长成正比
11. 物质的红外光谱特征参数，可提供（　　）。
    A. 物质分子中各种基团的信息　B. 物质的纯杂程度
    C. 分子量的大小　D. 物质晶体结构变化的确认
    E. 分子中所含杂原子的信息
12. 红外光谱与紫外光谱比较（　　）。
    A. 红外光谱的特征性强　B. 紫外光谱的特征性强
    C. 红外光谱与紫外光谱特征性均不强　D. 红外光谱与紫外光谱特征性均强

E. 红外光谱与紫外光谱特征性的强弱视具体情况而定

13. 对红外光谱法的叙述正确的是（　　）。

A. 物质的红外光谱是物质分子吸收红外辐射，分子的振动、转动能级改变产生的

B. 红外光谱的吸收峰数，由分子的红外活性振动活性

C. 吸收峰的强度决定于基态、激发态的能极差

D. A+B　　E. A+B+C

14. 使吸收峰位移向高波数的因素是（　　）。

A. 氢键效应　　B. 共轭效应　　C. 溶剂效应　　D. 原子电负性

E. 诱导效应

15. 红外光谱法在物质分析中不恰当的用法是（　　）。

A. 物质纯度的检查　　B. 物质鉴别，特别是化学鉴别方法鉴别不了的物质

C. 化合物结构的鉴定　　D. 物质的定量分析　　E. 官能团的鉴定

16. 影响红外吸收光谱带强度大小的因素是（　　）。

A. 分子的对称性　　B. 仪器分辨率　　C. 共轭效应

D. 仪器的灵敏度　　E. 取代基的诱导效应

17. 称为红外活性振动的是（　　）。

A. 振动能级跃迁所需能量较小　　B. 振动能级跃迁所需能量较大

C. 振动时分子的偶极矩发生变化　　D. 振动时分子的偶极矩无变化

E. 化学键力常数较强的伸缩振动

18. 弯曲振动指的是（　　）。

A. 原子折合质量较小的振动　　B. 键角发生周期性变化的振动

C. 原子折合质量较大的振动　　D. 化学键力常数较大的振动

E. 化学键力常数较小的振动

19. 线性分子振动自由度有（　　）。

A. 2 个　　B. 3 个　　C. $3N$ 个　　D. $(3N-5)$ 个

E. $(3N-6)$ 个

20. 分子振动频率的大小决定于（　　）。

A. 化学键力常数　　B. 原子质量　　C. 振动方式　　D. A+B

E. A+B+C

21. 非红外活性振动是指（　　）。

A. 振动时伴随着振动　　B. 转动时伴随着振动

C. 振动时分子偶极矩有变化　　D. 振动时分子偶极矩无变化

E. 原子折合质量较小的伸缩振动

22. 红外吸收峰数少于基本振动数的原因是（　　）。

A. 非红外活性振动　　B. 能量相同的振动发生简并

C. 仪器性能的限制　　D. A+C

E. A+B+C

二、判断题（正确的用"√"，错误的用"×"表示）

1. 红外吸收光谱属于分子吸收光谱。（　　）
2. 波数 σ 与波长 λ 成正比。（　　）
3. 红外光谱图中的纵坐标表示的是物质分子对红外线的吸收度。（　　）
4. 红外吸收光谱是由分子中电子能级的跃迁而形成的。（　　）
5. 非红外活性的振动不吸收红外线。（　　）
6. 红外吸收峰数目一般少于分子基本振动数目。（　　）

7. 红外线的波长比紫外线的波长短。(　　)
8. 线性分子有三个转动自由度。(　　)
9. 乙烯分子中C—C对称伸缩振动产生红外吸收。(　　)
10. 分子中化学键的振动将受到邻近基团的影响。(　　)
11. 分子振动频率与化学键力常数成反比。(　　)
12. 使键角发生周期性变化的振动称为弯曲振动。(　　)
13. 红外光谱定量分析的灵敏度低于紫外、可见分光光度计。(　　)
14. 分子振动频率与原子折合质量成正比。(　　)
15. 使键长沿键轴方向发生周期性变化的振动称为伸缩振动。(　　)
16. 分子中偶极矩有变化的振动称为红外活性振动。(　　)
17. 中红外吸收光谱主要是由分子中原子的振动吸收产生的。(　　)
18. 红外吸收光谱又称为电子光谱。(　　)

三、计算题

1. 已知某红外线的波长 λ 为 $5\mu m$，它的波数是多少？
2. 已知醇分子中O—H伸缩振动峰位是 $2.77\mu m$，试计算O—H的伸缩力常数？
3. 试计算分子式为 $C_{12}H_{24}$ 的化合物的不饱和度。

模块二

电化学分析法

根据物质在溶液中的电化学性质及其变化来进行分析的方法称为电化学分析法（electrochemical analysis）。它是借助仪器，通过测量溶液的电化学参数（电动势、电流、电导、电量等）来分析待测组分含量的方法。如果根据测定原电池的电动势及其变化，来确定待测物质含量的分析方法，就称为电位分析法（potentiometry analysis）。

项目四

电位分析法

[知识目标]

- 了解电化学分析法中常见的电极及其在分析中的应用。
- 熟悉电位滴定法的原理及终点判断方法。
- 掌握指示电极、参比电极的概念。
- 掌握直接电位法测定溶液 pH 的原理和方法。

[能力目标]

- 会正确使用酸度计及相关的电极测定待测溶液的 pH 和 F^- 等常见离子的活度，并对其进行保养与维护。
- 能正确运用电位滴定法、永停滴定法。

任务一　直接电位法的应用

※ 必备知识

一、电位分析法的理论依据

电位分析法既然是利用测量原电池的电动势及其变化来测定样品溶液中被测组分的含量，因此，原电池是电位分析法中的关键仪器，是电位分析法的基础。电位法使用的电极有两种：一种是电极电位不随溶液中待测离子浓度的变化而变化，一定条件下具有恒定电极值的电极，称为**参比电极**（reference electrode）；另一种是电极电位随溶液中待测离子浓度的变化而变化的电极，称为**指示电极**（indicator electrode）。

1. 指示电极

指示电极按结构和组成，可分为两大类：金属基电极和膜电极。

（1）金属基电极　金属基电极是以金属为基体，基于电子转移反应的一类电极，按其组成和作用不同，可分为如下 3 种。

① 金属-金属离子电极　由金属插在该金属离子溶液中组成的电极叫金属-金属离子电

极，简称金属电极，可用通式 $M|M^{n+}$ 表示。因只有一个界面，又称为第一类电极。其电极电位取决于溶液中金属离子的浓度。如将银丝插入银离子溶液中组成的银电极，表示为：$Ag|Ag^+$，电极反应与电极电位为：

$$Ag-e^- \rightleftharpoons Ag^+$$

$$\varphi=\varphi'+0.0592\lg c_{Ag^+} \quad (25℃) \tag{4-1}$$

较常用的金属-金属离子电极还有：$Hg|Hg_2^{2+}$（中性溶液）、$Cu|Cu^{2+}$、$Zn|Zn^{2+}$、$Cd|Cd^{2+}$、$Bi|Bi^{3+}$、$Pb|Pb^{2+}$ 等。

② 金属-金属难溶盐电极　由表面涂有同一金属难溶盐的金属插入该难溶盐的阴离子溶液中组成的电极。可用通式 $M|M_mX_n|X^{m-}$ 表示，因有两个界面，故又称第二类电极。其电极电位决定于溶液中阴离子的浓度。如将表面涂有 AgCl 的银丝插入 Cl^- 溶液中组成的银-氯化银电极，其表示式为 $Ag|AgCl|Cl^-$，电极反应和电极电位为：

$$AgCl+e^- \rightleftharpoons Ag+Cl^-$$

$$\varphi=\varphi'-0.0592\lg c_{Cl^-} \quad (25℃) \tag{4-2}$$

③ 惰性金属电极　由惰性金属（铂或金）插入含有某氧化态和还原态电对的溶液中所组成的电极。惰性金属本身不参加电极反应，仅起传递电子的作用，是氧化还原电对交换电子的场所。用通式 $Pt|M^{m+}$，N^{n+} 表示，因氧化还原态之间无界面，又称为零类电极或氧化还原电极，其电极电位取决于溶液中氧化态和还原态物质活（浓）度的比值。如将铂丝插入 Fe^{3+}、Fe^{2+} 混合液中组成铂电极，其电极表示式为 $Pt|Fe^{3+}$，Fe^{2+}，电极反应和电极电位为：

$$Fe^{3+}+e^- \rightleftharpoons Fe^{2+}$$

$$\varphi=\varphi'+0.0592\lg\frac{c_{Fe^{3+}}}{c_{Fe^{2+}}} \quad (25℃) \tag{4-3}$$

(2) 离子选择性电极　**离子选择性电极**（ion selective electrode，ISE）又称**膜电极**，是一种利用选择性的电极膜对溶液中的待测离子产生选择性的响应，而指示溶液中待测离子浓度变化的电极。其特点是电极电位的建立是基于离子的交换和扩散，无电子的转移。选择性地对溶液中某特定离子产生响应，产生膜电位，膜电极电位的大小与溶液中某特定离子活（浓）度的关系符合 Nernst 方程。离子选择性电极具有选择性好、灵敏度高等特点，是发展较快、应用较广的一类指示电极。

离子选择性电极一般由电极膜、电极管、内充溶液和内参比电极四个部分组成，如图 4-1 所示。

电极膜是离子选择性电极最重要的组成部分，膜材料和内参比溶液中均含有与待测离子相同的离子。当电极浸入溶液中后，对某些有选择性响应的离子，通过离子交换或扩散作用，在膜两侧建立电位差，达到平衡后形成稳定的膜电位。如同 pH 玻璃电极一样，离子选择性电极的电位与待测离子的浓度之间满足能斯特方程式，因为参比电极的电位是一定值，因此只要测定原电池的电动势，便可求得待测离子的浓度。

对阳离子 M^{n+} 有响应的电极，其电极电位式为

$$\varphi=K+\frac{0.0592}{n}\lg c_{M^{n+}} \tag{4-4}$$

对阴离子 R^{n-} 有响应的电极，其电极电位式为

$$\varphi = K - \frac{0.0592}{n}\lg c_{R^{n-}} \tag{4-5}$$

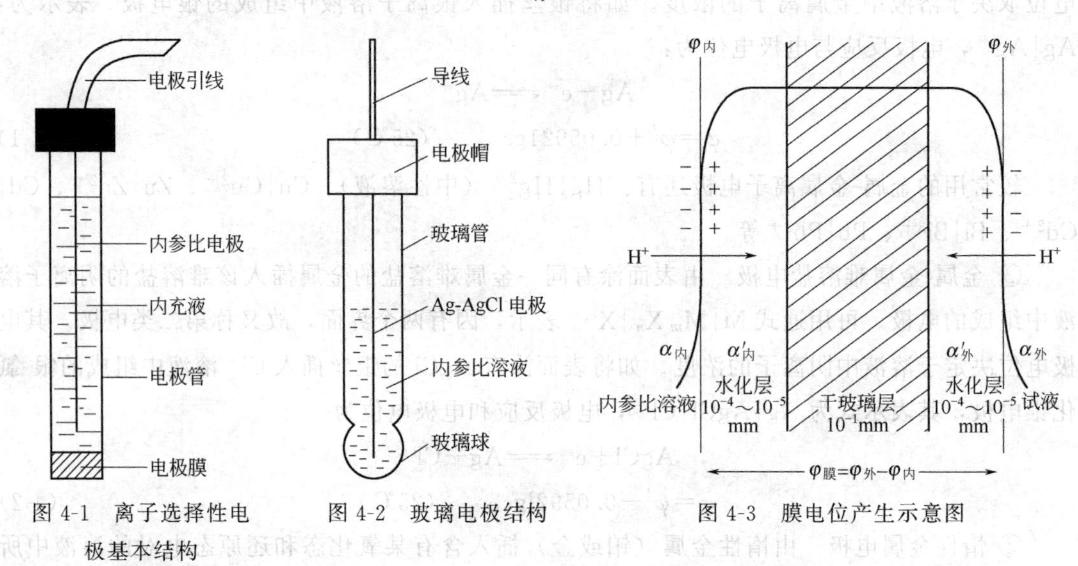

图 4-1 离子选择性电极基本结构　　图 4-2 玻璃电极结构　　图 4-3 膜电位产生示意图

pH 玻璃电极是最早使用的膜电极，其构造如图 4-2 所示。主要部分是电极下端的一个特殊材质制成的厚度约 0.1mm 的玻璃球状薄膜，膜内盛有一定浓度的 KCl 的 pH 缓冲溶液，作为内参比液，插入一支 Ag-AgCl 电极作为内参比电极。电极上端是高度绝缘的导线及引出线，线外套有金属隔离罩，以防因玻璃电极内阻太高（50～500MΩ）而产生漏电和静电干扰。

pH 玻璃电极的膜材料组成为 Na_2O(22%)、CaO(6%)、SiO_2(72%)，这种玻璃电极对 H^+ 有选择性的响应。当玻璃电极浸泡在水溶液中后，玻璃膜能吸收水分，在膜内外表面形成厚度为 10^{-4}～10^{-5}mm 的水化凝胶层（见图 4-3），该层中的 Na^+ 可与溶液中的 H^+ 进行交换，使得凝胶层上的 Na^+ 点位几乎全被 H^+ 所占据。越深入凝胶层内部，交换的数量越少，即点位上的 Na^+ 越多，H^+ 越少，在玻璃膜中间部分（厚度约为 10^{-1}mm），点位上的 Na^+ 与 H^+ 几乎无交换，全被 Na^+ 所占据，称为干玻璃层。

pH 玻璃电极的电极电位：当充分浸泡的玻璃电极置于待测溶液中时，由于溶液中 H^+ 浓度与凝胶层中 H^+ 的浓度不同，H^+ 将由浓度高的一方向浓度低的一方扩散。例如：H^+ 由溶液向凝胶层方向扩散，而溶液中的阴离子却被凝胶层中带负电荷的硅胶骨架排斥，使溶液中余下过剩的阴离子，于是改变了膜表面与溶液两相界面的电荷分布，因而在两相界面上形成双电层，产生电位差。电位差的产生抑制了 H^+ 的继续扩散，当扩散达到动态平衡时，电位差达到一个稳定值，称为**外相界电位** $\varphi_{外}$。同理，在膜的内表面与内参比溶液间产生的电位差称为**内相界电位** $\varphi_{内}$（相界电位的方向：玻璃膜到溶液）。由于膜外侧溶液中 H^+ 的浓度与膜内侧 H^+ 的浓度不相同，则内、外膜相界电位也不相等，则称为玻璃电极的**膜电位** $\varphi_{膜}$，应等于两个相界电位之差，即 $\varphi_{膜} = \varphi_{外} - \varphi_{内}$，如图 4-3 所示。

由于玻璃膜内外表面的物理性能相同，膜内的内参比溶液的 H^+ 浓度也是一定值，因此，决定膜电位大小的因素就是待测溶液中的 H^+ 浓度，故膜电位可表示成：

$$\varphi_{膜} = K + 0.0592\lg[H^+]_{外} \tag{4-6}$$

式中，K 是膜电位的特性常数，与膜的物理性能和内参比溶液的 H^+ 浓度有关。

玻璃电极的电极电位应等于膜电位与内参比电极电位之和。在一定条件下，内参比电极的电位是一定值，而膜电位是与被测溶液中的 H^+ 浓度密切相关的，因此，在25℃时玻璃电极的电极电位可表示为：

$$\varphi_{GE}=K'+0.0592\lg[H^+]_{外}=K'-0.0592pH_{外} \quad (4\text{-}7)$$

式中，K' 为一常数，它与玻璃电极本身性能有关。可见，玻璃电极的电极电位 $\varphi_{玻}$ 与待测溶液的 pH 关系符合 Nernst 方程。因此，玻璃电极可以作为测量溶液 pH 的指示电极。

pH 玻璃电极的性能如下。

① 电极斜率　当溶液中的 pH 变化一个单位时，玻璃电极的电极电位向相反方向变化的数值称为**电极斜率**，用 S 表示。即

$$S=-\frac{\Delta\varphi_{玻}}{\Delta pH} \quad (4\text{-}8)$$

S 的理论值为 $2.303RT/F$，其数值随温度而变化，25℃时为 $59mV\cdot pH^{-1}$。通常玻璃电极的 S 值稍小于理论值（不超过 $2mV\cdot pH^{-1}$）。玻璃电极长期使用后会老化，当25℃时电极的实际斜率低于 $52mV\cdot pH^{-1}$，就不宜再用。

② 碱差和酸差　一般玻璃电极的电位，只在一定范围内与 pH 呈线性关系。当 pH＜1时，测量的 pH 将大于真实值，产生正误差，称为**酸差**。在 pH＞9 时，由于 H^+ 浓度很低，Na^+ 相当于 H^+ 向凝胶层扩散，使测得的 H^+ 浓度高于真实值，pH 低于真实值，产生负误差，这种误差称为**碱差**或钠差。若采用锂玻璃电极，其玻璃膜由 Li_2O、Cs_2O、La_2O_3、SiO_2 组成，消除了钠差的影响，可准确测至 pH 14。所以在使用玻璃电极之前，应仔细阅读电极说明书，看清楚所用电极适用的 pH 范围。

③ 不对称电位　从理论上，当玻璃膜两侧溶液 pH 相等时，膜电位应等于零，但实际上总存在1～30mV 的差，这种电位称为**不对称电位**，它是由于表面张力、表面沾污、机械或化学浸蚀等原因使玻璃膜两个表面性能不完全一致造成的。每只玻璃电极的不对称电位不完全相同，并随时间变化而缓慢变化。干玻璃电极的不对称电位较大且不稳定，因此，使用前必须将玻璃电极在水中充分浸泡（24h 以上），既可使玻璃电极活化，又可使不对称电位降至最低且稳定。

④ 温度范围　玻璃电极一般使用温度为5～50℃。温度过低，内阻增大；温度过高，使用寿命下降，并且在测定标准溶液和待测溶液的 pH 时，温度必须相同。

⑤ 电极的内阻　玻璃电极的内阻很大，为50～500MΩ，测定由它组成的电池电动势时，只允许有微小的电流通过，否则由于电压降会造成很大的误差。如玻璃电极的内阻 $R=100M\Omega$ 时，若使用一般灵敏的检流计（测量中有 $10^{-9}A$ 电流通过）和专业的输入阻抗很大的电子计（测量中仅有 $10^{-12}A$ 电流通过），造成的电位降（IR）分别为0.1V 和0.0001V，分别相当于1.7pH 和0.0017pH 的误差。因此，测定溶液 pH 的 pH 计的电极引线外套有金属隔离罩，就是为了防止漏电和静电干扰而设计的。

玻璃电极对 H^+ 响应敏感，感应速度快，响应过程无电子交换，所以其测定不受氧化剂、还原剂干扰，不沾污被测溶液，可用于浑浊、有色溶液的 pH 测定。但玻璃膜很薄，容易损坏，也不能用于 F^- 含量高的溶液。

其他离子选择性电极有氟电极、钙电极、气敏电极、酶电极等，这里不再叙述。

2. 参比电极

参比电极在一定条件下，其电极电位一般是一定值。标准氢电极（standard hydrogen

electrode，SHE）作为一级参比电极，是确定其他电极电位的基准电极。国际纯粹与应用化学联合会（IUPAC）规定：标准氢电极的电极电位在标准状态下为零，其他电极电位值是相对于标准氢电极电位来确定的。因标准氢电极制作麻烦，使用不便，故日常工作中很少使用，实际常使用甘汞电极或银-氯化银电极等二级参比电极。

（1）甘汞电极 甘汞电极是由金属汞、甘汞（Hg_2Cl_2）和氯化钾溶液组成的，其构造如图 4-4 所示。

电极由内、外两个玻璃套管组成，内管上端封接一根铂丝，铂丝上端与电极引线相连，下部插入厚 0.5～1cm 的汞层中。汞层下部是汞和甘汞的糊状物，内玻璃管下端用石棉或纸浆类多孔物堵紧。外玻璃管内充有氯化钾溶液，最下端用素烧瓷微孔物质封紧，既将电极内外溶液隔开，又可提供内外溶液离子通道，起到盐桥的作用。

$$电极反应：Hg_2Cl_2 + 2e^- \rightleftharpoons 2Hg + 2Cl^-$$

$$电极电位：\varphi_{Hg_2Cl_2/Hg} = \varphi'_{Hg_2Cl_2/Hg} - 0.0592\lg c_{Cl^-} \quad (25℃) \tag{4-9}$$

可见，甘汞电极电位的变化随着氯离子活度（浓度）的变化而变化，当氯离子的活度（浓度）一定时，则甘汞电极的电位就是一定值。

25℃时，当 KCl 溶液浓度分别为 $0.1mol \cdot L^{-1}$、$1mol \cdot L^{-1}$ 和饱和溶液时，甘汞电极的电极电位值分别为 0.337V、0.2801V 和 0.2412V。其中饱和甘汞电极（saturated calomel electrode，SCE）因易控制 KCl 溶液浓度（保持 KCl 内充液中有 KCl 晶体即可），电位稳定，制造容易，且使用方便，故最为常用。

（2）银-氯化银电极 将表面涂镀一层 AgCl 的银丝插入一定浓度的氯化钾溶液中构成，其构造如图 4-5 所示。

电极反应和电极电位为：

$$AgCl + e \rightleftharpoons Ag + Cl^-$$

$$\varphi = \varphi' - 0.0592\lg c_{Cl^-} \quad (25℃) \tag{4-10}$$

同甘汞电极一样，电极电位的变化随着氯离子活度（浓度）的变化而变化，当氯离子的活度（浓度）一定时，则其电极电位就是一定值，即可作参比电极。当 KCl 浓度分别为 $0.1mol \cdot L^{-1}$、$1mol \cdot L^{-1}$ 和饱和溶液时，其电极电位分别为 0.2880V、0.2220V 和 0.1990V。由于银-氯化银电极结构简单，体积小，通常用作各种离子选择性电极的内参比电极。

从上可以看出，甘汞电极和银-氯化银电极虽然通常作为参比电极使用，但也可作为测定氯离子的指示电极。因此，某种电极究竟是参比电极还是指示电极，应视情况具体分析。

3. 复合 pH 电极

复合电极是将指示电极和参比电极组装在一起构成的电极。复合 pH 电极是由玻璃电极和参比电极（甘汞电极或银-氯化银电极）组合而成的，由于具有体积小、使用方便等优点，已逐渐取代常规的玻璃电极，广泛用于 pH 的测定。

复合 pH 电极的结构如图 4-6 所示，由内外两个同心玻璃管构成，内管为常规的玻璃电极，相当于指示电极；外管相当于参比电极，内盛参比电极电解液，插有 Ag-AgCl 电极元件或 Hg-Hg_2Cl_2 电极元件，下端是起盐桥作用的微孔隔离材料。电极外套将玻璃电极和参比电极包裹在一起，并把敏感的玻璃泡置于外套的保护栅内。参比电极的补充液由外套上端的充液口加入。

只要把复合电极插入待测溶液中，就组成了一个完整的电池系统。使用起来非常方便，而且测定值也比较稳定。

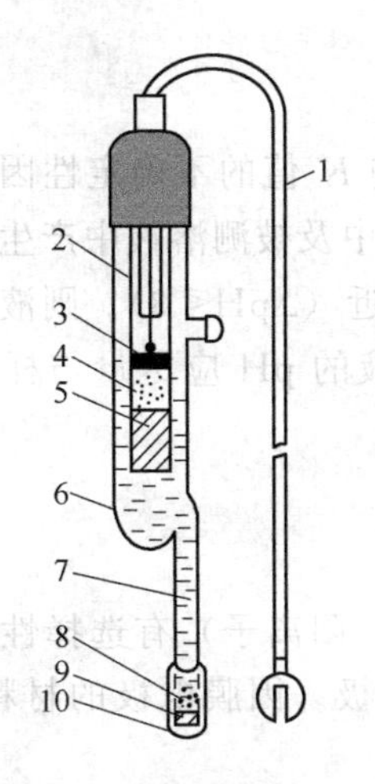

图 4-4　饱和甘汞电极结构

1—电极引线；2—玻璃内管；3—汞；4—汞-甘汞糊；5—石棉或纸浆；6—玻璃外管套；7—饱和 KCl 溶液；8—KCl 晶体；9—素烧瓷片；10—小橡胶套

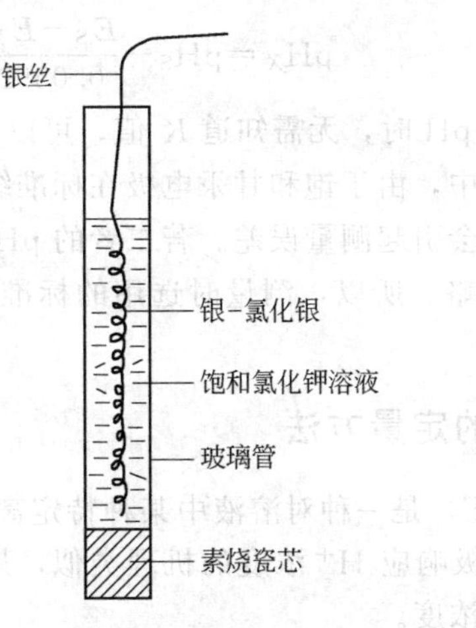

图 4-5　银-氯化银电极结构

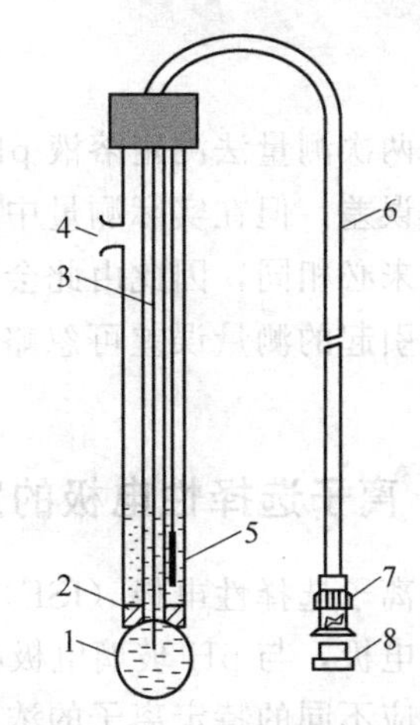

图 4-6　复合 pH 电极结构

1—玻璃电极；2—瓷塞；3—内参比电极；4—充液口；5—参比电极体系；6—导线；7—插口；8—防尘塞

二、酸度计的基本构造及使用

1. 基本原理

直接电位法是选择合适的指示电极与参比电极，插入待测溶液中组成原电池，测量原电池的电动势，利用电池电动势与被测组分浓度之间的定量关系，直接求出待测组分浓度的方法。通常用于测定溶液的 pH 和其他离子的浓度。

2. 溶液 pH 的测定

电位法测定溶液的 pH，可用饱和甘汞电极作参比电极，氢电极、氢醌电极或 pH 玻璃电极（glass electrode，GE）作指示电极，目前最常用的复合电极是由玻璃电极和参比电极（甘汞电极或银-氯化银电极）组合而成，广泛用于 pH 的测定。

电位法测定溶液 pH，常以玻璃电极作为指示电极，饱和甘汞电极作为参比电极，浸入待测溶液中组成原电池。

(一)玻璃电极|被测溶液|饱和甘汞电极(+)

25℃时，上述原电池的电动势为：

$$E=\varphi_{SCE}-\varphi_{GE}=0.2412-(K'-0.0592\text{pH})=0.2412-K'+0.0592\text{pH}$$

由于 K' 为玻璃电极的特性常数，将上式整理得到：

$$E=K+0.0592\text{pH} \tag{4-11}$$

上式表明，只要 K 已知且固定不变，测得电动势 E 后，便可求得被测溶液的 pH。但实际上 K 随溶液组成、电极类型和使用时间的不同而发生变化，不易准确测定，故实际工作中常采用“两次测量法”消除其影响。方法是：先测量已知 pH 的标准缓冲溶液的电动势 E_S，然后再测量被测溶液的电动势 E_X，在 25℃时，电池电动势与 pH 之间的关系满足下式：

$$E_X=K+0.0592\text{pH}_X \tag{4-12}$$

$$E_S=K+0.0592\text{pH}_S \tag{4-13}$$

两式相减，并移项整理即得：

$$pH_X = pH_S - \frac{E_S - E_X}{0.0592} \tag{4-14}$$

两次测量法测定溶液 pH 时，无需知道 K 值，可以消除影响 K 值的不确定性因素所产生的误差。但在实际测量中，由于饱和甘汞电极在标准缓冲溶液中及被测溶液中产生的液接电位未必相同，因此由此会引起测量误差。若二者的 pH 极为接近（$\Delta pH < 3$），则液接电位不同引起的测量误差可忽略。所以，测量时选用的标准缓冲溶液的 pH 应尽量与样品溶液接近。

三、离子选择性电极的定量方法

离子选择性电极（ISE）是一种对溶液中某种特定离子（阴、阳离子）有选择性响应能力的电极，与 pH 玻璃电极响应 H^+ 浓度的机理类似，属于膜电极。因膜电极的材料不同，而响应不同的特定离子的浓度。

四、离子计的基本构造及使用

1. 基本原理

以离子选择性电极用直接电位法测定离子的浓度，基本原理和测定 pH 相似，这里不再赘述。

2. 测定方法

将待测离子的选择性电极作为指示电极，饱和甘汞电极作为参比电极，插入待测溶液中组成原电池，通过测量原电池的电动势进而求出待测离子的浓度。设饱和甘汞电极为正极，则：

$$E = \varphi_{SCE} - \varphi_{ISE} = \varphi_{SCE} - (k \pm \frac{0.0592}{n} \lg c_i) = K \pm \frac{0.0592}{n} \lg c_i \tag{4-15}$$

由于液接电位、不对称电位的存在，因此在实际应用中，一般不采用 Nernst 方程式来计算待测离子浓度，而采用以下几种方法。

(1) 标准曲线法　在离子选择性电极的线性范围内，分别测定从稀到浓的待测离子的标准溶液的电动势，作出 E-$\lg c_i$ 或 E-pc_i 的标准曲线，然后在相同条件下测量待测样品溶液的电池电动势（E_X），最后从标准曲线上查出相应的 $\lg c_x$ 或利用线性回归得到回归方程，求出待测离子的浓度，这种方法称为标准曲线法。

标准曲线法特别适合批量样品的分析，但它要求标准溶液的组成与样品溶液的组成相近，液温相同。

(2) 标准加入法　将离子选择性电极和饱和甘汞电极插入待测样品溶液中组成原电池，测定样品溶液（浓度为 c_x，体积为 V_x）的电动势 E_1，然后于该溶液中加入浓度为 c_S（约 $100C_x$），体积为 V_S（约 $V_x/100$）的标准溶液，再次测定此混合溶液的电动势 E_2，则有：

$$E_1 = K' \pm \frac{0.0592}{n} \lg c_X \tag{4-16}$$

$$E_2 = K' \pm \frac{0.0592}{n} \lg \frac{c_X V_X + c_S V_S}{V_X + V_S} \tag{4-17}$$

令
$$T = \pm \frac{0.0592}{n}$$

得
$$\Delta E = E_2 - E_1 = T \lg \frac{c_X V_X + c_S V_S}{(V_X + V_S) c_X}$$

整理得

$$c_X=\frac{c_S V_S}{V_X+V_S}(10^{\Delta E/T}-\frac{V_X}{V_X+V_S})^{-1}$$

由于$V_X \gg V_S$，可认为（V_X+V_S）-V_X，通常可用下列近似式计算c_X：

$$c_X=\frac{c_S V_S}{V_X}(10^{\Delta E/T}-1)^{-1} \tag{4-18}$$

标准加入法不需绘制标准曲线，操作较为简单、快速，同时，由于加入标准溶液的体积很小，加入前后两溶液的性质基本不变，所以准确度较高。

(3) 标准对照法　又称两次测量法，与测定溶液的 pH 方法类似，在此不再讨论。

应用案例——饮用水中氟离子的检测

饮水中的氟是人体中氟的主要来源，适量的氟能维持机体正常的钙、磷代谢，促进生长发育，预防龋齿。但是，摄入过量的氟会引起急性或慢性氟中毒，破坏钙、磷的正常代谢，产生骨质稀疏，严重时出现氟骨症。因此，我国在新颁布的《生活饮用水卫生标准》中规定：饮用水中含氟量为 $1.0mg \cdot L^{-1}$较为适宜，最高不得超过 $2.0mg \cdot L^{-1}$。

饮用水中的氟离子的测定采用电位分析法，以氟离子选择性电极为指示电极，饱和甘汞电极为参比电极，与被测饮用水组成原电池。测量时，在饮用水中加入离子强度调节缓冲液（TISAB），在总离子强度相对恒定的条件下，电动势与氟离子浓度的对数值成线性关系：

$$E=K'-0.0592\lg c_{F^-}$$

分别测定 F^- 系列浓度的标准溶液及饮用水中样的电动势，用标准曲线法测定饮水中的氟离子浓度。

五、直接电位法测定溶液 pH 的原理

当玻璃电极浸入被测溶液中时，玻璃膜处于内部溶液和待测溶液之间，这时跨越玻璃膜产生一电位差 ΔE_M（这种电位差称为膜电位），它与氢离子活度之间的关系符合能斯特公式。

电池组成：Ag,AgCl｜内参比液｜玻璃膜｜试液‖KCl(饱和)｜Hg_2Cl_2，Hg

φ_6　　φ_5　　φ_4　　φ_3　　φ_2　　φ_1

$E_{SCE}=\varphi_1-\varphi_2$；$E_{AgCl,Ag}=\varphi_6-\varphi_5$；$E_{外}=\varphi_4-\varphi_3$；$E_{内}=\varphi_4-\varphi_5$；$E_{电}=E_{SCE}-E_{膜}-E_{AgCl,Ag}$

$$E_{膜}=E_{外}-E_{内}=k+0.059\lg a_{H^+}$$

所以　$E_{电}=k'-0.059\lg a_H=k'+0.059pH$

在一定条件下，电动势与溶液的 pH 之间呈直线关系，其斜率为 $2.303RT/F$，25℃时为 0.0592V，即溶液 pH 变化一个单位时，电动势将改变 59mV（25℃），这就是以电位法测定 pH 的依据。

六、直接电位法测定离子活（浓）度的原理

我国强制性国家标准《牙膏》GB 8372—2008 中规定，成人牙膏总氟量为 0.05%～0.15%，含氟儿童牙膏中氟的含量为 0.05%～0.11%。

用氟离子选择性电极直接电位法测定牙膏中的氟含量。直接电位法选用适当的指示电极浸入被测试液中，测量其相对于一个参比电极的电位。根据测出的电位，直接求出被测物质的浓度。

氟电极电位与溶液中 F^- 活度符合 Nernst 方程，由氟电极与参比电极组成原电池。其电

动势方程 $E_{池}=常数+0.059\lg a_{F^-}$，在实际测量中要求测定 F^- 的浓度而不是活度，因此，在实验中要固定溶液的离子强度，使得活度系数成为常数，从而使电极电位与 F^- 浓度的对数 $\lg c_{F^-}$ 的关系成线性，可用工作曲线法定量。目前，氟离子选择性电极已经广泛应用于天然应用水、工业氟污染水的分析中。

为了使样品溶液中的活度系数与标准溶液的相同，利用 TISBA 来固定这两种溶液的离子强度。氟离子选择电极对 $[AlF_6]^{3-}$、$[FeF_6]^{3-}$ 等络离子和氟化氢缔合物形式的 F 无响应或响应甚微。因此 TISBA 具有以下作用：

① 保持溶液的总离子强度基本固定不变；

② 作为缓冲液保持 pH 为 5.0～5.5，消除了 OH^- 的干扰，且不易形成氟化氢缔合物；

③ 其柠檬酸盐能络合 Al^{3+}、Fe^{3+} 等，使原来被它们缔合的氟离子释放出来；

④ 加快平衡时间。

知识链接

氟是人体必需的微量元素之一，微量氟有促进儿童生长发育和防龋齿的作用。国际牙科联盟和国际牙科协会一直都在向人们推荐使用含氟牙膏。如果人体缺氟，会出现龋牙（也叫蛀牙）与骨质疏松的症状。但是氟含量过高对人体是有害的。氟中毒后的主要症状为牙齿变黄、变黑、腿呈 X 形或 O 形、躬腰驼背或者手臂只能弯不能伸等，中毒轻者造成氟斑牙，重者出现氟骨症，甚至完全丧失劳动和生活自理能力。

有专家建议，高氟地区居民和 6 岁以下儿童应该远离含氟牙膏，政府监管部门应该出台相关法规，防止含氟产品滥用。在含氟牙膏等产品包装上应该像烟草一样，注明可能对人体的危害的标示。

※ 拓展知识

pH 计在药物分析中的应用

用直接电位法测定 pH，广泛应用于药物注射液、大输液、眼药水等制剂中 pH 的检查和原料药酸碱度的检查。如：盐酸普鲁卡因注射液是一种局部麻醉药，药典规定，pH 应为 3.5～6.0。若 pH 过低，其麻醉能力降低，稳定性差；pH 过高则易分解。因此，常加稀盐酸调节其 pH 为 3.5～5.0，来抑制分解，保持稳定。检查 pH 时，可用邻苯二甲酸氢钾标准缓冲溶液定位。荧光素钠滴眼液是用于眼角膜损失和角膜溃疡的诊断药，常加入碳酸氢钠作稳定剂，来调节 pH 为 8.0～8.5。药典规定，pH 应为 8.0～9.8，测定其 pH 时可用混合磷酸盐标准缓冲液（pH6.86）定位。

※ 实践操作一

水溶液 pH 的测定

一、实训目的

1. 了解 pH 计测定溶液 pH 的原理。

2. 掌握 pH 计的使用方法。

二、实训仪器与试剂

1. 仪器：pHS-3C 精密 pH 计。

2. 试剂：pH 标准溶液（pH6.86 的混合磷酸盐缓冲溶液，pH4.00 的邻苯二甲酸氢钾溶液，pH9.18 的四硼酸钠溶液）。

3. 待测溶液：葡萄糖氯化钠注射液、碳酸氢钠注射液、注射用水、自来水。

三、方法与步骤

1. 预热：接通电源开关，按下 pH 键，预热 30min。

2. 温度调节：调节温度键，使显示温度与待测溶液的温度一致，按确认键。

3. 定位：将洗净吸干的复合电极插入 pH＝6.86 标准缓冲液中，待读数稳定后，按定位键进行调节，使显示读数与该标准缓冲液中在当时温度下的 pH 相同。

4. 校正：把洗净吸干的复合电极插入 pH＝4.00（或 pH＝9.18）标准缓冲液中，待读数稳定后，调节斜率使显示读数与该标准缓冲液中在当时温度下的 pH 相同，进行校正。

5. 测定：用蒸馏水洗净吸干后的复合电极插入下列试液中，测定待测溶液的 pH。

(1) 葡萄糖氯化钠注射液 pH：用 pH＝4.0 的标准缓冲溶液定位，pH＝6.86 的标准缓冲溶液复核。

(2) 碳酸氢钠注射液 pH：用 pH＝6.86 的标准缓冲溶液定位，pH＝9.18 的标准缓冲溶液复核。

(3) 注射用水的 pH：用 pH＝4.0 的标准缓冲溶液定位，pH＝6.86 的标准缓冲溶液复核测定溶液的 pH；再用 pH＝6.86 的标准缓冲溶液定位，pH＝9.18 的标准缓冲溶液复核再测定溶液的 pH。

取三次测定的平均值作为结果。

四、数据记录与处理

项目	葡萄糖氯化钠注射液	碳酸氢钠注射液	注射用水	自来水
待测溶液温度				
待测试液 pH				

说明：1. 葡萄糖氯化钠注射液 pH 规定值为 pH3.5～5.5。

2. 碳酸氢钠注射液 pH 规定值为 pH7.5～8.5。

3. 注射用水 pH 规定值为 pH5.0～7.0。

五、注意事项

1. 使用前，pH 复合电极放在 3mol·L^{-1}的 KCl 溶液中浸泡 24h 以上。

2. 玻璃电极的玻璃球极薄，切记勿与硬物接触，也不得擦拭，内充液中若有气泡应轻轻振荡除去。安装与操作时注意防止碰破玻璃球。

3. 饱和甘汞电极内充液中充满饱和 KCl 溶液，并应有少许 KCl 结晶存在，注意不要使饱和 KCl 溶液放干，以防电极损坏；使用时将加液口的小橡皮塞及最下端的橡皮套取下，用完后再套好，放在电极盒内，内充液中不得有气泡将溶液隔断，如有气泡应轻轻振荡除去。

4. 定位和复核用的标准缓冲液与待测液的 pH 尽量接近，一般不应相差 3 个 pH 单位，以消除残余液接电位造成的测量误差。

5. pH 计温度调节钮指示的温度与标准缓冲液及试液一致，相差不得大于 1℃。

6. 定位后，定位调节钮不应再转动位置，否则应重新定位。

7. 每次换液，用水洗涤电极并用滤纸擦干电极上的水，用新更换的标准缓冲液或供试液洗涤。

六、思考题

仪器使用前为什么要预热？玻璃电极为什么使用前要在蒸馏水中浸泡 24h 以上？

※ 实践操作二

离子选择性电极法测牙膏中氟离子的含量

一、实训原理

氟离子选择性电极是一种由 LaF_3 单晶制成的电化学传感器。当控制测定体系的离子强度为一定值时，电池的电动势与氟离子浓度的对数值呈线性关系。

二、仪器与试剂

1. pHS-2 型酸度计（电位计）。

2. 饱和甘汞电极。

3. 电磁搅拌器。

4. 试剂：10^{-3} $mol \cdot L^{-1}$ F^{-1}标准贮备液；总离子强度缓冲溶液（TISAB）；溴钾酚绿指示剂。

三、实训步骤

1. 样品预处理

准确称取含氟牙膏样 1.0000g，置于塑料小烧杯中，加入 10mL 浓热 HCl，充分搅拌约 20min，用中速定量滤纸过滤，热水充分洗涤。之后往滤液中加 1～2 滴溴钾酚绿指示剂（呈黄色），依次用固体 NaOH 溶液中和至刚变蓝，再用稀盐酸调至刚变黄（pH=6.0），转入 100mL 容量瓶中，定容备用。

2. 仪器预热 20min，校正仪器，调节仪器零点。将氟电极接仪器负极的接线柱，甘汞电极接仪器 E 接线柱，将两电极插入蒸馏水中，开动搅拌器，反复清洗电极至空白电位（−300mV）。

3. 标准曲线的制作

分别取 10^{-3} $mol \cdot L^{-1}$ F^{-1}标准溶液 0.5mL、1.00mL、5.00mL、10.00mL 于 100mL 容量瓶中，加入 20mL TISAB 溶液，用去离子水稀释至刻度。将系列标准溶液由低浓度到高浓度依次转入干的塑料杯中，放入搅拌子，电极插入被测试液中，开动搅拌器 5～8min 后，停止搅拌，读取平衡电位，在坐标纸上作 E-lg［F^-］曲线（或用电脑制作工作曲线，并求出电极斜率)。

4. 牙膏中含氟量的测定

取牙膏滤液样 10.00mL 于 100mL 容量瓶中，加 20.00mL TISAB 溶液，用水稀释至刻度。再将溶液转入干燥的塑料杯中，测 E 值。

四、结果处理

1. 氟离子选择性电极用蒸馏水洗 3 次，确定电位稳定值。
2. 绘制 E-lg［F^-］工作曲线并得到线性回归方程。
3. 由测得牙膏滤液的电位值，代入方程式计算出最终牙膏样中氟的含量 c_{F^-}。

五、思考题

1. 本实验中加入总离子强度调节缓冲溶液的目的是什么？
2. 为什么要把氟电极洗至一定的电位？
3. 为什么此实验中要控制待测样液 pH＝6.0 左右？

任务二 电位滴定分析法及其应用

※ 必备知识

一、电位滴定原理

电位滴定法是在滴定过程中通过测量电位变化以确定滴定终点的方法，和直接电位法相比，电位滴定法不需要准确地测量电极电位值，因此，温度、液体接界电位的影响并不重要，其准确度优于直接电位法，普通滴定法是依靠指示剂颜色变化来指示滴定终点，如果待测溶液有颜色或浑浊时，终点的指示就比较困难，或者根本找不到合适的指示剂。电位滴定法是靠电极电位的突跃来指示滴定终点。在滴定到达终点前后，滴定液中的待测离子浓度往往连续变化 n 个量级，引起电位的突跃，被测成分的含量仍然通过消耗滴定剂的量来计算。

使用不同的指示电极，电位滴定法可以进行酸碱滴定、氧化还原滴定、配合滴定和沉淀滴定。酸碱滴定时使用 pH 玻璃电极为指示电极，在氧化还原滴定中，可以从铂电极作指示电极。在配合滴定中，若用 EDTA 作滴定剂，可以用甘汞电极作指示电极，在沉淀滴定中，若用硝酸银滴定卤素离子，可以用银电极作指示电极。在滴定过程中，随着滴定剂的不断加入，电极电位 E 不断发生变化，电极电位发生突跃时，说明滴定到达终点。

如果使用自动电位滴定仪，在滴定过程中可以自动绘出滴定曲线，自动找出滴定终点，自动给出体积，滴定快捷方便。

二、电位滴定装置及其使用

电位滴定装置包括滴定管、滴定池、指示电极及参比电极，如图 4-7、图 4-8 所示。

三、电位滴定法如何确定滴定终点

进行电位滴定时，在被测溶液中插入一个指示电极和一个参比电极，组成一个工作电

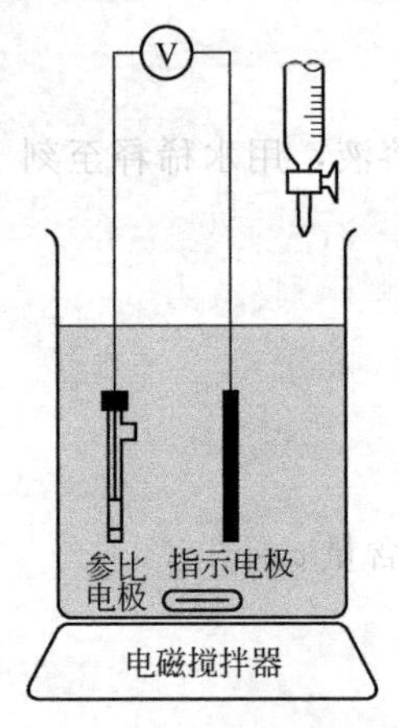

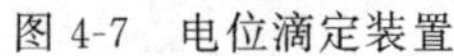

图 4-7 电位滴定装置

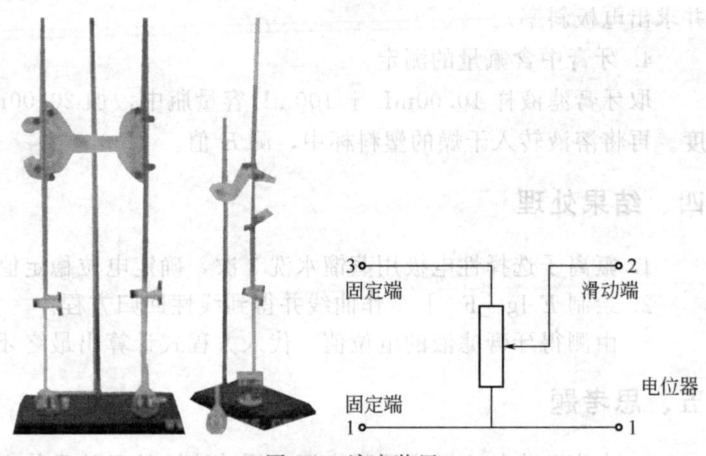

图 4-8 滴定装置

池。随着滴定剂的加入，由于发生化学反应，被测离子浓度不断发生变化，因而指示电极电位相应地发生变化，在理论终点附近离子浓度发生突跃，引起电极电位发生突跃。因此测量工作电池电动势的变化就可确定滴定终点。

用绘制电位确定曲线的方法。电位滴定曲线即是随着滴定的进行，电极电位值（电池电动势）E 对标准溶液的加入体积 V 作图的图形，如图 4-9 所示。在电位滴定中，一般只需准确记录化学计量点前后 1～2mL 内电极电位的变化，绘制滴定曲线，求化学计量点。在化学计量点附近，应该每加 0.1mL 滴定剂就测量一次电位。

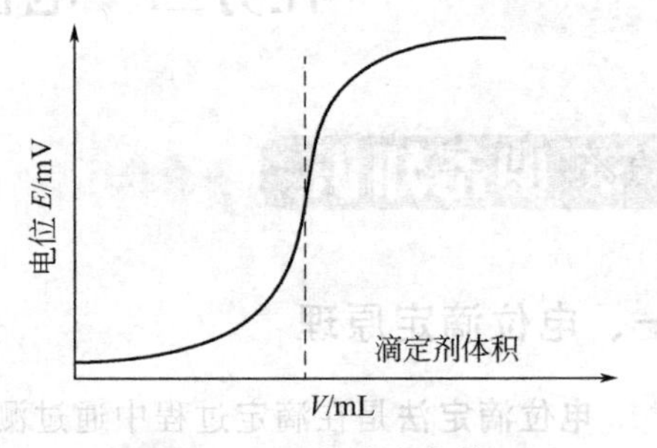

图 4-9 电位滴定曲线

根据 E-V 曲线，拐点 e 即为化学计量点。作两条与滴定曲线相切的成 45°倾斜的直线，等分线与曲线的交点即是拐点。电位滴定也常采用滴定至终点电位的方法来确定终点。用微分曲线比普通滴定曲线更容易确定滴定终点，自动滴定法就是根据这一原理设计而成的。

四、电位滴定法的特点

电位滴定法比起用指示剂的容量分析法有许多优越的地方，首先可用于有色或浑浊的溶液的滴定，使用指示剂是不行的；在没有或缺乏指示剂的情况下，用此法解决；还可用于浓度较稀的试液或滴定反应进行不够完全的情况；灵敏度和准确度高，并可实现自动化和连续测定。因此用途十分广泛。

五、电位滴定法的应用

按照滴定反应的类型，电位滴定可用于中和滴定（酸碱滴定）、沉淀滴定、络合滴定、氧化还原滴定。

1. 酸碱滴定

一般酸碱滴定都可以采用电位滴定法，特别适合于弱酸（碱）的滴定，可在非水溶液中滴定极弱酸。指示电极采用玻璃电极、锑电极。参比电极采用甘汞电极。应用实例如下：

① 在醋酸介质中用 $HClO_4$ 滴定吡啶；

② 在乙醇介质中用 HCl 溶液滴定三乙醇胺；

③ 在异丙醇和乙二醇混合溶液中用 HCl 溶液滴定苯胺和生物碱；

④ 在二甲基甲酰胺介质中可滴定苯酚；

⑤ 在丙酮介质中可以滴定高氯酸、盐酸、水杨酸混合物。

2. 沉淀滴定

沉淀滴定常用比盐桥甘汞电极或甘汞电极作为参比电极。

(1) 在测定 Cl^-、Br^-、I^-、CNS^-、S^{2-}、CN^- 等离子时常用银电极作为指示电极，用 $AgNO_3$ 标准溶液滴定，用伏特计测定两电极间的电位变化。可连续滴定 Cl^-、Br^-、I^-。

(2) 在测定 Cl^-、Br^-、I^-、CNS^-、S^{2-}、$C_2O_4^{2-}$ 等离子时可用汞电极作为指示电极，用硝酸汞标准溶液滴定。

(3) 在测定 Pd^{2+}、Cd^{2+}、Zn^{2+}、Ba^{2+} 等离子时常用铂电极作为指示电极，以 $K_4[Fe(CN)_6]$ 标准溶液滴定。

3. 氧化还原滴定

在氧化还原滴定中一般以甘汞电极参比电极，以铂电极作为指示电极，计量附近氧化态/还原态浓度的变化至电位发生突跃。

(1) 滴定对象：I^-、NO_3^-、Fe^{2+}、V^{4+}、Sn^{2+}、$C_2O_4^{2-}$ 等离子时，用高锰酸钾标准溶液进行滴定。

(2) 滴定对象为 Co^{2+} 时，用 $K_4[Fe(CN)_6]$ 标准溶液滴定。

(3) 滴定对象为 Fe^{2+}、Sn^{2+}、I^-、Sb^{3+} 等时，用 $K_2Cr_2O_7$ 标准溶液滴定。

4. 配位滴定

配位滴定常用甘汞电极作参比电极，以 EDTA 标准溶液进行滴定。

(1) 滴定对象为 Cu^{2+}、Zn^{2+}、Ca^{2+}、Mg^{2+}、Al^{3+} 时，常用汞电极作为指示电极。

(2) 滴定 Al^{3+} 时用氟化物，以氯电极作为指示电极。

(3) 滴定对象为 Ca^{2+} 等时，以钙离子选择性电极作为指示电极。

※ 实践操作

电位滴定法测定氯化钠注射液的含量测定

一、实训目的

1. 进一步了解电位滴定法的原理和测定方法。
2. 用电位滴定法测定能生成难溶化合物的离子浓度。

二、实训原理

以银电极为指示电极，217 型双盐桥饱和甘汞电极为参比电极，与被测卤离子溶液组成电池，用 pH/mV 计测定滴加 $AgNO_3$ 标准溶液时电池的电动势。以电动势对滴加的 $AgNO_3$溶液的体积作图得电位滴定曲线，由电位滴定突跃确定化学计量点。滴定过程中发生以下化学反应：

$$Ag^+ + X^- \rightleftharpoons AgX\downarrow$$

由于 $\varphi_{Ag^+/Ag}=\varphi^{\ominus}_{Ag^+/Ag}+0.059\lg a_{Ag^+}$

又 $a_{Ag^+}=\gamma_{Ag^+}[Ag^+]$

电池电动势
$$E_{池}=\varphi_{Ag^+/Ag}-\varphi_{甘}$$
$$=\varphi^{\ominus}_{Ag^+/Ag}-\varphi_{甘}+0.059\lg\gamma_{Ag^+}+0.059\lg[Ag^+]$$

在一定的实验条件下，$\varphi^{\ominus}_{Ag^+/Ag}$、$\varphi_{甘}$ 及 γ_{Ag^+} 均为定值，所以

$$E_{池}=常数+0.059\lg[Ag^+]$$

$E_{池}$ 与溶液中 $\lg[Ag^+]$ 呈线性关系。滴定卤离子混合溶液时，由于

$$K_{sp(AgI)}\ll K_{sp(AgBr)}<K_{sp(AgCl)}$$

故先生成 AgI 沉淀，再生成 AgBr 沉淀，最后生成 AgCl 沉淀，$[Ag^+]$ 由小变大，产生三次电位突跃，可分别确定三个化学计量点。在滴定过程中，沉淀对卤离子的吸附很严重，加入凝聚剂 NH_4NO_3 可减少共沉淀，从而提高滴定分析的准确度。

用指示剂法确定上述卤离子混合液滴定的化学计量点是困难的。其原因是：没有合适的指示剂，AgBr 和 AgCl 的 K_{sp} 相差不大，滴定突跃较小，难以准确确定化学计量点。

三、仪器和试剂

NaCl（优级纯），NH_4NO_3，0.1mol·L^{-1} $AgNO_3$ 溶液（溶解 8.5g $AgNO_3$ 于 500mL 二次水中，贮存于棕色试剂瓶中）；pHS-2 型（或其他型号）的 pH/mV 计，配以银电极和 217 型双盐桥饱和甘汞电极，电磁搅拌器及搅拌磁子；10mL 滴定管、10mL 移液管各一支。

四、实训步骤

1. 仪器预备

按 pH/mV 计的使用说明书调节好仪器，选择－mV 挡，预热 0.5h 后使用。

2. NaCl 标准溶液（0.05mol·L^{-1}）的配制

准确称取 NaCl 约 0.3g，用水溶解后转入 100mL 容量瓶中，稀释至刻度，摇匀，计算 NaCl 的浓度。

3. $AgNO_3$ 溶液的标定

用 10mL 移液管移取 NaCl 标准溶液 1 份，放入 50mL 小烧杯中，加入 20mL 水，放入搅拌磁子，将电极浸入溶液中。将甘汞电极接 pH/mV 计的（＋）极，银电极接（－）极，开动搅拌器（注意：不要使磁子触到电极），搅匀后测量电池电动势。

在 10mL 滴定管中装入 $AgNO_3$ 溶液，开始滴定。滴加一次 $AgNO_3$ 溶液，测一次电动势（为了做到心中有数，可先粗测一次，了解一下电位突跃的位置，再进行正式滴定）。滴定开始时和结束前，每次加入的 $AgNO_3$ 溶液的体积可以多一些（例如，每次滴加 1mL 或 0.5mL）。在化学计量点附近，每次滴加 0.10mL，测一次电动势。根据电位突跃确定 $AgNO_3$ 浓度。

4. 卤离子混合液的滴定

取卤离子混合液 10.00mL，加入 1g NH_4NO_3、20mL 水。将 pH/mV 计设定为＋mV 挡，按步骤 3. 进行滴定，滴定到三次突跃全部出现后为止。

5. 实验结束步骤

每滴定完一份试液后，需将附着在电极上的沉淀洗净后再用。实验结束后，洗净电极，关好仪器。

五、数据处理

1. 以标定 $AgNO_3$ 时测得的电池电动势（mV）对 $AgNO_3$ 溶液的体积（mL）作图得滴定曲线。用二阶微商法确定化学计量点，计算 $AgNO_3$ 溶液的浓度。

2. 以滴定卤离子混合液时测得的电动势（mV）对 $AgNO_3$ 溶液的体积（mL）作图，得滴定曲线。用二阶微商法确定三个化学计量点，计算卤离子混合液中 Cl^-、Br^-、I^- 的浓度（$mol \cdot L^{-1}$）。二阶微商及化学计量点的计算可借助于计算机进行。

思考题

1. 滴定卤离子混合液中的 Cl^-、Br^-、I^- 时，能否用指示剂法确定三个化学计量点？为什么？

2. 本实训中对被滴溶液的酸度有何要求？为什么？

3. 电位滴定法中溶液离子强度对测定有无影响？

任务三　永停滴定分析法及其应用

※ 必备知识

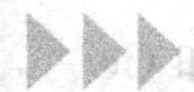

永停滴定法是根据滴定过程中双铂电极电流的变化来确定滴定终点的方法，又称双电流滴定法。此类型滴定法是根据滴定过程中，电解电流突然下降至不再变动的现象来确定终点，因此称为永停滴定法。测量时，将两个相同的铂电极插入被测溶液中，在两电极间外加一低电压（约 50mV），然后进行滴定，通过观察滴定过程中电流计指针的变化确定滴定的终点。

一、永停滴定法的基本原理

1. 可逆电对与不可逆电对

将两个铂电极插入溶液中与溶液中的电对组成原电池，当外加一低电压时，由于电对的性质不同，发生的电极反应也不一样。如在 I_2/I^- 溶液中含有 I_2 和 I^-，插入铂电极后，两支铂电极即发生如下反应：

在阳极发生氧化反应：$2I^- \rightleftharpoons I_2 + 2e^-$

在阴极发生还原反应：$I_2 + 2e^- \rightleftharpoons 2I^-$

两个电极上均发生了电极反应，从而导致两个电极间有电流通过。像 I_2/I^- 这样的电对，在溶液中与双铂电极组成电池，外加一很小电压时，一支电极发生氧化反应，另一支电极则发生还原反应，同时产生电解，并有电流通过，这样的电对称为可逆电对。

若溶液中的电对是 $S_4O_6^{2-}/S_2O_3^{2-}$，则在该电对溶液中同时插入两个相同的铂电极，同样外加一小电压，则在阳极上 $S_2O_3^{2-}$ 能发生氧化反应，而在阴极上 $S_4O_6^{2-}$ 不能发生还原反应，由于在阳极和阴极上不能同时发生反应，所以无电流通过，这样的电对称为不可逆电对。

2. 永停滴定法的类型

根据在电极上发生的电极反应的区别，永停滴定法常分为三种不同类型。

(1) 标准溶液为可逆电对，待测溶液为不可逆电对（以 I_2 标准溶液滴定 $Na_2S_2O_3$ 溶液为例） 将两个铂电极插入 $Na_2S_2O_3$ 溶液中，外加 15mV 的电压，用灵敏电流计测定通过两个铂电极间的电流。化学计量点之前，溶液中只有 I^- 和不可逆电对 $S_4O_6^{2-}/S_2O_3^{2-}$，无电流通过，电流计的指针指零。达到化学计量点时，只要滴入的 I_2 液稍过量，溶液中就会产生了 I_2/I^- 可逆电对，此时电极间有电流通过，电流计指针突然偏转。即滴定过程中，电流计指针由静止到开始偏转时为滴定终点。滴定过程中电流变化曲线如图 4-10 所示。

(2) 标准溶液为不可逆电对，待测溶液为可逆电对（以 $Na_2S_2O_3$ 标准溶液滴定 I_2 溶液为例） 滴定刚开始时，溶液中存在 I_2/I^- 可逆电对，电流计中有电流通过。达到化学计量点时，溶液中已无 I_2，阴极上无电极反应发生，无电流通过。化学计量点之后，溶液中只有 I^- 和 $S_4O_6^{2-}/S_2O_3^{2-}$ 不可逆电对，无电流通过。因此，滴定过程中，电流计指针偏转到静止不动时为滴定终点。滴定过程中电流变化曲线如图 4-11 所示。

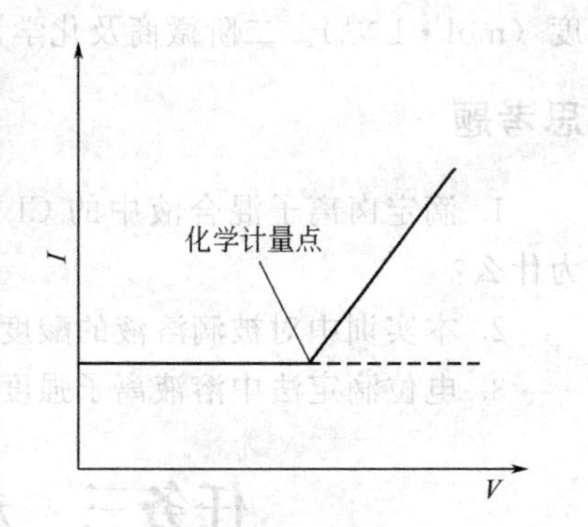

图 4-10 碘滴定硫代硫酸钠的滴定曲线

(3) 标准溶液与待测溶液均为可逆电对［以 $Ce(SO_4)_2$ 标准溶液滴定 $FeSO_4$ 溶液为例］ 化学计量点之前，溶液中有 Ce^{4+} 和 Fe^{3+}/Fe^{2+} 可逆电对，电极间有电流通过，指针偏转。达到化学计量点时，溶液中有 Fe^{3+} 和 Ce^{2+}，无可逆电对存在，电极间无电流通过，指针指零。化学计量点之后，溶液中有 Fe^{3+} 和 Ce^{4+}/Ce^{2+} 可逆电对存在，又有电流通过，指针重新出现偏转。因此，滴定过程中，电流计指针偏转后回到零处又开始偏转时为滴定终点。滴定过程中电流变化曲线如图 4-12 所示。

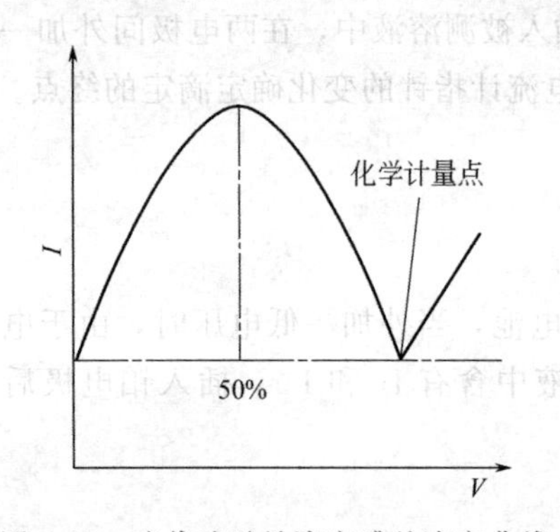

图 4-11 硫代硫酸钠滴定碘的滴定曲线

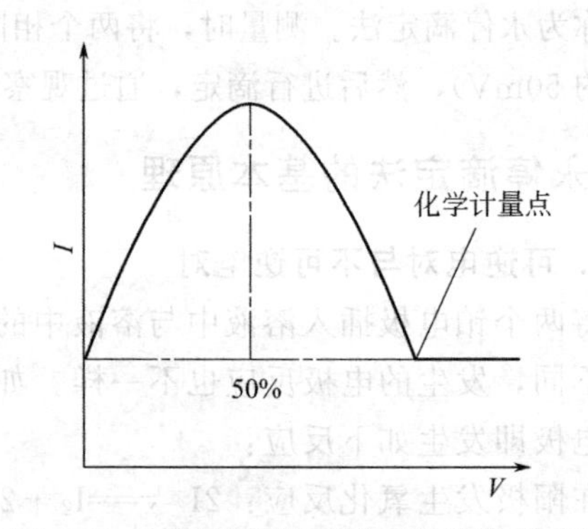

图 4-12 硫酸铈滴定硫酸亚铁的滴定曲线

二、永停滴定仪

永停滴定仪的仪器装置如图 4-13 所示，A 为两个相同的铂电极；B 是 1.5V 的干电池，作为供给外加低电压的电源；G 是灵敏电流计；R_1 为 2kΩ 的绕线电阻，通过调节 R_1 可得到适当的外加电压；R_2 是 60～70Ω 的固定电阻；R_3 为电流计的分流电阻。

与电位滴定法一样，滴定过程中需要使用电磁搅拌器对溶液进行搅拌。对滴定终点的判断，可通过边滴定边观察滴定过程中电流计指针的变化情况，当指针位置突变时即为滴定终点；也可每加一次滴定液，记录一次电流，以滴定液体积为横坐标，电流为纵坐标绘制滴定曲线，在滴定曲线上找出终点。

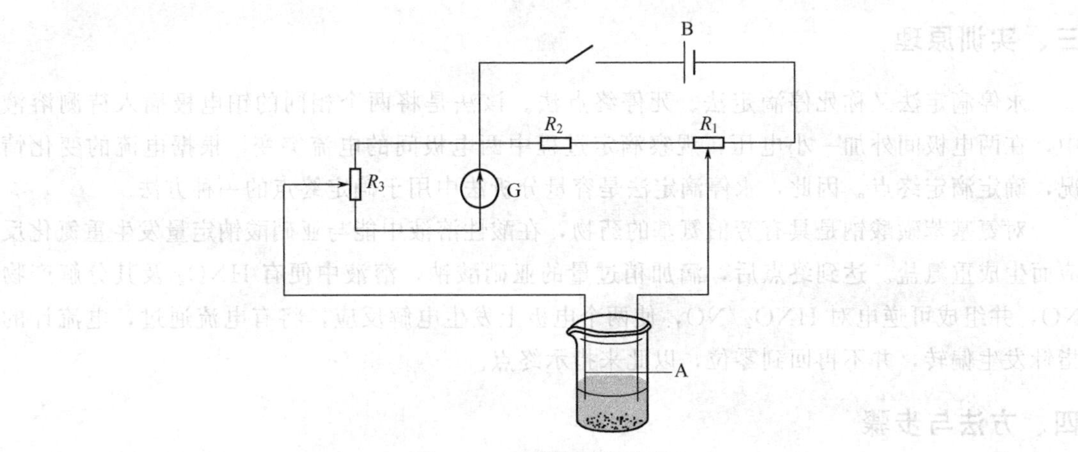

图 4-13 永停滴定仪示意

永停滴定仪结构简单，操作方便，准确可靠，因此应用日益广泛。目前常用的永停滴定仪主要有 ZDY-55 型、ZYT-1 型和 ZYT-2 型等，它们的结构略有差异，但测定原理基本相同。

永停滴定法的缺点是电极易钝化。若电极钝化，可用浓硝酸（加有 1～2 滴氯化铁试液）温热活化。

知识链接

《中国药典》（2010 年版）规定永停滴定法用作亚硝酸钠滴定法的终点指示。用亚硝酸钠滴定法滴定芳香伯胺时，在终点到来之前，两个电极上不发生氧化还原反应，线路中无电流通过，电流计指针指零。

当到达滴定终点时，因溶液中有微过量的 $NaNO_2$，使得在两个电极上发生氧化还原反应：

阳极 $NO + H_2O \longrightarrow HNO_2 + H^+ + e^-$

阴极 $HNO_2 + H^+ + e^- \longrightarrow NO + H_2O$

导致在两电极间有电子流动，从而回路中有电流产生，使得电流计指针发生偏转并且不再返回零点，即为滴定终点。

※ 实践操作

对氨基苯磺酸钠的含量测定（永停滴定法）

一、实训目的

1. 了解永停滴定法的基本原理。
2. 掌握永停滴定法的基本操作及终点判断的方法。

二、仪器与试剂

1. 仪器、器材：YTZ-1 型永停滴定仪、电磁搅拌器、铂电极、酸式滴定管、烧杯。
2. 试剂：对氨基苯磺酸钠、溴化钾、浓盐酸、亚硝酸钠滴定液（0.1mol・L^{-1}）。

三、实训原理

永停滴定法又称死停滴定法、死停终点法。该法是将两个相同的铂电极插入待测溶液中，在两电极间外加一小电压，观察滴定过程中两电极间的电流突变，根据电流的变化情况，确定滴定终点。因此，永停滴定法是容量分析法中用于确定终点的一种方法。

对氨基苯磺酸钠是具有芳伯氨基的药物，在酸性溶液中能与亚硝酸钠定量发生重氮化反应而生成重氮盐。达到终点后，滴加稍过量的亚硝酸钠，溶液中便有 HNO_2 及其分解产物 NO，并组成可逆电对 HNO_2/NO，使两个电极上发生电解反应，将有电流通过，电流计的指针发生偏转，并不再回到零位，以此来指示终点。

四、方法与步骤

精密称取对氨基苯磺酸钠约 0.6g，加入纯化水 50mL，使其溶解，再加 HCl（12mol·L^{-1}）5mL 及 KBr 1g，在电磁搅拌器的搅拌下用亚硝酸钠滴定液（0.1mol·L^{-1}）滴定，将滴定管的尖端插入液面下 2/3 处，滴定至接近化学计量点时，将滴定管尖端提出液面，用少量纯化水洗涤尖端，洗液并入溶液中，继续慢慢滴定，直到电流计指针发生明显偏转不再回复即到达化学计量点。记录所消耗的亚硝酸钠滴定液的体积，按下式计算对氨基苯磺酸钠的百分含量，重复测定三次，取三次的平均值作为对氨基苯磺酸钠的含量测定结果。

$$w_{对氨基苯磺酸钠}=\frac{c_{NaNO_2}V_{NaNO_2}M_{C_6H_{10}O_5NSNa}\times 10^{-3}}{S}\times 100$$

$$(M_{C_6H_{10}O_5NSNa}=231.20g\cdot mol^{-1})$$

五、数据记录与处理

测定份数	1	2	3
对氨基苯磺酸钠样品的质量/g			
亚硝酸钠滴定液的初始体积/mL			
亚硝酸钠滴定液的最终体积/mL			
亚硝酸钠滴定液的消耗体积/mL			
对氨基苯磺酸钠的百分含量			
对氨基苯磺酸钠的平均含量			
相对标准偏差			

六、注意事项

1. 电极在使用前应事先放入含有氯化铁（0.5mol·L^{-1}）数滴的浓硝酸中浸泡 30min，临用时用水冲洗，以除去表面的杂质。

2. 外加电压应控制在 80～90mV 为宜，实验前事先测定。

3. 滴定体系的酸度一般控制在 1～2mol·L^{-1}。

4. 温度不宜超过 30℃，滴定速度稍快。

七、思考题

1. 实训过程中为什么要加入 KBr?

2. 实训过程中若使用过高的外加电压会出现什么现象？

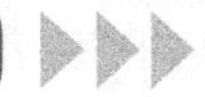

※ 项目小结

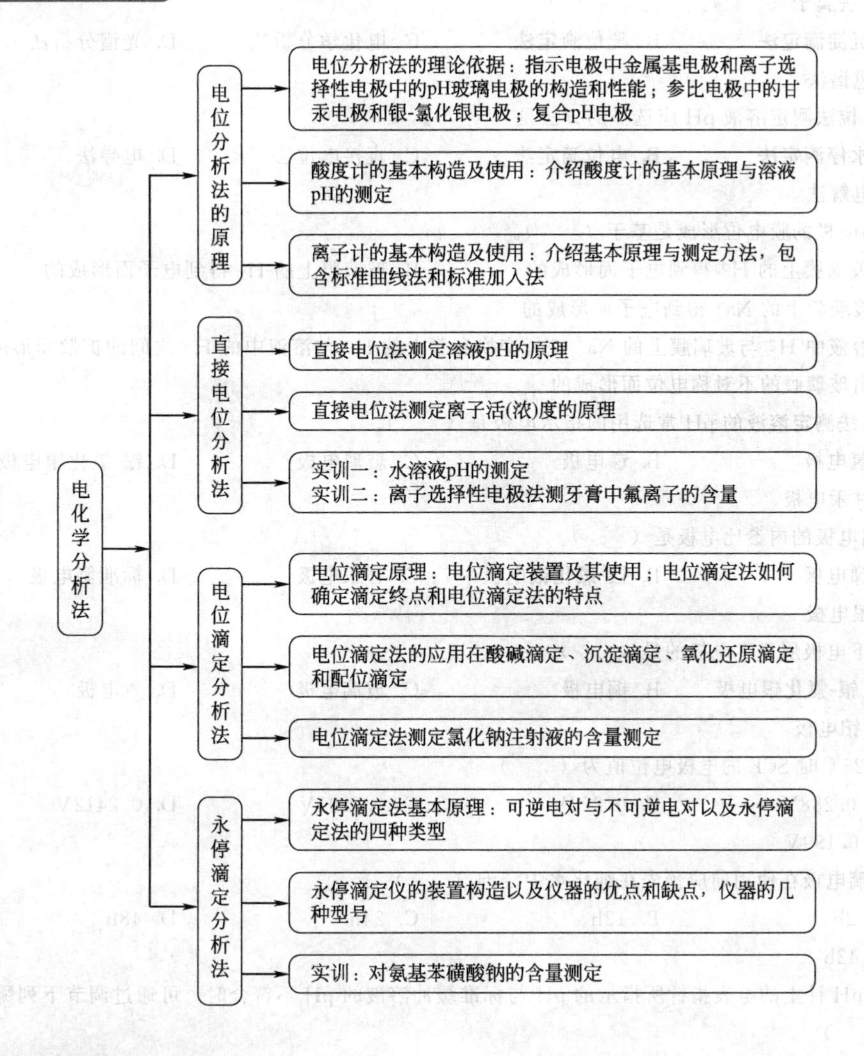

※ 思考与练习

一、单项选择题

1. 下列可作为基准参比电极的是（　　）。

A. SHE　　B. SCE　　C. 玻璃电极　　D. 金属电极

E. 惰性电极

2. 下列不属于氧化还原类型的电极是（　　）。

A. 铅电极　　B. 银-氯化银电极　　C. 玻璃电极　　D. 氢电极

E. 锌电极

3. 下列属于惰性金属电极的是（　　）。

A. 锌电极　　B. 铅电极　　C. 氢电极　　D. 铂电极

E. 离子选择性电极

4. 甘汞电极的电极电位与下列哪些因素有关（ ）。

A. [Cl]　　B. [H^+]　　C. p_{H_2}（氢气分压）　　D. p_{Cl_2}（氯气分压）

E. [AgCl]

5. 电位法属于（ ）。

A. 沉淀滴定法　　B. 配位滴定法　　C. 电化学分析法　　D. 光谱分析法

E. 色谱法

6. 用电位法测定溶液 pH 应选择的方法是（ ）。

A. 永停滴定法　　B. 电位滴定法　　C. 直接电位法　　D. 电导法

E. 电解法

7. 玻璃电极的膜电位形成是基于（ ）。

A. 玻璃膜上的 H^+ 得到电子而形成的　　B. 玻璃膜上的 H_2 得到电子而形成的

C. 玻璃膜上的 Na^+ 得到电子而形成的

D. 溶液中 H^+ 与玻璃膜上的 Na^+ 进行交换和膜上的 H^+ 与溶液中的 H^+ 之间的扩散而形成的

E. 由玻璃膜的不对称电位而形成的

8. 电位法测定溶液的 pH 常选用的指示电极是（ ）。

A. 氢电极　　B. 锑电极　　C. 玻璃电极　　D. 银-氯化银电极

E. 甘汞电极

9. 玻璃电极的内参比电极是（ ）。

A. 锑电极　　B. 银-氯化银电极　　C. 甘汞电极　　D. 标准氢电极

E. 银电极

10. 以下电极属于零电极的是（ ）。

A. 银-氯化银电极　　B. 铜电极　　C. 玻璃电极　　D. 氢电极

E. 铂电极

11. 在 25℃时 SCE 的电极电位值为（ ）。

A. 0.288V　　B. 0.222V　　C. 0.2801V　　D. 0.2412V

E. 0.199V

12. 玻璃电极在使用前应预先在纯化水中浸泡（ ）。

A. 2h　　B. 12h　　C. 24h　　D. 48h

E. 42h

13. 当 pH 计上的电表指针所指示的 pH 与标准缓冲溶液的 pH 不符合时，可通过调节下列哪种部件使之相符（ ）

A. 温度补偿器　　B. 定位调节器　　C. 零点调节器　　D. pH-mV 转化器

E. 量程选择开关

14. 若用永停滴定法确定某滴定类型的化学计量点，化学计量点前检流计指针不发生偏转，化学计量点时检流计指针突然发生偏转，属于此滴定类型的是（ ）。

A. $Na_2S_2O_3$ 滴定 I_2　　B. I_2 滴定 $Na_2S_2O_3$

C. HCl 滴定 NaOH　　D. $AgNO_3$ 滴定 NaCl

E. $Ce(SO_4)_2$ 滴定 $FeSO_4$

15. 两支厂家、型号均完全相同的玻璃电极，它们之间可能不相同的指标是（ ）。

A. pH 使用范围不同　　B. 使用的温度不同　　C. 保存的方法不同　　D. 使用的方法不同

E. 不对称电位不同

16. 永停滴定法属于（ ）。

A. 电位滴定　　B. 电流滴定　　C. 电导滴定　　D. 氧化还原法

E. 酸碱滴定

17. 永停滴定法的滴定类型有（　　）。

A. 滴定剂为可逆电对，被测物为不可逆电对

B. 滴定剂为不可逆电对，被测物为可逆电对

C. 滴定剂与被测物均为可逆电对

D. 滴定剂与被测物均为不可逆电对

E. A、B、C 均是

18. 永停滴定法的电池组成为（　　）。

A. 两支相同的参比电极　　B. 两支不相同的参比电极

C. 两支相同的指示电极　　D. 两支不相同的指示电极

E. 一支参比电极，一支指示电极

19. 进行氧化还原电位滴定应选择的指示电极是（　　）。

A. 玻璃电极　　B. 锑电极　　C. 汞电极　　D. 银电极

E. 铂电极

20. 用直接电位法测定溶液的 pH，为了消除液接电位对测定的影响，要求标准溶液的 pH 与待测液体的 pH 之差为（　　）。

A. 3　　B. <3　　C. >3　　D. 4

E. >4

21. 消除玻璃电极的不对称电位常采用的方法是（　　）。

A. 用水浸泡玻璃电极　　B. 用热水浸泡玻璃电极

C. 用酸水浸泡玻璃电极　　D. 用碱浸泡玻璃电极

E. 用两次测定法

22. 已知一支玻璃电极的 $K_{H^+,Na^+}=10^{-11}$，其值的意义为（　　）。

A. 玻璃电极对 H^+ 的响应比对 Na^+ 的响应高 11 倍

B. 玻璃电极对 H^+ 的响应比对 Na^+ 的响应低 11 倍

C. 玻璃电极对 Na^+ 的响应比对 H^+ 的响应高 11 倍

D. 玻璃电极对 H^+ 的响应比对 Na^+ 的响应高 10^{11} 倍

23. 当永停滴定法中的电池反应电解时，作为阴极的铂电极发生了（　　）。

A. 还原反应　　B. 氧化反应　　C. 中和反应　　D. 沉淀反应

E. 配位反应

24. 在永停滴定法中，当通过电池的电流达到最大时，其氧化型与还原型的浓度为（　　）。

A. 氧化型的浓度大于还原型的浓度　　B. 氧化型的浓度小于还原型的浓度

C. 氧化型的浓度等于还原型的浓度　　D. 氧化型的浓度等于零

E. 还原型的浓度等于零

25. 氟电极的电极电位与氟离子浓度的关系（　　）。

A. 电极电位随着氟离子浓度的增大而增大　　B. 电极电位随着氟离子浓度的增大而减小

C. 电极电位不随氟离子浓度的增大而增大　　D. 电极电位不随氟离子浓度的减小而减小

E. 电极电位与氟离子浓度之间无线性关系

二、是非题（用“√”或“×”表示正确或错误）

1. 甘汞电极只能充当参比电极。（　　）。

2. 若溶液是胶体或有色就不能用 pH 计测定溶液的 pH。（　　）

3. 电极电位随待测离子浓度的变化而变化的电极为指示电极。（　　）

4. 玻璃电极的不对称电位可以通过用纯化水浸泡而消除。（　　）

5. 每一支电极的理论斜率都为 $59mV\cdot pH^{-1}$。（　　）

6. 永停滴定法是通过测定电流的变化确定化学计量点。（　　）

7. 玻璃电极与氢电极均可作为 H^+ 指示电极。(　　)

8. 玻璃电极与氢电极对 H^+ 的测定原理是相同的。(　　)

9. 甘汞电极作为参比电极的条件是温度、氯离子浓度一定。(　　)

10. 永停滴定法中，当氧化型和还原型浓度相等时，电流达到最小。(　　)

11. pH 玻璃电极仅对溶液中的 H^+ 有选择性地响应。(　　)

12. pH 玻璃电极的电位随溶液的 pH 的增大而增大。(　　)

13. 若用一般玻璃电极测定碱性较高溶液的 pH 时，其测定的 pH 应小于实际的 pH。(　　)

14. 玻璃电极的使用温度为 0～50℃。(　　)

15. 亚硝酸钠法测定芳仲胺化合物是属于可逆电对滴定不可逆电对的滴定类型。(　　)

三、计算题

1. 用下面电池测量溶液的 pH：

$$玻璃电极|H^+(x\,mol\cdot L^{-1})\|SCE$$

在 25℃时，测得 pH＝4.00 的标准缓冲溶液的电池电动式为 0.209V，测得待测溶液的电池电动式为 0.132V。计算待测溶液的 pH。

2. 用 Ca^{2+} 离子选择性电极测得浓度为 $1.0\times10^{4}\,mol\cdot L^{-1}$ 和 $1.0\times10^{5}\,mol\cdot L^{-1}$ 的 Ca^{2+} 标准溶液的电动势为 0.208V 和 0.108V。在相同的条件下测得待测溶液的电动势为 0.195V，计算 Ca^{2+} 选择性电极的实际斜率和待测溶液中 Ca^{2+} 的浓度。

模块三

色谱分析法

项目五

气相色谱法

[知识目标]

- 理解色谱分析法及其相关术语。
- 理解气相色谱的塔板理论和速率方程。
- 熟悉气相色谱仪的主要部件及其作用。
- 理解掌握气相色谱分析的基本流程及气相色谱定性、定量分析的原理。

[能力目标]

- 会正确进行常见气相色谱仪的基本操作，并对其进行维护与保养。
- 能熟练运用定性分析、外标法、内标法及归一化分析方法。

任务一　气相色谱仪的使用与维护

※ 必备知识

一、色谱分析概述

色谱法又称层析法，是一种多组分混合物的两相分离分析技术。

最早创立色谱法的是俄国植物学家茨维特（Tweet）。他在研究植物绿叶的色素成分时，把干燥的碳酸钙颗粒填充在直立的玻璃管柱内，将绿叶的萃取物倒在碳酸钙颗粒的顶端，然后连续地加入石油醚自上而下流过，结果色素中各组分互相分离形成各种不同颜色的谱带（见图 5-1）。这种方法因此得名**色谱法**，直立的玻璃管柱称为**色谱柱**，装入玻璃管中固定不动的碳酸钙颗粒称为**固定相**，自上而下运动的石油醚称为**流动相或洗脱液**。

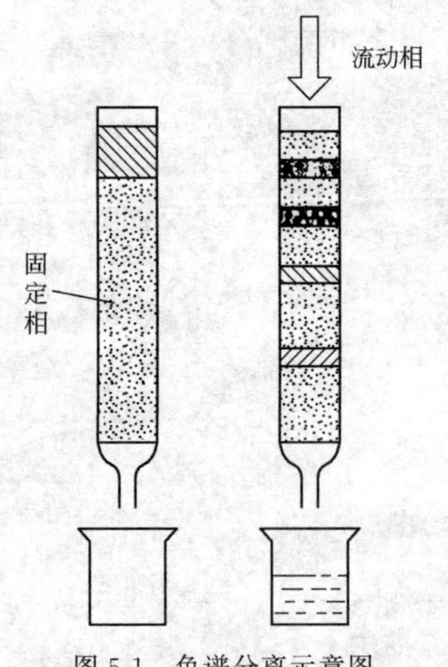

图 5-1　色谱分离示意图

色谱法的种类很多，有如下分类方法。

1. 根据固定相和流动相的物态不同分类

在色谱法中，固定相的物态一般是固体或液体；流动相的物态一般是气体、液体或超临界流体。因此，根据流动相的物态不同，可将色谱法分为气相色谱法、液相色谱法和超临界流体色谱法。根据固定相的物态不同，又可将气相色谱法分为气固色谱法和气液色谱法；液相色谱又可分为液固色谱法和液液色谱法等。

2. 根据分离原理分类

色谱法中，固定相的物理化学性质（如溶解度、吸附能力、离子交换、亲和力等）对分离起着决定性的作用。根据分离原理的不同，色谱法可分为分配色谱法、吸附色谱法、离子交换色谱法、凝胶色谱法、生物亲和色谱法等。

3. 根据固定相的形式分类

分为柱色谱法、纸色谱法、薄层色谱法、毛细管色谱法等。

二、色谱流出曲线和术语

气相色谱中以各组分的检测信号为纵坐标，流出时间（或流出体积）为横坐标，绘制组分及其浓度随时间（或体积）变化的曲线，称为**色谱流出曲线**，又称**色谱图**（如图5-2所示）。现以某一组分的色谱流出曲线来说明有关的色谱基本术语。

1. 基线

当操作条件稳定后，无样品组分进入检测器时，记录到的信号称为**基线**。稳定的基线是一条直线。

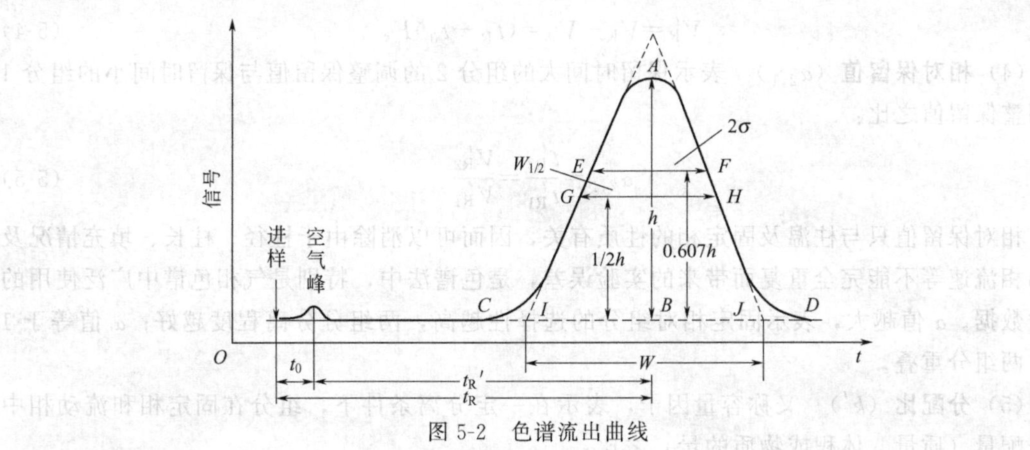

图5-2　色谱流出曲线

2. 色谱峰

当组分进入检测器时，检测器响应信号随时间变化的峰形曲线。如完全分离，每个色谱峰代表一种组分。因此，根据色谱峰的位置可以定性分析。

3. 峰高（h）

峰高指峰顶点到基线的垂直距离，如图5-2中AB。

4. 区域宽度

区域宽度能直接反映分离条件的好坏，是色谱流出曲线的一个重要参数。从色谱分离考虑，区域宽度越窄越好。通常表示区域宽度有三种方法。

（1）峰底宽度（W）　从峰两边拐点作切线与基线相交的截距，也称基线宽度，如图5-2中IJ。

(2) 半峰宽($W_{1/2}$) 峰高一半处的宽度,如图5-2中GH。

(3) 标准偏差(σ) 0.607倍峰高处色谱峰宽的一半,如图5-2中EF的一半。标准偏差与峰底宽度的关系为$W=4\sigma$;标准偏差与半峰宽的关系为$W_{1/2}=2.354\sigma$。

5. 保留值

又称保留参数,是表示样品中各组分在色谱柱中停留状态的参数,它反映了各组分在两相间的分配情况,是主要的色谱定性参数。保留值通常用时间或流动相体积表示。

(1) **死时间**(t_0)、**死体积**(V_0) t_0表示不被固定相滞留的组分(如空气),从进样开始到出现色谱峰最大值所需要的时间。V_0表示不被固定相滞留的组分(如空气)通过色谱柱后出峰时所需的载气体积,通常由死时间(t_0)和校正到柱温下的载气体积流速(F_c)的乘积来计算:

$$V_0=t_0F_c \tag{5-1}$$

(2) **保留时间**(t_R)、**保留体积**(V_R) t_R表示样品从进样起到出现色谱峰最大值所需要的时间。V_R表示为使样品通过色谱柱后出峰时所需的载气体积:

$$V_R=t_RF_c \tag{5-2}$$

(3) **调整保留时间**(t'_R)、**调整保留体积**(V'_R):t'_R表示样品被固定相滞留的时间,即从保留时间中减去死时间:

$$t'_R=t_R-t_0 \tag{5-3}$$

式中,V'_R表示样品通过色谱柱,由于固定相作用所耗费的载气体积,即从保留体积中减去死体积:

$$V'_R=V_R-V_0=(t_R-t_0)F_c \tag{5-4}$$

(4) **相对保留值**($\alpha_{2,1}$) 表示保留时间大的组分2的调整保留值与保留时间小的组分1的调整保留值之比:

$$\alpha_{2,1}=\frac{t'_{R2}}{t'_{R1}}=\frac{V'_{R2}}{V'_{R1}} \tag{5-5}$$

相对保留值只与柱温及固定相的性质有关,因而可以消除由于柱径、柱长、填充情况及流动相流速等不能完全重复而带来的实验误差,是色谱法中,特别是气相色谱中广泛使用的定性数据。α值越大,表示固定相对组分的选择性越高,两组分分离程度越好;α值等于1时,两组分重叠。

(5) **分配比**(k') 又称容量因子,表示在一定分离条件下,组分在固定相和流动相中的分配量(质量、体积或物质的量)之比:

$$k'=\frac{\text{组分在固定相中的量}}{\text{组分在流动相中的量}}=\frac{q_s}{q_m} \tag{5-6}$$

分配比不仅与组分在固定相和流动相中的分配性质、柱温有关,同时也与色谱柱的柱型及其结构有关,因此,它是衡量色谱柱对被分离组分保留能力的重要参数。

6. 从色谱流出曲线上可获知的信息

① 根据色谱峰的个数,可以判断样品中所含组分的最少个数。

② 根据色谱峰的保留值,与标准样对照,可以进行定性分析。

③ 根据色谱峰下的面积或峰高,可以进行定量分析。

④ 根据色谱峰的保留值及其区域宽度,可以对色谱柱分离效能进行评价。

⑤ 色谱峰两峰间的距离,是评价固定相和流动相选择是否合适的依据。

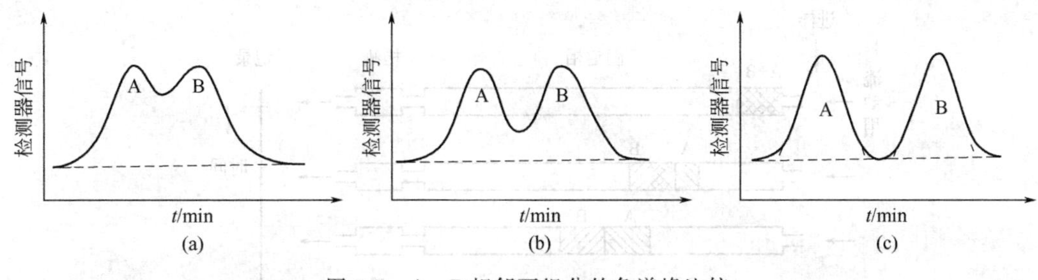

图 5-3　A、B 相邻两组分的色谱峰比较

三、气相色谱基本理论

气相色谱法的任务是对样品中各组分进行定性和定量分析。首先就要求把样品各组分分离开来，常用样品中性质很相近的组分的分离情况判断色谱的分离能力。假设 A、B 两组分的样品，通过色谱柱分离给出的色谱图如图 5-3 所示。图 5-3(a) 中 A、B 色谱峰重叠，两组分没有分开；(b) 中 A、B 色谱峰间有一段距离，可分辨出是两种物质，但 A、B 色谱峰交叠，说明分离不完全；(c) 中 A、B 色谱峰间有一段距离，且峰形较窄，说明两种组分完全分离。

由此可见，要使相邻两组分得到完全分离，其必要条件是：两峰间要有足够的距离，且两峰的宽度要足够窄。两峰间距离是由被分离组分在固定相和流动相之间的分配系数决定的；而峰宽度与组分在色谱柱内的运动情况有关，取决于色谱分离条件，要用塔板理论和速率方程来讨论。

1. 气相色谱的分离原理

样品进入色谱柱后，样品中各组分随着流动相不断向前移动而在固定相和流动相间反复进行吸附-解吸或溶解-挥发的分配过程。当分配达到平衡时，组分在两相间的浓度之比是一个常数，称为**分配系数**（K）。

$$K=\frac{\text{组分在固定相中的浓度}}{\text{组分在流动相中的浓度}}=\frac{c_s}{c_m} \tag{5-7}$$

式中，c_s 为组分在固定相中的浓度；c_m 为组分在流动相中的浓度。

根据上式可知，在一定温度条件下，K 值小的组分，越易进入流动相，向前移动速度快，在色谱柱内停留时间短，先流出色谱柱（如图 5-4 中组分 B）；K 值大的组分，越易进入固定相，向前移动速度慢，在色谱柱内停留时间长，后流出色谱柱（如图 5-4 中组分 A）。因此，经过足够多次的分配以后，组分间便彼此分离。

由此可见，气相色谱的分离原理就是利用不同物质在流动相和固定相两相间分配系数的不同，当两相做相对运动时，样品中各组分就在两相中反复多次的分配，从而使原来分配系数仅有微小差异的各组分能够彼此分离。

从理论上讲，只要被测组分的分配系数有差别就可以进行分离，但实际上能否达到分离的目的，还要取决于色谱柱的柱效能。

2. 色谱柱效能

(1) 塔板理论和柱效能指标　Martin 等人于 1952 年提出塔板理论，把色谱柱比作一个由许许多多小段组成的分馏塔，每小段称为一块塔板。一根色谱柱具有的小段的数量叫**理论塔板数**。该理论假设：组分进入色谱柱后，在每块塔板上进行的两相间分配很快达到平衡，随着流动相一个塔板接一个塔板的方式向前移动。经过多次这样的分配平衡后，分配系数小

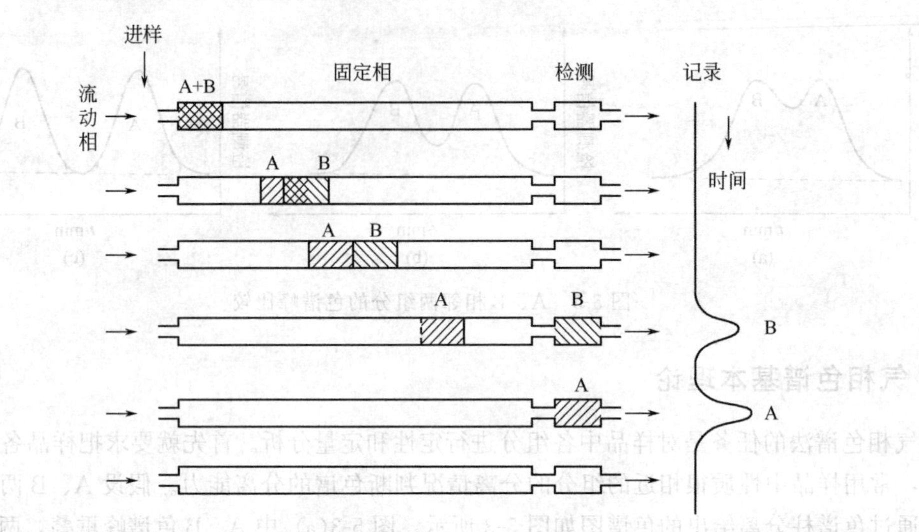

图 5-4　色谱分离过程示意图

的组分先流出。

根据塔板理论，可以通过理论塔板数来评价一根色谱柱的柱效，计算公式如下：

$$H=\frac{L}{n} \tag{5-8}$$

式中，H 为理论塔板高度，即每个虚拟小段的长度；L 为色谱柱柱长；n 为理论塔板数。

实验中可利用色谱流出曲线上所得保留时间和峰宽或半峰宽数据来求算理论塔板数 n：

$$n=16\left(\frac{t_R}{W}\right)^2 \tag{5-9}$$

或

$$n=5.54\left(\frac{t_R}{W_{1/2}}\right)^2 \tag{5-10}$$

由上式可知，W 或 $W_{1/2}$ 越小（即色谱峰越窄），理论塔板数 n 越多，理论塔板高度 H 越小，组分在柱内两相间达到分配平衡的次数也越多，则柱效越高，分离效果越好。

在实际工作中，按上式计算出来的 n 值和 H 值并不能真正反映色谱柱的柱效，因为 t_R 中包括了死时间 t_0，它与组分在柱内的分配无关，所以通常用有效理论塔板数（n_{eff}）和有效理论塔板高度（H_{eff}）作为柱效高低的指标。

$$n_{eff}=16\left(\frac{t'_R}{W}\right)^2 \tag{5-11}$$

或

$$n_{eff}=5.54\left(\frac{t'_R}{W_{1/2}}\right)^2 \tag{5-12}$$

有效理论塔板高度：

$$H_{eff}=\frac{L}{n_{eff}} \tag{5-13}$$

当采用塔板数评价色谱柱的柱效时，必须指明组分、固定相及其含量、流动相及其操作条件等。

（2）速率理论和影响柱效能的因素　塔板理论虽然形象、定量地描述了色谱柱效，但它忽略了色谱分配过程中组分在两相中扩散和传质的因素，不能解释载气流速、固定相性质等因素对色谱峰区域宽度的影响，因而限制了它的应用。

1956 年，荷兰学者 Van Deemter 等人在塔板理论的基础上，进一步研究了影响板高的因素，将其与组分的分子扩散和在两相中的传质过程联系起来，建立了色谱过程动力学理论——速率理论。并提出了速率理论方程来说明影响柱效的几种因素的相互关系，即

$$H=A+\frac{B}{u}+Cu \tag{5-14}$$

式中，H 为理论塔板高度；A 为涡流扩散项；B/u 为纵向扩散项；u 为流动相的流速；Cu 为传质阻力项。

① 涡流扩散项（A）　由于固定相颗粒的大小、形状以及固定相颗粒均匀度各异，组分随流动相在色谱柱内向前移动时存在不同的路径或多通道效应，在色谱柱内形成了紊乱的“涡流”流动而导致组分在色谱柱中产生扩散，使谱带展宽（如图 5-5 所示）。

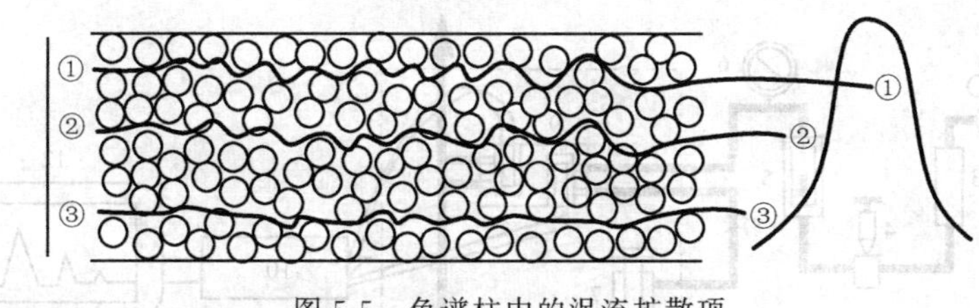

图 5-5　色谱柱中的涡流扩散项

涡流扩散项与流动相的性质、流速和组分性质无关，其主要影响因素是固定相颗粒的大小。因此使用粒径细且均匀的颗粒，采用良好的填充技术和尽可能使用短柱，是减少涡流扩散项和提高柱效的有效途径。

② 纵向扩散项（B/u）　也称分子扩散项，是样品组分在浓度梯度的作用下，自发地沿色谱柱的轴向向前和向后发生的扩散。欲减小纵向扩散项，可采用较高的载气流速、使用相对分子质量较大的载气及控制较低的柱温。

③ 传质阻力项（Cu）　组分在从流动相扩散到流动相和固定相界面的传质过程中所受到的阻力称为流动相传质阻力。组分从两相界面扩散到固定相内部，达到分配平衡后又返回两相界面时受到的阻力，称为固定相传质阻力。但组分在达到分配平衡瞬间内，流动相仍不断地载着其中的组分向前移动，使固定相中的组分来不及返回流动相而落后，导致了组分在柱中谱带展宽。固定相含量和液膜厚度、载气流速是影响传质阻力的主要因素。

速率方程对于分离条件的选择具有指导意义，如填充均匀程度、固定相（载体）粒度、载气种类、载气流速、柱温、固定相液膜厚度等因素对色谱柱效能、峰扩张程度都有影响。但是，柱效能指标 H_{eff} 或 n_{eff} 只能说明色谱柱的效能，并不能说明柱子对样品的分离情况。因此，有必要引入一个衡量色谱柱分离情况的标准。

3. 分离度

为了判断相邻两组分在色谱柱中的分离情况，常用分离度作为色谱柱的总分离效能指标。**分离度**（R）也称分辨率或分辨度，其定义为相邻两色谱峰保留值之差与两峰底宽度的平均值之比。

$$R=\frac{t_{\mathrm{R2}}-t_{\mathrm{R1}}}{\frac{1}{2}(W_1+W_2)}=\frac{2\Delta t_{\mathrm{R}}}{(W_1+W_2)} \tag{5-15}$$

式中，t_{R1}、t_{R2} 分别为两色谱峰的保留时间；Δt_R 为相邻两色谱峰的保留时间之差；W_1、W_2 分别为两色谱峰的峰底宽度。

式(5-15) 中，Δt_R 取决于两组分的分配系数的差别，Δt_R 越大，表示固定相对组分的选择性越高；W_1、W_2 越窄，表示色谱柱柱效越高。

分离度全面反映了色谱柱的选择性和柱效，利用 R 值可以判断相邻两个色谱峰分离程度的优劣。一般来说，当 $R<1$ 时，相邻的两峰有部分重叠，说明两组分没有分开，分离效果不好；当 $R=1$ 时，两峰能明显分离；当 $R=1.5$ 时，两峰完全分离，常把 $R=1.5$ 作为相邻两峰完全分离的指标。可见，R 值越大，分离效果越好，但 R 过大会延长分析时间。在一般分析中，使用峰面积定量，$R=1.0$ 已可满足要求。

四、气相色谱仪的构造

气相色谱仪用于分离分析样品的基本过程如图 5-6 所示。

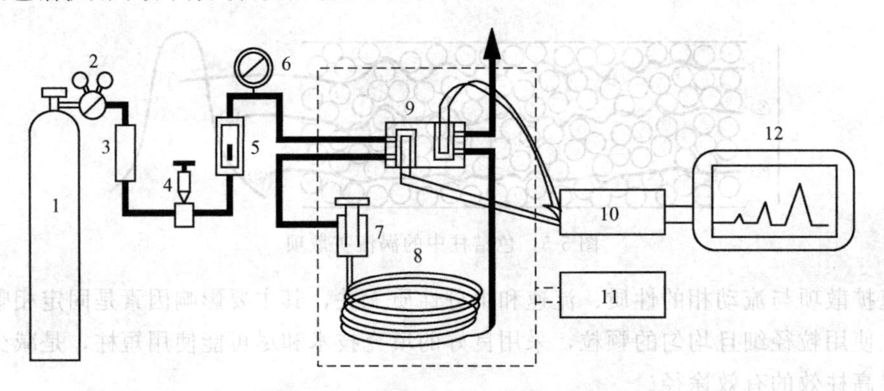

图 5-6　气相色谱仪的流程示意图

1—载气钢瓶；2—减压阀；3—净化器；4—稳压阀；5—转子流量计；6—压力表；7—汽化室；8—色谱柱；9—检测器；10—放大器；11—柱温箱；12—记录仪

载气由载气高压钢瓶来供给，经减压阀减压后，通过净化器净化由进样器注入色谱柱。样品由进样器注入汽化室中，瞬间汽化后随载气进入色谱柱，样品气体各组分在色谱柱内形成分离的谱带，然后随载气依次流出色谱柱进入检测器。检测器将组分的响应值转换成电信号。电信号经放大器放大后，由记录仪记录下来，得到色谱流出曲线。

气相色谱仪主要由五大系统组成：气路系统、进样系统、分离系统、温度控制系统、检测和记录系统。

1. 气路系统

气路系统是一个载气连续运行的密闭管路系统，包括气源、净化器以及气流控制和测量装置。

气路系统主要分为单柱单气路和双柱双气路两种气路形式。单柱单气路适用于恒温分析；双柱双气路适用于程序升温分析。双柱双气路分两路进入各自的色谱柱和检测器：其中一路作为分离分析用，而另一路不携带试样，补偿由于温度变化、高温下固定液流失以及载气流量波动所产生的噪声对分析结果的影响。

气相色谱常用的载气有氮气、氢气和氦气等。载气可以贮存于相应的高压钢瓶中，也可以由气体发生器产生。选择何种载气，主要取决于选用的检测器和其他一些分离要求。

为了获得好的色谱结果，气路系统还要求密封性好、流速稳定、流速控制方便和测量准确等。

2. 进样系统

进样系统包括进样装置和汽化室，其作用是将液体或固体试样，在进入色谱柱前在汽化室内瞬间汽化，快速而定量地加到色谱柱中进行色谱分离。

液体样品的进样通常采用微量注射器，气体样品进样主要采用医用注射器和六通阀。

进样量、进样速度和试样的汽化速度都影响色谱的分离效率以及分析结果的精密度和准确度。

3. 分离系统

色谱柱是色谱仪的心脏，试样各组分的分离是在色谱柱中进行的。色谱柱有填充柱和毛细管柱两大类。

（1）填充柱　填充柱用不锈钢或玻璃等材料制成，根据分析要求填充合适的固定相。填充柱的外形为U形或螺旋形，内径为2～4mm，柱长为1～6m。填充柱制备简单，可供选择的固定相种类多，柱容量大，分离效率高，应用很普遍。

（2）毛细管柱　用玻璃或石英制成，其固定相均匀地涂渍在毛细管内壁或使某些固定相通过化学反应键合在管壁的，称为开管柱；将固定相先装入玻璃或石英管，再拉制成毛细管的，称为毛细管填充柱。

毛细管柱内径一般小于1mm，由于毛细管柱渗透性好，传质阻力小，柱长可以达到几十米甚至上百米。毛细管柱样品用量小，分析速度快，分辨率高，但柱容量小，对检测器的灵敏度要求高。

4. 温度控制系统

温度控制系统是指对汽化室、色谱柱和检测器等处的温度进行设置、控制和测量。温度控制的方式有恒温和程序升温两种。通常采用恒温的方式来控制温度。对于组分为沸点范围较宽的混合物，往往采用程序升温法进行分析。

程序升温是在一个分析周期内使柱温按预定的程序由低向高逐渐变化。使用程序升温法可以使不同沸点的组分在各自的最佳柱温下流出，从而改善分离效果，缩短分析时间。

一般来说，汽化室温度比柱温高10～50℃，以保证试样瞬间汽化但又不分解。检测器温度与柱温相同或者略高于柱温，以防止样品在检测器内冷凝。检测器的温度控制精度要求在±0.1℃以内，柱的温度也要求能够精确控制。

5. 检测和记录系统

检测和记录系统包括检测器、放大器和记录仪。检测器是气相色谱仪重要的部件之一，其作用是将从色谱柱分离流出的各组分及其含量的变化转变成可测量的相应大小的电信号(电压或电流)，以便进行定性和定量分析。

（1）检测器的分类　按照检测原理的不同，气相色谱仪的检测器可分为浓度型检测器和质量型检测器两大类。浓度型检测器的检测器信号与组分在载气中的浓度成正比，如热导检测器、电子捕获检测器等；质量型检测器的检测器信号与单位时间内组分进入检测器的质量成正比，如氢火焰离子化检测器、火焰光度检测器等。

根据检测器的应用范围，检测器还可分为通用型和选择性两类。通用型检测器应用范围广，对各种化合物都有响应；而选择性检测器只对特定类型或含有特定基团的化合物才有响应。

（2）检测器的性能指标　气相色谱检测器的性能要求通用性强、线性范围宽、稳定性好、响应速度快等特点。一般用以下几个参数进行评价。

① 检测器的噪声和基线漂移　噪声和基线漂移是用来衡量检测器稳定性的两项指标（见图 5-7）。在色谱图中基线的无规则的波动，称为**噪声**，以 N 来表示。其大小为峰对峰的平均值，称噪声水平，以 R_{N} 来表示，单位为 mV。基线在一定时间内向上或向下单方向波动称为**基线漂移**，以 M 来表示，其单位为 $\mathrm{mV \cdot h^{-1}}$。

② 检测器的线性范围　是检测器信号 R 与组分浓度的关系呈线性的范围。它是以呈线性响应的样品浓度上下限的比值来表示，反映了检测器对样品不同浓度的适应性，要求检测器的线性范围宽。

③ 检测器的灵敏度　当一定浓度或一定质量的样品进入检测器后，就产生一定大小的信号 R。以进样量 Q 对检测器的信号 R 作图，可得到一条通过原点的直线（见图 5-8）。直线的斜率就是检测器的灵敏度，也称响应值，以 S 来表示。其计算公式为

$$S=\frac{\Delta R}{\Delta Q} \tag{5-16}$$

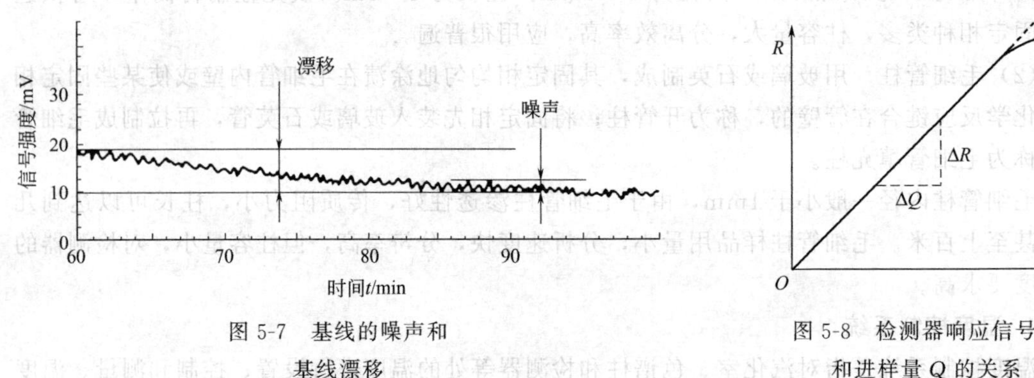

图 5-7　基线的噪声和基线漂移

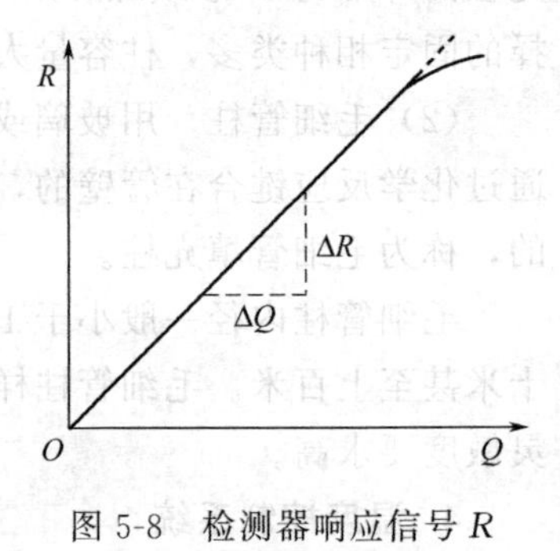

图 5-8　检测器响应信号 R 和进样量 Q 的关系

④ 检测器的检测限　检测器恰能产生二倍于噪声的信号时，单位体积载气中进入检测器的物质量或单位时间内进入检测器的物质的量称为检测限，以 Q_0 来表示。

$$Q_0=\frac{2R_{\mathrm{N}}}{S} \tag{5-17}$$

式中，R_{N} 为检测器的噪声水平，mV；S 为检测器的灵敏度。

检测限是检测器的重要性能指标，它表示检测器所能检测的最小组分量，主要受噪声制约。一般来说，噪声小，检测限小，说明检测器敏感、性能好。

⑤ 检测器的响应时间　检测器应当能迅速和真实地反映通过它的物质浓度变化，即要求响应时间要短。

(3) 常用的检测器

① 热导检测器（TCD）　热导检测器是利用被测组分和载气的热导率不同而响应的浓度型检测器。它由热导池及其检测电路组成（见图 5-9）。当通过热导池池体的气体组成及浓度发生变化时，引起热敏元件温度的改变，由此产生的电阻值变化通过惠斯顿电桥检测，其检测信号大小和组分浓度成正比。

热导检测器是气相色谱仪最广泛使用的一种通用型检测器，其优点是结构简单、性能可靠、定量准确、价格低廉，且在分析过程中不破坏样品，但其灵敏度较低，多用于 $10\mathrm{mg \cdot kg^{-1}}$ 以上组分的测定。

② 氢火焰离子化检测器（FID）　氢火焰离子化检测器又称火焰电离检测器，是利用氢火焰作电离源，使样品电离，产生微电流而响应的检测器（见图 5-10）。当被测组分由载气

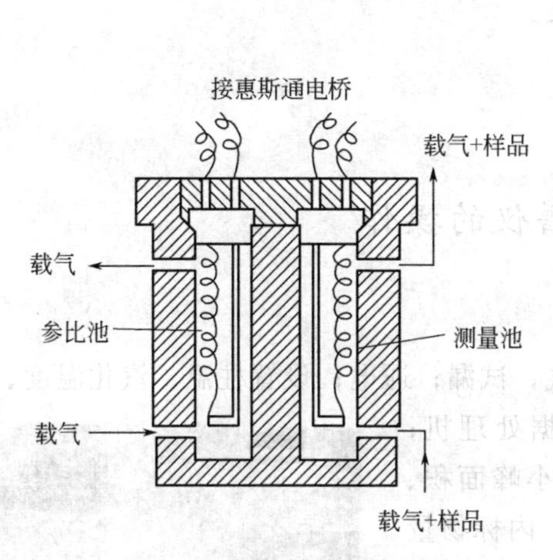

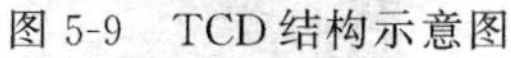
图 5-9　TCD 结构示意图

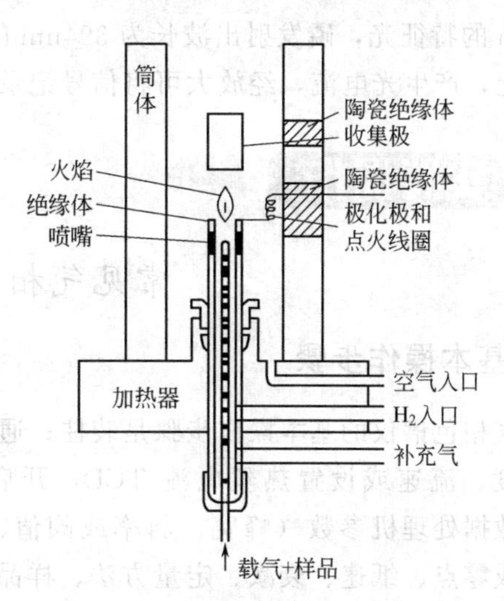

图 5-10　FID 结构示意图

携带从色谱柱流出后，进入氢火焰时组分被电离，产生数目相等的正、负离子。在电场的作用下，正离子由收集极收集，负离子（电子）被发射极捕获，从而形成离子流，再经放大后由记录器以电信号的形式记录下来。

氢火焰离子化检测器对大多数有机物有很高的灵敏度，而且稳定性好、结构简单，适宜于痕量分析，因而被广泛应用于对有机物的分析测定。

③ 电子捕获检测器（ECD）　电子捕获检测器是气相色谱中灵敏度最高的检测器，其检出限约为 10^{-14}g・mL^{-1}。它具有较强的选择性，仅对电负性物质，如卤代烃、含氮、含氧和含硫的物质有响应。其结构如图 5-11 所示。

当载气进入电离室时，在放射源放出 β 射线的轰击下被电离，产生大量的电子。在电源、阴极和阳极电场的作用下，该电子流向阳极，形成检测器的基始电流。当电负性的组分随载气进入电离室时，就能捕获电离室内的电子，使基始电流下降，其降低值与进入检测器的电负性组分的量成正比。

④ 火焰光度检测器（FPD）　火焰光度检测器是一种对含硫、磷化合物具有高选择性和高灵敏度的检测器。其主要结构如图 5-12 所示。

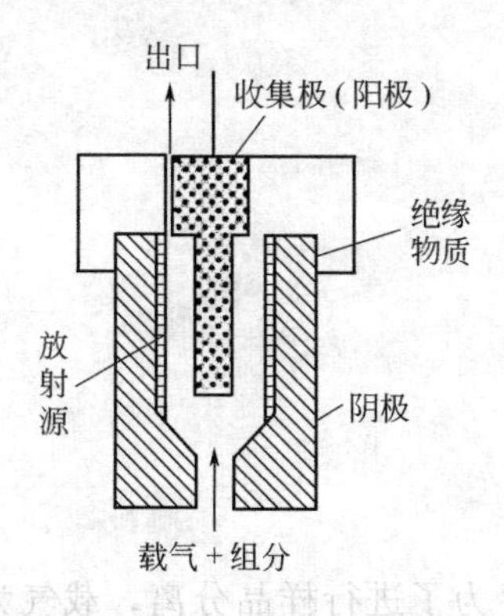

图 5-11　ECD 结构示意图

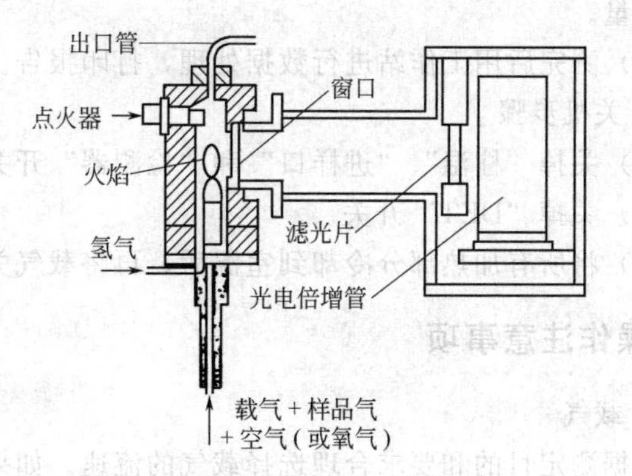

图 5-12　FPD 结构示意图

火焰光度检测器主要部件有燃烧器喷嘴、滤光片和光电倍增管。其工作原理是：当含硫、磷有机物在富氢（并含有 O_2）中燃烧时，磷或硫都会变为激发态，硫发射出波长为

526nm 的特征光，磷发射出波长为 394nm 的特征光。这些特征光通过滤光片照射到光电倍增管上，产生光电流，经放大可将信号记录下来。

※ 实践操作

常见气相色谱仪的操作

一、基本操作步骤

气相色谱仪的基本操作步骤是装柱；通载气；试漏；通电；设置柱温、汽化温度、检测器温度、流速或设置热丝电流 TCD，开启数据处理机；设置数据处理机参数（峰宽、斜率或阈值、最小峰面积、基线或零点、纸速、衰减、定量方法、样品量、内标物量等）；进样分析。

在具体操作中，要注意等仪器的工作状态稳定后再进行样品的测定。下面以安捷伦制造的 HP-5890 气相色谱仪来具体说明气相色谱仪操作流程（见图 5-13）。

图 5-13 HP-5890 气相色谱仪

1. 开机步骤

（1）开机前首先打开载气钢瓶，用色谱上的总载气开关调载气流速到所需值。

（2）打开稳压电源，等待电压稳定在 220V。

（3）打开主机电源开关，由主机面板将柱温、进样口温度、检测器温度设定，将所用信号 1 输入所使用的检测器。按“DET”键后，按“ON”键，此时检测器开始工作，由信号 1 窗口观测检测器的基流大小。

（4）打开色谱工作站，用“EDIT”编辑分析方法，然后建“SAVE”存入方法。

（5）在“Sample information”中设定仪器参数，按“RUN”开始分析运行。当基流稳定在某一值时，窗口“NOT Ready”红灯熄灭便可进行测定。

（6）注入样品后，立即按面板上的“START”键，测量开始。此时色谱工作站与主机同步测量。

（7）测完后用工作站进行数据处理，打印报告。

2. 关机步骤

（1）关掉“柱温”、“进样口”和“检测器”开关。

（2）关掉“DET”开关。

（3）将所有加热部分冷却到室温后，再将载气关掉。

二、操作注意事项

1. 载气

根据测定目的和要求合理选择载气的流速。如果主要为了进行样品分离，载气为 N_2 时的最佳流速为 7～10cm・s^{-1}，载气为 H_2 时的最佳流速为 10～12cm・s^{-1}。如果主要是进行样品分析，可以采用较高的流速，用 N_2 作载气时，最佳流速为 10～12cm・s^{-1}，用 H_2 时最佳流速为 15～20cm・s^{-1}。

2. 色谱柱

色谱柱的材料应根据分析物的特点和性质合理选择。

(1) 分析烃类和脂肪酸酯物质最好选用机械强度好的不锈钢柱；

(2) 分析活性物质及使用高分子微球固定相时多用玻璃柱；

(3) 有时分析醇、酮、胺等成分时则应该采用毛细管柱。

3. 检测器

(1) 使用热导检测器时，要在接通检测器热丝电流之前，确保载气流过检测器，即先通气后给电，若无气流来耗散热量，热丝元件极易损毁。

(2) 以氢火焰离子化检测器作为检测器时，氢气、氮气、空气三气流速比对检测器灵敏度影响比较大，三种气体流速比为 H_2 ∶ N_2 ∶空气＝1∶(1～1.5)∶(10～15)。但点火时可能需要先降低空气流量或增加氢气流量，火焰平稳后，调回至正常流速。

(3) 使用氢火焰离子化检测器、火焰光度检测器时，要注意检测器温度必须高于110℃，以防水汽的冷凝，另外，在检测器温度达到110℃以上时，再点火。

(4) 使用电子捕获检测器必须使用高纯气体；分析完毕，要先关掉通入检测器的氢气或空气后，再降低检测器温度。

4. 进样

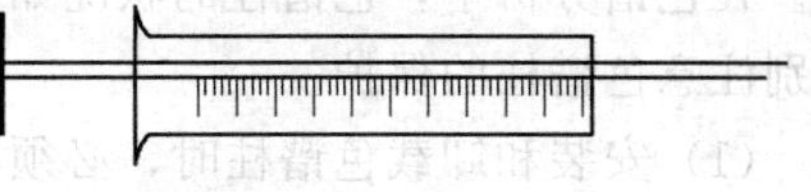

图 5-14　微量注射器

(1) 微量注射器（见图 5-14）要保持清洁。吸取液体样品前，应用少量样品洗涤几次，再缓慢吸入样品，并稍多于需要量。

(2) 微量注射器吸样后，如内有气泡，可将针头朝上排出气泡，再将过量样品排出，用滤纸吸去针头处所蘸样品。

(3) 取样后应立即进样。进样时，注射器应与进样口垂直。一手捏住针头迅速刺穿硅橡胶垫，另一手平稳地推进针筒，使针头尽可能插得深一些，切勿使针尖碰着汽化室内壁。

(4) 进样速度要快，一般为 1s 左右。将样品注入后，立即拔针。

三、气相色谱仪的维护保养

气相色谱仪是一类高精度的分析仪器，正确的操作和良好的保养对于延长仪器的寿命，使仪器具有较高的测定准确度和灵敏度具有重要意义。

1. 气路系统的维护保养

气路系统主要是提供纯净的、流速稳定的载气。在对样品进行测定分析时，气路系统必须具备良好的密封性，提供的载气流速稳定、流速控制方便和测量准确等。因此，在使用气相色谱仪时，应检查以下几个方面。

(1) 了解气路系统的结构，经常检查气路系统密封性，判断是否漏气。

(2) 在调节稳压阀及稳流阀时，应缓慢进行。

(3) 检查各阀的进出气口，不能接反。

(4) 应保持流量计本身的清洁，若有灰尘等要及时进行清洗。

2. 进样器的维护保养

经过多次进样分析后，气相色谱仪进样口的过渡接头、玻璃衬管及进样器内部很容易受到样品污染或沉积残留物质而导致管道堵塞，因此，在检修时，对进样口及其进样器内部等部件进行清洗是十分必要的。

（1）进样口的清洗　一般选用丙酮或蒸馏水作为清洁剂，用脱脂棉蘸取少量清洁剂进行初步擦拭。对于擦拭不掉的物质，可以先用机械方法去除，但应小心处理，切不可对仪器部件造成损伤。清洗完后，应立即吹干，避免对仪器造成腐蚀或二次污染。

（2）玻璃衬管的清洗　首先将其从仪器中小心取出，从仪器中小心取出玻璃衬管，用镊子或其他工具小心移去衬管内的玻璃毛和其他杂质，移取过程不要划伤衬管表面。如果条件允许，可将初步清理过的玻璃衬管在有机溶剂中用超声波进行清洗，烘干后使用。也可以用丙酮、甲苯等有机溶剂直接清洗，清洗完成后经过干燥即可使用。

（3）进样口密封垫的更换　若进样时感觉特别容易，用TCD检测器不进样时记录仪上有规则小峰出现，说明密封垫漏气需要更换。更换密封垫不要拧得太紧，一般更换时都是在常温，温度升高后会更紧，密封垫拧得太紧会造成进样困难，常常会把注射器针头弄弯。

（4）微量注射器的保养　在使用前要用丙酮等溶剂进行清洗，避免对样品造成污染；其针尖严禁在高温下工作，更不可用明火直接灼烧。六通阀在使用一段时间后，应及时卸下进行清洗。

3. 色谱柱的维护保养

分离系统包括色谱柱及其与进样口和检测器的接头，其中色谱柱是气相色谱仪的核心部件。在色谱分析中，色谱柱的状况如何直接关系到分离分析结果的准确度和精密度，因此应特别注意色谱柱的保护。

（1）安装和卸载色谱柱时，必须在常温下进行。

（2）检测分析时，色谱柱必须在适宜的温度范围内使用；关机时，柱温箱的温度应下降至50℃以下。

（3）色谱柱使用后，应及时冲洗，若暂时不用，应将两端密封，以免污染。

（4）柱子老化时，要及时用载气对其再生，若再生效果不好，则应重新制备或更换新的色谱柱，严禁将老化的色谱柱与检测器连接，以免对检测器造成污染。

（5）更换色谱柱时，要选择合适的密封垫，安装时不要拧得过紧；若安装色谱柱的规格不同时，要使用过渡接头。

4. 检测器的维护保养

各种仪器所带的检测器不尽相同，在使用过程中，可根据不同的检测器进行维护。

（1）热导检测器的维护　使用TCD检测器时，应尽量采用高纯气源，严禁载气中含有氧气，否则会使检测器的热丝受到永久性的损伤。操作时，较低的桥电流可以延长热丝的寿命，因此，在保证分析灵敏度的前提下，应尽量使用低的桥电流，例如以氮气为载气，桥电流应小于150mA；以氢气为载气，桥电流应小于270mA。TCD检测器在使用过程中可能会被色谱柱流出的沉积物或样品中夹带的其他物质污染，受污染后可以进行热清洗和溶剂清洗。

（2）氢火焰离子化检测器的维护　使用FID检测器时，必须严格控制氢气的纯度、氢气与空气的比例及流速，否则会导致FID检测器的灵敏度下降。另外，使用FID检测器还要求载气与样品中不含有腐蚀性的物质，并根据载气的性质，桥电流不允许超过额定值。在长期使用FID检测器后，检测器可能会发生堵塞，应及时清洗。具体的清洗方法：先对检测器喷嘴和收集极用丙酮、甲苯、甲醇等有机溶剂进行清洗；当积炭较厚不能清洗干净的时候，可以对检测器积炭较厚的部分用细砂纸小心打磨，注意在打磨过程中不要对检测器造成损伤；初步打磨完成后，对污染部分进一步用软布进行擦拭，再用有机溶剂最后进行清洗。

另外，仪器在运行一段时间后，由于静电原因，仪器内部容易吸附较多的灰尘；电路板及电路板插口除吸附有积尘外，还经常和某些样品蒸气吸附在一起，造成污染。因此，对仪器的内部及电路板进行定期的吹扫和清洁也是十分重要的。

任务二 气相色谱的定性分析

※ 必备知识

一、样品的采集与处理

1. 样品的采集

从原料产品整体（通常是从一批货物）中抽取一部分作为分析材料的过程称为样品的采集，也称抽样或取样。样品的组成与总体分析对象的平均组成相符合的程度称为代表性。从具有复杂特征的被检物质中采集分析样品，必须掌握科学的采样技术，以防止成分逸散和不被污染的情况下，均匀、随机地采集有代表性的样品，是保证分析结果准确前提之一。因此，样品采集是分析测定中非常重要的环节。

在实际的样品采集过程中有随机抽样和代表性抽样两种方法。随机抽样可以避免人为的倾向性，但在有些情况下，对难以混匀的样品的采样，仅仅用随机采样法是不行的，必须结合代表性取样，从代表性的各个部分分别取样。

采样的具体方法因分析对象的性质、均匀程度、数量的多少以及分析项目的不同而异，在各类物质的专门分析书籍和分析化验规程中均有规定。现仅介绍采样的总体原则：即按照不同地区、不同部位、不同大小的试样，首先多点采取原始样品（所需的量依原料总量、均匀程度和区域大小而定），然后经风干、粉碎、过筛、混匀和缩分，逐步缩小样品数量，制成供分析的试样。

样品的缩分可用手工或机械（如分样器）进行，常用的缩分方法是"四分法"，即将粉碎的试样堆成圆锥形，稍压平后，通过顶部中心画一个"十"字线，把试样分为四等份，保留对角线的两部分，弃去其余。依次缩减，直至所需的量为止。

所取样品应贮存在具有磨口玻璃塞的广口瓶中，贴上标签，注明试样名称、采集地点、采集时间、采集人及必要的说明。

2. 样品的前处理

在汽化温度下能成为稳定气体的试样可直接用气相色谱法分析。对于不适于气相色谱直接分离分析的物质，在获得具有代表性的样品后，要预先进行样品中待测组分的提取、净化、浓缩等过程，将被测组分转变成可测定的形式，称为样品的前处理。气相色谱法的前处理方法主要包括溶剂提取法，挥发、蒸馏法，化学衍生化法及裂解色谱技术等。

(1) 溶剂提取法　依据相似相溶的原则，用适当的溶剂将某种待测组分从固体样品或样品浸提液中提取出来，从而与样品其他组分分离的方法称为溶剂提取法。溶剂提取法是气相色谱法最常用的提取方法之一，一般可分为浸提法和液-液萃取法。

① 浸提法　是利用样品中各组分在某一溶剂中溶解度的差异，用适当的溶剂将样品中某种待测组分浸提出来而达到分离的方法。

浸提法主要包括以下四种方法：a. 振荡浸渍法是将样品切碎，放在合适的溶剂系统中浸渍，振荡一定时间，从样品中提取待测组分，该法简单，但有时回收率较低；b. 捣碎法是指样品切碎后放入高速组织捣碎机中，加入溶剂匀浆一定时间，提取待测组分，该法回收率较高，同时也溶出较多的干扰杂质；c. 索氏提取法是将一定量的样品装入滤纸袋，放入索氏提取器中，加入适当溶剂，加热回流，将待测组分提取出来，此法提取安全，提取效率高，但操作繁琐、费时；d. 超声波提取法是将样品粉碎、混匀后，加入适当的溶剂，在超声提取器中提取一定时间。超声波的作用是将样品中的待测组分迅速溶于提取溶剂中，该法简便，提取效率高。

② 液-液萃取法　是利用溶质在两种互不相溶的溶剂中分配系数的不同，将待测组分从一种溶剂转移至另一种溶剂中，而与样品中其他组分分离。该法既可以消除干扰组分，又可以富集微量组分，具有较高的选择性和分离效率，是一种常用的分离方法。常用的液-液萃取方法有间歇液-液萃取、连续液-液萃取、微萃取等。

(2) 挥发、蒸馏法　利用样品中待测组分的挥发性或通过化学反应将其转变成为具有挥发性的气体而达到分离的目的，分离后的待测组分经吸收液或吸附剂收集后用于测定，也可直接导入气相色谱仪中进行测定。这种分离富集方法可以消除样品中大量非挥发性成分对测定的干扰。

挥发、蒸馏法中常与气相色谱联用的是顶空分离法。顶空分离法又分为静态和动态顶空分离法。静态顶空分离法是将样品置于密闭系统中，恒温加热一段时间达到平衡后，抽取蒸气相用气相色谱法分析样品中待测组分的含量。动态顶空分离法是在样品顶空分离装置中不断通入氮气，使其中挥发性组分随氮气流溢出，并收集于吸附柱中，经热解吸或溶剂解析后进行分析。顶空分离法的优点在于能使复杂样品的提取、净化过程一次完成，简化了样品的前处理操作，可用于分离测定液体、半固体和固体样品中痕量的易挥发组分。

(3) 化学衍生化法　样品中待测组分能与一些含有特殊官能团的试剂发生化学反应，使组分的色谱分离性质发生改变或生成特殊衍生物，从而改进组分的分离或增强检测信号的方法，称为化学衍生化法。该法适用于将极性过强、挥发性过低或稳定性不好的物质转化成稳定性好和易挥发的衍生物，以便于直接进行气相色谱分析。化学衍生化法可分为柱前衍生化和柱后衍生化两种，使用时，应根据具体的分析目的来确定具体采用何种衍生化法。

(4) 裂解色谱技术　在较高温度下，分子因化学键断裂而生成碎片离子的过程称为裂解。在气相色谱法中，将一些难挥发的固体试样在裂解器中裂解成低分子碎片后，再由载气带入色谱仪进行分析的技术称为裂解色谱技术。气相色谱常用的裂解器有管式炉裂解器、居里点裂解器和激光裂解器。

二、分离操作条件的选择

利用气相色谱法对样品进行分析测定时，应根据样品的不同选择合适的固定相，并在一定的分离条件下进行分析。因此正确地选择固定相及分离操作条件，以便快速而准确地取得分析结果，就成为色谱分析中的关键问题。

1. 载气及其流速的选择

选择载气的种类时，首先应考虑其是否与所选用的检测器相适应，如热导检测器常用 H_2 为载气，氢火焰离子化检测器和火焰光度检测器常用 N_2 为载气（以 H_2 为燃烧气，空气为助燃气）；电子捕获检测器常用 N_2 为载气。

其次，还应考虑载气流速的影响。根据速率理论方程，在低流速时，分子扩散占主导地位，应采用相对分子质量较大的 N_2 为载气；在高流速时，传质阻力占主导地位，应采用相对分子质量较小的 H_2 为载气（见图 5-15）。在最佳线速（u_{opt}）时，理论塔板高度最小（H_{min}），柱效最高；但分析速度较慢，为了缩短分析时间，可以适当提高载气流量，一般流量选在20～80mL·min^{-1}。

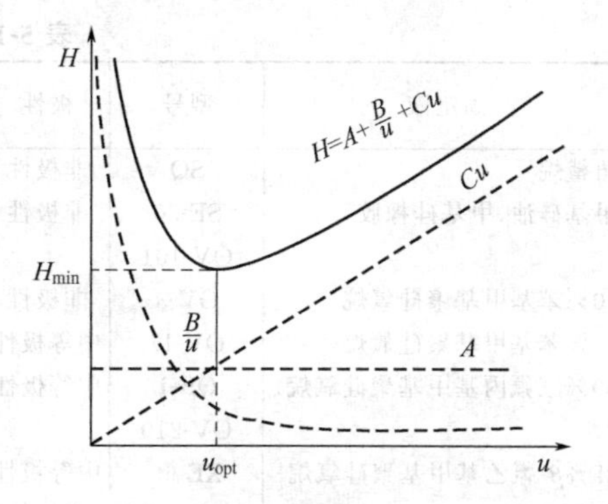

图 5-15　理论塔板高度 H 和载气流速 u 的关系

此外，载气的纯度会在一定程度上影响色谱分析的可靠性。气相色谱法使用的载气要求纯净、惰性，例如，在使用热导检测器时，用 99.999%超纯氢气比用 99%的普通氢气灵敏度要高 6%～13%；在使用电子捕获检测器时，载气在通入气相色谱仪前必须先净化，以除去残留的氧和水，否则会因氧和水的强烈吸电子性而影响色谱峰的峰形，甚至出现负峰。

2. 色谱柱的选择

分离度与柱长有关，增加柱长对分离是有利的，但同时会使各组分的保留时间增加，延长了分析时间。因此，在满足一定分离度的条件下，应尽可能地选用较短和较细的色谱柱。常用填充柱的柱长为 1～5m；毛细管的柱长为 10～100m。

增加柱内径，可以增加分离的样品量，但会使柱效降低。一般填充柱的柱内径常用 3～6mm；毛细管的柱内径常用 0.1～0.5mm。

色谱柱的形状有直形、U 形和螺旋形。螺旋形的柱效不如直形和 U 形，适当增加螺旋形柱的曲率半径可提高柱效。

3. 固定相的选择

正确选择固定相是色谱分析中的关键问题，决定了多组分样品能否完全分离。气液色谱法是目前应用最为广泛的气相色谱法，其固定相由载体和涂在载体上的固定液组成。

(1) 载体　**载体**又称担体，是一种具有化学惰性的多孔固定颗粒，其作用是承载固定液。载体可分为硅藻土型和非硅藻土型。气相色谱法中常用的是硅藻土型，它又可分为红色载体和白色载体。

理想的载体应能使固定液牢固地保留在其表面上呈薄膜状态分布的无活性物质。因此载体要求具有化学惰性，无表面吸附作用，不与样品组分发生化学反应；表面积大，孔径分布均匀；有一定机械强度和浸润性等。

选择载体时，要结合样品和固定液的性质。一般原则是非极性样品选择非极性固定液，可选择红色硅藻土载体；极性样品选用极性固定液，可选择白色硅藻土载体。酸性样品选择酸洗载体；碱性样品选择碱洗载体或硅烷化载体；极性和非极性混合样品选用极性或弱极性固定液，可选择酸洗载体。

另外，载体的颗粒大小直接影响柱效的高低。一般来说，载体颗粒越小，柱效越高，但过小的颗粒会引起流量不稳。载体的粒度应根据不同柱径选择，如对于内径为 3～6mm 的色谱柱，使用 60～80 目的载体较为合适。

(2) 固定液　固定液一般为高沸点的有机物。目前有 200 多种固定液用于气相色谱法中，其中常用的固定液如表 5-1 所示。在气相色谱法中常用极性大小对固定液进行分类。固定液按相对极性，可分为非极性、中等极性、强极性和氢键型四种类型。

表 5-1 常用固定液及特性

固定液	型号	极性	应用	最高使用温度/℃
角鲨烷	SQ	非极性	气态烃、轻馏分液态烃	150
甲基硅油，甲基硅橡胶	SE-30	非极性	各种高沸点化合物	350
	OV-101			200
10%苯基甲基聚硅氧烷	OV-3	非极性	脂肪酸、甲酯、卤素化合物	350
50%苯基甲基聚硅氧烷	OV-17	中等极性	二元醇、甾类	300
50%三氟丙基甲基聚硅氧烷	QF-1	中等极性	含卤化合物、金属配合物、甾类	250
	OV-210			
25%β-氰乙基甲基聚硅氧烷	XE-60	中等极性	苯酚、酚醚、芳胺、生物碱、甾类	275
聚乙二醇	PEG-20M	强极性	选择性保留分离含 O、N 官能团及 O、N 杂环化合物	225
聚己二酸二乙二醇酯	DEGA	强极性	分离 C_1～C_{24}脂肪酸甲酯、甲酚异构体	250
聚丁二酸二乙二醇酯	DEGS	强极性	分离饱和及不饱和脂肪酸酯，邻苯二甲酸酯异构体	220
1,2,3-三(2-氰乙氧基)丙烷	TCEP	强极性	选择性保留低级含 O 化合物，伯、仲胺，不饱和烃、环烷烃等	175

固定液的选择，目前尚无严格规律可循，一般认为可以按照“相似相溶”的原则，即按照待分离组分的极性或官能团与固定液的极性或官能团相似的原则来选择。选择固定液的一般性原则如下。

① 分离非极性物质，一般选用非极性固定液。样品中各组分按沸点顺序先后流出色谱柱，沸点低的先出峰，沸点高的后出峰。

② 极性物质，选用极性固定液。样品中组分按极性顺序分离，极性小的先出峰，极性大的后出峰。

③ 分离极性和非极性物质的混合物时，选用极性固定液。样品中各组分按易极化程度或极性大小顺序出峰。

④ 可形成氢键的组分，选用极性或氢键型固定液。样品中各组分按形成氢键的能力大小先后出峰，不易形成氢键的组分先流出，形成氢键最强的组分后流出。

⑤ 对于复杂混合物，单用一种固定液有时很难把所有组分分离开来。可选用混合固定液即把多种固定液按一定比例混合，可将固定液的极性或氢键力调节到所需范围，从而得到满意的分离效果。

(3) 固定液的用量及配比　一般来说，载体表面积越大，固定液用量可以越高，允许的进样量也就越大。为了改善液相传质，应使液膜薄一些，对提高柱效能有利，并可缩短分析时间。目前填充色谱柱中常用低固定液含量的色谱柱。但是，若固定液用量太低、液膜太薄，允许的进样量也就很少。因此固定液用量要根据具体情况而定。

固定液配比是指固定液和载体的用量之比，一般为（5∶10）～（25∶100），即 5%～25%。为了获得较高的柱效能，对不同的载体往往采用不同的固定液配比。一般来说，载体的表面积越大，固定液用量也就越多。

4. 温控系统的温度选择

(1) 柱温的选择　柱温是气相色谱操作中很重要的参数，直接影响分离效能和分析速度。柱温选择时应考虑固定液配比、样品中各组分的沸点范围及检测器的灵敏度。

每种固定液都有一定的使用温度，柱温不能高于固定液的最高使用温度，否则会导致固定液的流失。某些固定液有最低的使用温度，一般来说，柱温至少必须高于固定液的熔点，以使其有效地发挥作用。

柱温对组分分离的影响较大。提高柱温有利于提高柱效，但会使色谱柱的选择性降低，不利于分离。柱温较低有利于提高柱的选择性，但分析时间增加。柱温的选择：在使最难分离的组分有尽可能好的分离的前提下，尽可能采取较低的柱温，但以保留时间适宜及峰形不拖尾为度。根据经验，分析气体、气态烃及低沸点样品，柱温可选在室温；分析沸点在100～200℃的物质，柱温低于沸点40～50℃；分析沸点在200～300℃的物质，柱温低于沸点100℃；分析沸点在300～400℃的物质，柱温低于沸点150～200℃。

对于宽沸程混合物（各组分沸点范围大于80～100℃）时，应采用程序升温。程序升温中，柱温按线性或以一定程序增加，使各组分在其最佳的分配值下流出色谱柱。图5-16为宽沸程样品在恒温和程序升温时分离结果的比较。

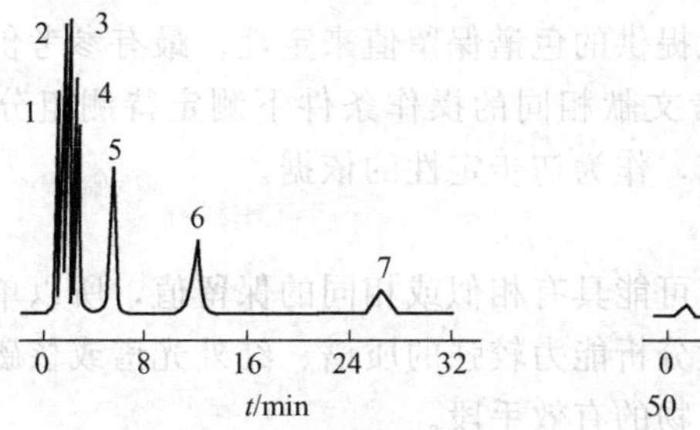

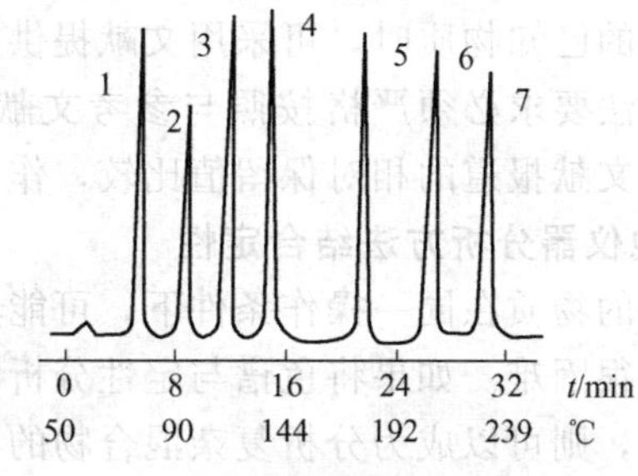

图5-16 宽沸程样品在恒温和程序升温时分离结果的比较

(2) 汽化温度的选择 汽化温度与样品的性质和进样量有关，一般应选在样品沸点或稍高于沸点，使样品瞬间汽化而又不会分解。在保证样品不分解的情况下，适当提高汽化温度对分离及定量是有利的，尤其当进样量较大时更是如此。一般来说，汽化温度以高于柱温30～70℃为宜。

(3) 检测器温度的选择 对于热导检测器，检测器温度一般高于柱温20℃左右，以防止汽化的样品在检测器上冷凝。对于氢火焰离子化检测器和火焰光度检测器，检测器温度一般高于100℃，防止水汽冷凝，造成绝缘不好，基流不稳。程序升温中，检测器温度应控制在最高柱温。

另外，温度也会影响检测器的灵敏度。例如在使用热导检测器时，其检测灵敏度越高，要求检测器的控温精度越高，一般应小于±0.05℃。

5. 进样时间和进样量的选择

气相色谱法要求进样速度必须很快，若进样时间过长，试样原始宽度变大，半峰宽必将变宽，甚至使峰变形。使用微量注射器或六通阀进样时，进样时间一般都在1s之内。

进样量要适当。进样量太少，会使含量较低的组分因检测器的灵敏度不够而不出峰，即不能检出；进样量太大，会导致色谱峰重叠，分析效果不好。最大允许的进样量，应控制在峰面积或峰高与进样量成正比的范围内。一般液体进样量以0.1～10μL为宜。

三、定性分析

气相色谱法定性分析的任务是确定色谱图上每个色谱峰所代表的物质。在气相色谱法定性分析中主要是根据保留值或与其相关的值来进行判断，但此方法适用于已知混合物的定性分析。对于复杂混合物中未知物就必须将色谱与质谱或其他光谱法联用，才能完成定性分析的任务。

1. 用已知物对照法定性

(1) 利用保留值定性 在同一色谱柱和相同的色谱条件下，分别测定已知物和待测组分的保留值，包括保留时间、保留体积及相对保留值等。如果被测组分的保留值与已知物的保留值相同，则可以初步判断它们是同一物质。

利用保留值定性是最简便的一种定性分析方法。在使用时，需要严格控制色谱操作条件和进样量。

（2）利用峰高增加法定性　如果样品较复杂，峰间距太近，或操作条件不易控制，要准确测定保留值有一定困难，这时可以选用峰高增加法定性。具体方法是在样品中加入已知物，对比加入前和加入后的色谱图，如果某一个组分的峰高增加，表示样品中可能含有所加入的已知物的成分。

2. 采用文献数据定性

在没有纯的已知物质时，可采用文献提供的色谱保留值来定性。最有参考价值的是相对保留值。该方法要求必须严格按照与参考文献相同的操作条件下测定待测组分的相对保留值，再将其与文献报道的相对保留值比较，作为初步定性的依据。

3. 与其他仪器分析方法结合定性

由于不同的物质在同一操作条件下，可能具有相似或相同的保留值，所以单纯用气相色谱法定性往往很困难。如果将色谱与定性分析能力较强的质谱、红外光谱或核磁共振等仪器分析方法联用，则可以成为分析复杂混合物的有效手段。

白酒中微量成分的定性分析

一、实训目的

1. 理解气相色谱定性分析的理论依据。

2. 掌握气相色谱对白酒中微量成分进行定性分析的方法。

二、分析原理

白酒中的微量成分可分为醇、醛、酮、酯、酸等多种物质，近百余种。白酒样品经二氯甲烷（CH_2Cl_2）溶剂提取，富集后的微量成分利用气相色谱技术，以聚乙二醇-20M（PEG-20M）为固定液，记录各组分的保留值，并与标准物质对照可直接定性分析白酒中的醇、酯、醛、酸等几十种物质。

三、仪器及试剂

1. 仪器、器材

气相色谱仪，附氢火焰离子化检测器，微量注射器（1.0μL）。

2. 试剂

二氯甲烷、甲醇、仲丁醇、异丁醇、正丙醇、乙酸丁酯、乙醛、乙酸、异戊酸乙酯，分析纯。

四、测定方法

1. 样品的制备

准确量取 40mL 样品和 10mL CH_2Cl_2，置于分液漏斗中，混匀，静置至完全分离后将下层液倒出。再量取 10mL CH_2Cl_2 至分液漏斗中，对上层液进行萃取，重复萃取 6 次后将下层液体全部转移至圆底烧瓶中，进行水浴蒸馏（40～41℃），待不再有馏分流出时，停止蒸馏。收集到的液体供测试用。

2. 测定

（1）色谱条件　色谱柱：2m×3mm 不锈钢柱，内涂 20％邻苯二甲酸二壬酯（DNP）＋7％吐温（60）固定液的 OV-101。检测器：FID。温度：进样口为 140℃，柱温 120℃，检测器温度：130℃。载气：N_2，15.8mL·min^{-1}。

（2）标样测定　分别吸取 1.0μL 甲醇、仲丁醇、异丁醇、正丙醇、乙酸丁酯、乙醛、乙酸、异戊酸乙酯标准物质进样，记录各标准物质的保留时间。

（3）样品测定　吸取 1.0μL 样品处理液进样，记录色谱图。

五、结果分析

根据所记录的各标准物质的保留时间，当样品色谱图中某个峰的保留时间和已知纯物质的保留时间相同时，证明这两个峰即是同一个物质。

任务三　气相色谱的定量分析——外标分析法

※ 必备知识

在合适的操作条件下，待测样品组分在载气中的量与检测器产生的信号（色谱峰面积或峰高）成正比，此即为色谱定量分析的依据。其关系式如下：

$$m_i = f_i A_i \tag{5-18}$$

$$m_i = f_i h_i \tag{5-19}$$

式中，m_i 为组分 i 物质的量；A_i 为组分 i 的峰面积；h_i 为色谱峰的峰高；f_i 为比例常数，称为待测组分 i 的定量校正因子。

一般定量分析时通常采用峰面积定量法。当各种操作条件（色谱柱、温度、载气流速等）严格控制不变时，在一定的进样量范围内，峰的半峰宽是不变的。峰高就直接代表某一组分的量或浓度，对出峰早的组分，因半峰宽较窄，测量误差大，用峰高定量比用峰高乘半峰宽的面积定量更为准确，但对出峰晚的组分，如果峰形较宽或峰宽有明显波动时，则宜用峰面积定量法。

1. 峰面积测量

峰面积 A 测量的准确度直接影响定量的结果，定量分析时需要根据色谱峰不同的峰形采取不同的测量方法。

（1）峰高（h）乘半峰宽（$W_{1/2}$）法　本法适用于对称峰，即将对称峰按等腰三角形处理，按下式计算峰面积：

$$A = 1.065hW_{1/2} \tag{5-20}$$

（2）峰高（h）乘平均峰宽法　本法适用于不对称峰，即在峰高的 0.15 和 0.85 倍处，分别测出峰宽，取其平均值作为平均峰宽，峰面积可按下式计算：

$$A = 1.065h(W_{0.15} + W_{0.85}) \tag{5-21}$$

式中，$W_{0.15}$、$W_{0.85}$分别为0.15和0.85倍峰高处测得的峰宽。

(3) 面积仪和积分仪测量法　利用自动面积仪和自动积分仪可以获得准确的峰面积值。

2. 校正因子及其测定

校正因子分为绝对校正因子和相对校正因子。绝对校正因子是指单位峰面积所代表的样品组分的质量，用 f_i 表示。

$$f_i=\frac{m_i}{A_i} \tag{5-22}$$

色谱定量分析的原理是组分含量与峰面积成正比。不同的组分有不同的响应值，因此相同质量的不同组分，它们的色谱峰面积也不等，这样就不能用峰面积来直接计算组分的含量。而绝对校正因子随色谱测定条件而变化，给文献数据利用带来不便，为了解决这一问题，通常采用相对校正因子进行校正。相对校正因子 f_i' 是指待测样品组分（i）的绝对校正因子与标准物质（s）的绝对校正因子之比，用 f_i' 表示。

$$f_i'=\frac{f_i}{f_s}=\frac{m_i A_s}{m_s A_i} \tag{5-23}$$

式中，f_i、f_s 为待测组分 i 和标准物质 s 的绝对校正因子；m_i、m_s 为待测组分 i 和标准物质 s 的质量；A_i、A_s 为待测组分 i 和标准物质 s 的峰面积。

气相色谱的定量分析方法主要有外标法、内标法和归一化法。

外标法也称标准曲线法，是定量分析中最通用的一种方法，具有操作、计算简便，不用校正因子等优点。

该法具体操作是：以待测组分的纯品或已知含量的标样作为标准品，配成一定浓度的标准系列溶液；在一定操作条件下，分别向色谱柱中注入相同体积的标准样品，得到的响应值（峰高或峰面积）与进样量在一定范围内成正比，用标准样品的浓度对响应值绘制 A-c 的标准曲线；然后在相同的条件下注入相同体积的待测样品，根据测得的响应值在标准曲线上查出待测组分的含量。

外标法适用于日常分析和大量同类样品的分析，但该法受实验条件影响很大，若要获得准确结果，必须严格控制实验条件且各次进样量必须严格相等。

※ 实践操作一

外标法测定食品中苯甲酸和山梨酸的含量

一、实训目的

1. 理解气相色谱外标法的分析原理。

2. 掌握气相色谱外标法测定食品中苯甲酸和山梨酸含量的操作方法。

二、分析原理

苯甲酸和山梨酸是食品中常用的防腐剂，具有杀菌、抑菌的效力。在限量范围内食用上述防腐剂对人体影响不大，但若大量摄入，则会危害人体健康。

酱油、水果汁、果酱等食品样品经酸化后，用乙醚提取苯甲酸、山梨酸，经气相色谱仪分离测定，记录测得的峰高或峰面积，并与外标法绘制的标准曲线比较定量，求出样品中苯甲酸、山梨酸的含量。

三、仪器及试剂

1. 仪器、器材

气相色谱仪，附氢火焰离子化检测器，微量注射器（10μL），分析天平，带塞量筒（25mL），带塞刻度试管（5mL），容量瓶。

2. 试剂

（1）乙醚（不含过氧化物）。

（2）盐酸，优级纯；石油醚、无水硫酸钠、丙酮，分析纯。

（3）4%氯化钠酸性溶液：用少量盐酸-水（1∶1）加入4%氯化钠溶液中进行酸化。

（4）苯甲酸、山梨酸标准溶液的配制：准确称取苯甲酸、山梨酸各0.200g，置于100mL容量瓶中，用石油醚-乙醚（3∶1）混合溶剂溶解稀释至刻度。此溶液为2.0mg·mL^{-1}苯甲酸或山梨酸标准溶液。

四、测定方法

1. 样品提取

称取2.50g事先混合均匀的样品，置于25mL带塞量筒中，加0.5mL盐酸-水（1∶1）酸化，用15mL、10mL乙醚提取2次，每次振摇1min，将上层乙醚提取液吸入另一个25mL带塞量筒中。合并乙醚提取液。用3mL 4%氯化钠酸性溶液洗涤2次，静置15min。

2. 样品的净化

用滴管将乙醚层通过无水硫酸钠滤入25mL容量瓶中（目的是除去乙醚层中的水分）。加乙醚至刻度，混匀。准确吸取5mL乙醚提取液于5mL带塞刻度试管中，置40℃水浴上挥干，加入2mL石油醚-乙醚（3∶1）混合溶剂溶解残渣（目的是除去挥干时析出的极少量的NaCl固体），振摇，上层清液供测定用。

3. 测定

（1）色谱条件　色谱柱：2m×3mm玻璃柱，内涂5%（质量分数）琥珀酸二甘醇酯（DEGS）+1%磷酸固定液的Chromosorb W AW（60～80目）。检测器：FID。温度：进样口230℃，检测器230℃，柱温170℃。载气：N_2，流速为50mL·min^{-1}。

（2）标准曲线的绘制　准确吸取苯甲酸、山梨酸标准溶液0、2.5mL、5.0mL、7.5mL、10.0mL、12.5mL，置于100mL容量瓶中，定容，摇匀。苯甲酸、山梨酸系列标准工作溶液的最终浓度分别为0、50μg·mL^{-1}、100μg·mL^{-1}、150μg·mL^{-1}、200μg·mL^{-1}、250μg·mL^{-1}。吸取上述溶液2.0μL分别进样，测得不同浓度苯甲酸、山梨酸的峰高。根据苯甲酸浓度与其相对应的峰高，绘制标准曲线。苯甲酸的参考保留时间约为368s，山梨酸的参考保留时间约为173s。

（3）样品测定　吸取样品处理液2.0μL进样，记录样品中苯甲酸、山梨酸的峰高与标准曲线比较定量。

五、结果计算

从标准曲线上查出相应含量，按下式计算样品中苯甲酸或山梨酸的含量：

$$X=\frac{cV\times 1000}{m\times \frac{5}{25}\times 1000}$$

式中，X 为试样中苯甲酸或山梨酸的含量，$\mu g \cdot kg^{-1}$；c 为由标准曲线上查出的样品测定液中相当于苯甲酸或山梨酸溶液的浓度，$\mu g \cdot mL^{-1}$；V 为加入石油醚-乙醚（3∶1）混合溶剂的体积，mL；m 为样品的质量，g；5 为测定时吸取乙醚提取液的体积，mL；25 为样品乙醚提取液的总体积，mL。

※ 实践操作二

面粉中增白剂含量的测定

一、实训目的

1. 通过实训理解气相色谱分析中的标准曲线法。

2. 掌握用气相色谱法测定面粉中增白剂含量的基本操作。

二、分析原理

过氧化苯甲酰是一种常用的面粉增白剂，可提高面粉制品的储藏性能。但若使用量过大，可使面粉制品在蒸煮过程中产生对人体有害的物质。

样品中的过氧化苯甲酰在酸性条件下被还原为苯甲酸，以溶剂提取，经气相色谱仪测定，并与系列标准苯甲酸比较定量。

三、仪器及试剂

1. 仪器、器材

气相色谱仪，附氢火焰离子化检测器，微量注射器（10μL），分析天平，具塞锥形瓶（150mL），磁力搅拌器，漏斗。

2. 试剂

（1）苯甲酸（基准试剂）；石油醚、冰乙酸、丙酮，分析纯。

（2）酸性石油醚：石油醚＋冰乙酸按 100∶3 混合。

（3）苯甲酸标准溶液：准确称取苯甲酸 0.1000g，用丙酮溶解并转移至 100mL 容量瓶中，定容。此溶液浓度为 $1000\mu g \cdot mL^{-1}$。

四、测定方法

1. 样品的提取

准确称取 5.00g 面粉试样，置于 150mL 具塞锥形瓶中，加入 30mL 酸性石油醚和搅拌子，于磁力搅拌器上将试样分散，30℃恒温放置，并每隔 15min 搅拌一次。

2. 样品的净化

4h 后样品溶液经滤纸过滤，收集滤液于 50mL 容量瓶中。分数次用酸性石油醚将具塞锥形瓶中残余样品尽量洗入过滤漏斗中，收集滤液于容量瓶中。最后以少许酸性石油醚淋洗过滤漏斗中的样品残渣并用于定容，摇匀，供测定用。

3. 测定

(1) 色谱条件

色谱柱：2m×3mm 玻璃柱，内涂 5%（质量分数）琥珀酸二甘醇酯（DEGS）+1%磷酸固定液的 Chromosorb W AW（60～80 目）。检测器：FID。程序升温：160℃、190℃保持时间分别为 10min、32min。升温速度：10℃·min^{-1}。进样口温度 250℃。检测器温度 250℃。载气：N_2，流速以苯甲酸于 5～10min 出峰为宜。

(2) 标准曲线的绘制

准确吸取苯甲酸标准溶液 0、1.0mL、2.0mL、3.0mL、4.0mL、5.0mL，置于 50mL 容量瓶中，定容，摇匀。苯甲酸系列标准工作溶液的最终浓度分别为 0、20μg·mL^{-1}、40μg·mL^{-1}、60μg·mL^{-1}、80μg·mL^{-1}、100μg·mL^{-1}。吸取上述溶液 2.0μL 分别进样，根据苯甲酸浓度与其相对应的峰面积，绘制标准曲线。

(3) 样品测定　吸取样品处理液 2.0μL 进样，记录样品的苯甲酸峰面积与标准曲线比较定量。

五、结果计算

从标准曲线上查出相应含量，按下式计算样品中过氧化苯甲酰的含量：

$$X=\frac{cV}{1000m}\times 0.992$$

式中，X 为试样中过氧化苯甲酰的含量，g·kg^{-1}；c 为由标准曲线上查出的样品测定液中相当于苯甲酸溶液的浓度，μg·mL^{-1}；V 为样品测定液的体积，mL；m 为样品的质量，g；0.992 为由苯甲酸换算成过氧化苯甲酰的换算系数。

任务四　气相色谱的定量分析——内标法

※ 必备知识

在样品中加入一定量的某一物质作为内标物，根据待测组分和内标物的峰面积及内标物的质量计算待测样品组分质量的方法，称为内标法。

根据内标物的校正原理，可得

$$\frac{m_i}{m_s}=\frac{f'_i A_i}{f'_s A_s}$$

则

$$m_i=\frac{f'_i A_i}{f'_s A_s}m_s \tag{5-24}$$

所以，待测样品中组分含量（w_i）可由下式计算：

$$w_i=\frac{m_i}{m}\times 100\%=\frac{f'_i A_i}{f'_s A_s}\times\frac{m_s}{m}\times 100\% \tag{5-25}$$

式中，f'_i、f'_s 为待测组分和内标物的相对校正因子；A_i、A_s 为待测组分和内标物的峰面积；m_s、m 为内标物质量和待测样品质量。

在实际工作中，一般以内标物作为基准物质，即 $f'_s=1$，则上式可简化为：

$$w_i=\frac{m_i}{m}\times 100\%=\frac{A_i}{A_s}\times\frac{m_s}{m}\times f'_i\times 100\% \qquad (5\text{-}26)$$

内标法使用的内标物必须是样品中不存在的纯物质，且要和样品能互溶；内标物的色谱峰应位于待测组分色谱峰的附近并与其完全分离；加入的内标物浓度要适当，应接近被测组分的含量，保证其峰面积与待测组分相差不大。

内标法适用于测定样品中的某几个组分或所有组分不可能全不出峰的样品。因内标物有其自身的特点，每次分析操作条件不必如外标法那样严格，进样量也可以不严格控制，但每次都要准确称取样品和内标物的质量，所以不太方便。

※ 实践操作

内标法测定八角茴香油中茴香脑的含量

一、实训目的

1. 理解气相色谱内标法的分析原理。
2. 掌握气相色谱内标法测定八角茴香油的测定方法。

二、分析原理

八角茴香油为木兰科植物八角茴香的新鲜枝叶或成熟果实经水蒸气蒸馏得到的挥发油，具有芳香调味及健胃作用。八角茴香油中含茴香脑、草蒿脑、茴香醛等成分，其中茴香脑是其主要有效成分。

茴香脑，又称对丙烯基茴香醚。利用气相色谱内标法，以萘为内标物，可测定八角茴香油中茴香脑的含量。此方法具有简便、准确、重现性好等优点。

三、仪器及试剂

1. 仪器

气相色谱仪，附氢火焰离子化检测器，微量注射器（1μL）。分析天平，容量瓶。

2. 试剂

（1）萘、乙酸乙酯，分析纯。

（2）茴香脑对照品，纯度＞99.9%。

（3）茴香脑标准溶液：准确称取茴香脑 2.000g，用乙酸乙酯溶解并转移至 25mL 容量瓶中，定容。此溶液浓度为 80mg·mL^{-1}。

（4）内标液：准确称取 1.2500g 萘，用乙酸乙酯溶解并转移至 25mL 容量瓶中，定容。此溶液浓度为 50mg·mL^{-1}。

四、测定方法

1. 色谱条件

色谱柱：2m×3mm 玻璃柱，内涂 10%聚乙二醇 20M（PEG-20M）＋2%聚硅氧烷（OV-17）固定液的载体以质量比 7∶3 填充（PEG 在进样口端）。检测器：FID。程序升温：初温 100℃，5min 后以 4℃·min^{-1}升温至 140℃，5min 后再以 10℃·min^{-1}升温至 200℃。

进样口温度 250℃。检测器温度 250℃。载气：N_2，流速为 60mL·min^{-1}。助燃气为空气：50mL·min^{-1}；燃气 H_2：60mL·min^{-1}；进样量：1.0μL。

2. 峰面积相对校正因子的测定

分别准确移取茴香脑标准溶液和内标液各 2.00mL，置于 10mL 容量瓶中，用乙酸乙酯稀释并定容。此溶液中茴香脑含量为 16μg·μL^{-1}，萘含量为 10μg·μL^{-1}。

吸取 1.0μL 上述配制的标准溶液进样，记录茴香脑和萘的峰面积。平行进样 6 次，按平均峰面积计算相对校正因子。茴香脑参考保留时间约为 15min，内标物萘参考保留时间约为 13min。

3. 样品的测定

准确称取八角茴香油 0.4500g，用乙酸乙酯溶解并转移至 25mL 容量瓶中，准确移取并加入内标液 2.00mL，用乙酸乙酯稀释至刻度，定容，供测试用。

吸取 1.0μL 上述样品处理液进样，记录样品中茴香脑的峰面积。

五、结果计算

1. 峰面积相对校正因子按下式计算：

$$f_{茴香脑/萘}=\frac{m_{茴香脑}A_{萘}}{m_{萘}A_{茴香脑}}$$

式中，$f_{茴香脑/萘}$ 为峰面积相对校正因子；$m_{茴香脑}$、$m_{萘}$ 分别为茴香脑和萘的质量，g；$A_{茴香脑}$、$A_{萘}$ 分别为茴香脑和萘的峰面积，mm^2。

2. 样品中茴香脑的质量分数按下式计算：

$$w_i=\frac{f_{茴香脑/萘}A_{茴香脑}m_{萘}}{A_{萘}m}\times 100\%$$

式中，w_i 为样品中茴香脑的质量分数，%；m 为样品的质量，g；$m_{萘}$ 为加入萘的质量，g；$A_{萘}$ 为萘的峰面积，mm^2；$A_{茴香脑}$ 为茴香脑的峰面积，mm^2；$f_{茴香脑/萘}$ 为峰面积相对校正因子。

任务五　气相色谱的定量分析——归一化法

※ 必备知识

归一化法是主要用于色谱法的一种定量方法，当样品中所有组分经色谱分离后均能产生可以测量的色谱峰时才能使用。该法是将试样中所有组分的含量之和按 100% 计算，以它们相应的色谱峰面积为定量参数，通过下列公式计算各组分的质量分数：

$$w_i=\frac{A_i f_i'}{\sum_{i=1}^{n}A_i f_i'}\times 100\% \tag{5-27}$$

式中，f_i' 为待测组分的相对校正因子；A_i 为待测组分的峰面积。

对于较狭窄的色谱峰或峰宽基本相同的色谱峰，可用峰高代替峰面积，如下式所示：

$$w_i=\frac{h_i f_i'}{\sum_{i=1}^{n}h_i f_i'}\times 100\% \tag{5-28}$$

式中，f_i'为待测组分的相对校正因子；h_i 为待测组分的峰高。

当各组分的 f_i'相近时，计算公式可简化成：

$$w_i = \frac{A_i}{\sum_{i=1}^{n} A_i} \times 100\% \quad (5\text{-}29)$$

归一化法简单准确，不必称量和准确进样，操作条件如进样量、载气流速等变化时对结果影响很小。此方法常用于常量分析，尤其适合于进样量少而其体积不易准确测量的液体试样，但该法不适于痕量分析。

※ 实践操作

归一化法测定丁醇异构体的含量

一、实训目的

1. 理解气相色谱归一化分析的原理。
2. 掌握气相色谱归一化法测定丁醇异构体含量的方法。

二、分析原理

丁醇存在四种同分异构体。利用气相色谱法以邻苯二甲酸二壬酯作固定液，可以将四种丁醇异构体化合物完全分离并进行定量测定，记录各组分的峰高（或峰面积），利用归一化法计算出各组分的含量。

三、仪器及试剂

1. 仪器、器材

气相色谱仪，附氢火焰离子化检测器，微量注射器（1μL），分析天平，称量瓶。

2. 试剂

正丁醇、异丁醇、仲丁醇、叔丁醇，分析纯。

四、测定方法

1. 样品的制备

分别准确称取 500mg 正丁醇、500mg 异丁醇、600mg 仲丁醇及 500mg 叔丁醇，置于一干燥洁净的称量瓶中，混合均匀，供测定用。

2. 测定

（1）色谱条件　色谱柱：2m×3mm 不锈钢柱，内涂 20%邻苯二甲酸二壬酯（DNP）+7%吐温（60）固定液的白色载体（60～80 目）。检测器：FID。温度：进样口 160℃，柱温 75℃，检测器温度 80℃。载气：N_2，流速为 30mL·min^{-1}。

（2）样品测定　在稳定的仪器操作条件下，吸取样品处理液 0.6μL 进样，记录样品中各组分的峰面积。

五、结果计算

样品中各组分的质量分数按下式计算：

$$w_i=\frac{f_iA_i}{\sum f_iA_i}\times 100\%$$

式中，w_i 为各组分的质量分数，%；A_i 为各组分的峰面积；f_i 为各组分在氢火焰离子化检测器上的相对质量校正因子。

※ 项目小结

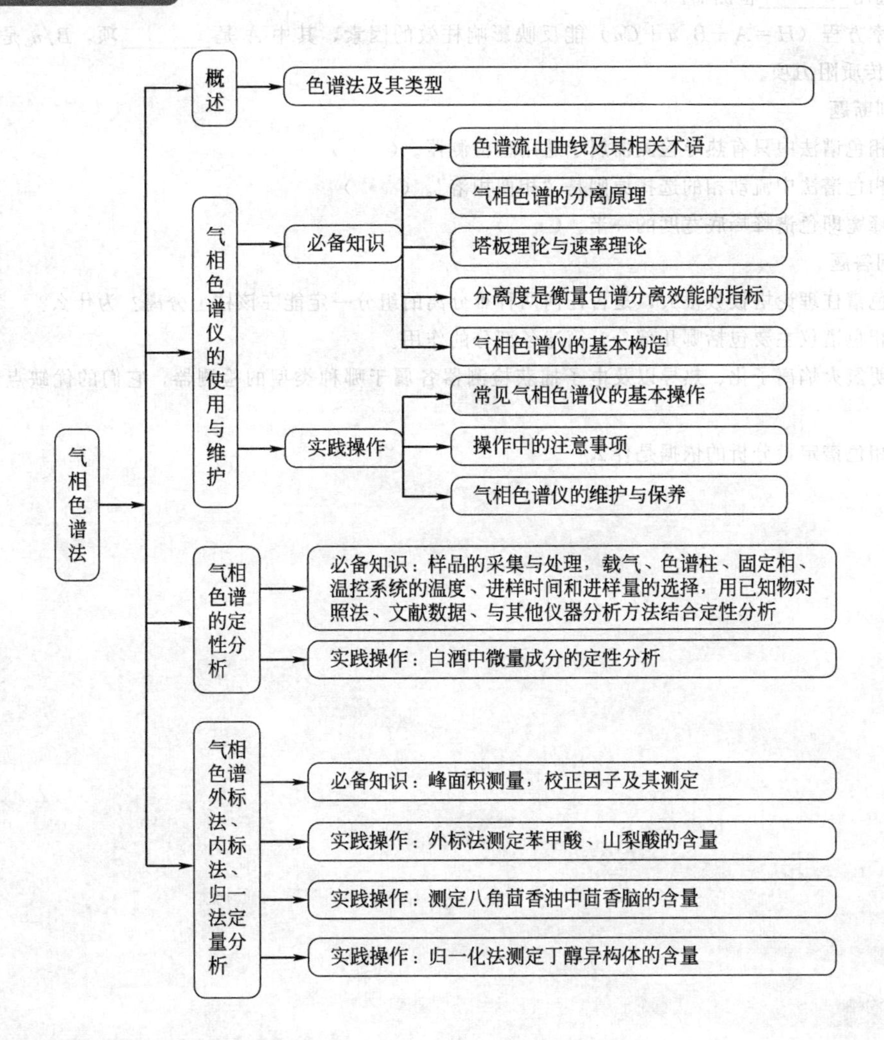

※ 思考与练习

一、名词解释

噪声、检测限、死体积、分离度、程序升温、TCD、FID、ECD、TID、FPD。

二、选择题

1. 在气相色谱法中，用于定性分析的参数是（　　）。

A. 峰面积　　B. 分配系数　　C. 保留值　　D. 半峰宽

2. 在气相色谱法中，用于定量分析的参数是（　　）。

A. 保留时间　　B. 保留体积　　C. 半峰宽　　D. 峰面积

3. 相邻两组分完全分离，分离度必须大于或等于（　　）。

A. 1.0　　B. 1.5　　C. 2.0　　D. 2.5

三、填空题

1. 在色谱法中，要使相邻二组分得到完全分离，其必要条件是________，且________。________是定量描述这一必要条件的参数。

2. 利用气相色谱法，分离和分析苯和甲苯异构体时，选用________检测器；检测农作物中含氯农药残留量时，选用________检测器。

3. 速率方程（$H=A+B/u+Cu$）能反映影响柱效的因素，其中 A 是________项，B/u 是________项，Cu 是传质阻力项。

四、判断题

1. 气相色谱法中只有热导检测器属于通用型检测器。（　　）

2. 气相色谱法中流动相的选择原则是“相似相溶”。（　　）

3. 半峰宽即色谱峰峰底宽度的一半。（　　）

五、问答题

1. 某色谱柱理论塔板数很大，是否任何两种难分离的组分一定能在该柱上分离？为什么？

2. 气相色谱仪主要包括哪几部分？简述各部分的作用。

3. 说明氢火焰离子化、热导以及电子捕获检测器各属于哪种类型的检测器，它们的优缺点以及应用范围。

4. 气相色谱定量分析的依据是什么？

项目六

高效液相色谱法

[知识目标]

- 了解高效液相色谱法的优点和适用范围。
- 了解高效液相色谱仪的结构及各部件的功能。
- 掌握液相色谱法的基本原理及其基本分析方法。
- 理解各种分离方式的原理。

[能力目标]

- 能针对不同待测物质选择合适的分离方法，并正确选择固定相与流动相；
- 能正确操作高效液相色谱仪与色谱工作站；
- 能够对高效液相色谱仪进行日常的维护与保养。

任务一 高效液相色谱仪的使用

一、液相色谱概述

1. 液相色谱的发展概况

以液体为流动相的色谱法称作**液相色谱法**。液相色谱法开始阶段是用大直径的玻璃管柱在室温和常压下用液位差输送流动相，称为经典液相色谱法，它又常称液相层析。20 世纪 60 年代末，人们在经典的液体柱色谱法的基础上，引入了气相色谱法的理论，在技术上采用了高压泵、高效固定相和高灵敏度检测器，实现了分析速度快，分离效率高和操作自动化，这种柱色谱技术称作**高效液相色谱法**（high performance liquid chromatographyt, HPLC）。从此，高效液相色谱法便昂首阔步地登上了 70 年代以后的分析化学的舞台，并成为整个 70～90 年代发展最为迅速的一个分支，大大地扩展了色谱分析的应用范围。

2. 液相色谱的特点和优点

高效液相色谱是在现代气相色谱技术的影响下，对流动相输液系统、色谱柱的填充材料作了重大改革，实现了仪器化，提高了分离效能，使分离与检测结合起来了，加快了分析速度。其具有以下几个突出特点。

(1) 高压　液相色谱的载液流经色谱柱时受到的阻力较大。为了能迅速地通过色谱柱，必须对载液施加高压，压力可达 150～300kg · cm^{-2}，色谱柱每米压降为 75kg · cm^{-2}以上。

(2) 高速　载液流速可达 3～10mL · min^{-1}，分析速度快，分析一个样品仅需数分钟至数十分钟，较经典柱色谱快 100～1000 倍，例如分离苯的羟基化合物的 7 个组分，只需要 1min 就可完成。

(3) 高效　高效液相色谱使用了高效固定相，它们的颗粒均匀，直径小于 10μm，表面孔浅，质量传递快，柱效很高，理论塔板数可达 10^4 块 · m^{-1}。

(4) 高灵敏度　高效液相色谱由于已广泛采用高灵敏度的检测器，进一步提高了分析的灵敏度。如荧光紫外检测器的最小检测量可达纳克量级（10^{-9}g）；荧光检测器的灵敏度可达 10^{-11}g。

与气相色谱法相比，高效液相色谱法具有以下几方面优点。

① 不受样品挥发度和热稳定性的限制，非常适合于分离生物大分子、离子型化合物、不稳定的天然产物以及其他各种高分子化合物等（占有机化合物总数的 70%～80%）。

② 有两种可供选择的色谱相，即固定相和流动相。固定相可有多种吸附剂、高效固定相、固定液、化学键合相供选择。流动相可选用不同极性的液体，选择余地大，并可任意调配比例，达到改变载液的浓度和极性，进而改变组分的容量因子，最后实现分离度的改善。

③ 一般在室温下进行分离和分析，不受样品挥发性和高温下稳定性的限制。

二、高效液相色谱基本理论

同气相色谱法一样，为了描述色谱过程和评价色谱柱的效能，从而找出最佳的分离条件，高效液相色谱法也需要建立色谱理论，并提出一系列色谱参数。下面就有关理论及参数在液相色谱中的应用进行讨论。

1. 速率理论

(1) 液相色谱的速率方程　气相色谱的速率理论修正后也可用于高效液相色谱，并能对影响柱效的各种动力因素进行合理解释。如式(6-1) 所示，液相色谱的 van Deemter 方程为：

$$H=2\lambda d_{\mathrm{p}}+\frac{C_{\mathrm{d}}D_{\mathrm{m}}}{u}+\left(\frac{C_{\mathrm{m}}d_{\mathrm{p}}^{2}}{D_{\mathrm{m}}}+\frac{C_{\mathrm{sm}}d_{\mathrm{p}}^{2}}{D_{\mathrm{m}}}+\frac{C_{\mathrm{s}}d_{\mathrm{f}}^{2}}{D_{\mathrm{s}}}\right)u \tag{6-1}$$

式中，C_d 为常数；C_s、C_m、C_{sm} 分别为固定相、流动相和停滞流动相的传质阻力系数，当填料一定时为定值；D_m、D_s 为组分在流动相与固定相中的扩散系数；d_f 为固定相层的厚度；d_p 为固定相的平均颗粒直径；u 为流动相线速度。

① 涡流扩散相

$$H_{\mathrm{e}}=2\lambda d_{\mathrm{p}} \tag{6-2}$$

式中，H_e 为由涡流扩散引起的柱效变化；λ 为由柱填充颗粒不均匀程度所决定；d_p 为固定相颗粒直径。H_e 其含义与气相色谱中的 A 相同。

涡流扩散是由于柱中存在曲折的多通道，使流动相流动不均匀所引起的。柱内填料颗粒大小不均匀或填充密度不一，流过的液体在流路宽的地方流速快，反之，流速慢，从而形成涡流。如图 6-1 所示，分子从（a）中的起始窄带扩散到宽度较大的部分，如（b）所示，这种扩散还将随着流动相的流动而逐渐增大，造成谱带扩张，使柱效降低。所以，避免因涡流扩散而引起的峰加宽，需要用小而均匀的颗粒填充色谱柱。

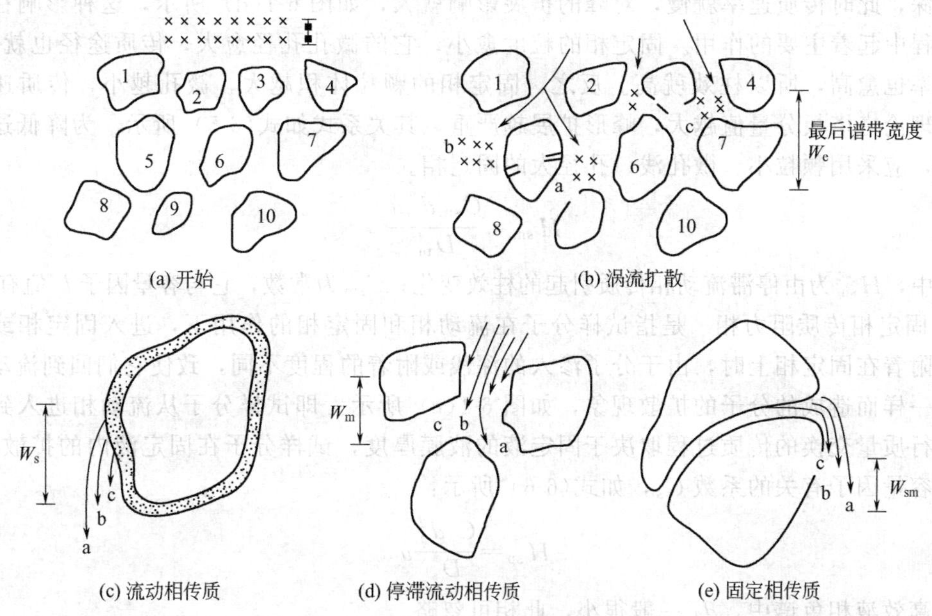

图 6-1　液相色谱中分子扩散的各种途径

② 纵向扩散相　纵向扩散是由于试样分子在柱中从高浓度向低浓度扩散引起的。纵向扩散引起谱带扩张，使柱效降低，它与分子在流动相中的扩散系数 D_m 成正比，与流动相的线速度 u 成反比，如式(6-3) 所示：

$$H_d = \frac{C_d D_m}{u} \tag{6-3}$$

式中，H_d 为由纵向扩散引起的柱效变化；C_d 为常数，它与柱子的装填状态有关；D_m 为溶质分子在流动相中的扩散系数；u 为流动相的线速度，$cm \cdot s^{-1}$。

由于液相色谱中组分分子在流动相中的扩散系数 D_m 仅为气相色谱的 10^{-4}～10^{-6} 倍，故在液相色谱中，纵向扩散塔板分量可以忽略。

③ 传质阻力相　该项又可分为流动相传质阻力相、停滞流动相传质阻力相与固定相传质阻力相。

a. 流动相传质阻力相　是指在同一流路中各部位的流速不同所造成的分子纵向扩散而引起的谱带扩张。因为被分离组分在同流路的不同位置具有不同的流速，靠近颗粒的载液流动慢，分子移动距离短；相反，在流路中间的分子移动距离长，从而引起分子在柱内的扩散分布，如图 6-1(c) 所示，进而使峰形扩散。颗粒直径小，可减少柱空间，有利于分配的平衡，从而提高柱效率，减少峰的变宽。它与流动相的线速度及固定相颗粒直径的平方成正比，而与分子在流动相中的扩散系数 D_m 成反比，如式(6-4) 所示：

$$H_m = \frac{C_m d_p^2 u}{D_m} \tag{6-4}$$

式中，H_m 为由流动相传质引起的柱效变化；C_m 为常数，它与柱子的结构、装填密度及均匀性有关。

b. 停滞流动相传质阻力相　停滞流动相传质是指滞留在固定相微孔中的流动相所产生的传质作用。由于固定相是多孔性的，部分流动相可能滞留在固定相中的某一局部，流动相中的组分分子必须自流动相扩散到滞留区，才能与固定相进行质量交换。如果固定相的微孔既小又深，此时传质速率就慢，对峰的扩展影响就大，如图 6-1(d) 所示，这种影响在整个传质过程中起着主要的作用。固定相的粒度愈小，它的微孔孔径愈大，传质途径也就愈小，传质速率也愈高，所以柱效就高。反之，固定相的颗粒体积越大，微孔越小，传质速率越慢，则理论塔塔板分量值越大，峰形扩展越严重，其关系式如式(6-5) 所示。为降低这一塔板分量，应采用颗粒小、微孔浅、孔径大的固定相。

$$H_{sm}=\frac{C_{sm}d_p^2u}{D_m} \tag{6-5}$$

式中，H_{sm}为由停滞流动相传质引起的柱效变化；C_{sm}为常数，它与容量因子 k'值有关。

c. 固定相传质阻力相　是指试样分子在流动相和固定相的作用下，进入固定相或以某种形式附着在固定相上时，由于分子渗入的深浅或附着的程度不同，致使它们回到流动相的时间不一样而造成的分子的扩散现象，如图 6-1(e) 所示。即试样分子从流动相进入到固定液内进行质量交换的传质过程取决于固定液的液膜厚度，试样分子在固定液内的扩散系数，以及与容量因子有关的系数 C_s，如式(6-6) 所示：

$$H_{sp}=\frac{C_sd_f^2}{D_s}u \tag{6-6}$$

在高效液相色谱中，d_f 一般很小，此相可忽略。

由此可见，范式方程可简化为：

$$H=A+\frac{B}{u}+Cu \tag{6-7}$$

高效液相色谱的范氏方程的形式与气相色谱是一致的，其主要区别在于分子扩散项可以忽略不计，影响板高的主要因素是传质阻力项。

(2) 液相色谱的 H-u 曲线　图 6-2 表示的是气相色谱和高效液相色谱的 H-u 关系。从图中可以看到，气相色谱和液相色谱得到的 H-u 曲线，形状完全不同，流动相流速对柱效的影响也不一样。在气相色谱中，流动相（气体）流速增大，柱效呈直线降低；而在液相色谱中，流动相（液体）流速增大，柱效平缓降低。其主要原因是液相色谱的流动相为液体。在液相中 D_m 比在气相中小10^4～10^6 倍，因此，D_m 对板高的影响与 d_p 相比可忽略不计。d_p 的减低对整个板高 H 的贡献较大，在低流速下更为显著。从 H 对 u 的作图显示，最小的板高应配以较低的最佳流速，这对使用粒度在 3μm 的填料进行样品分析时很重要。

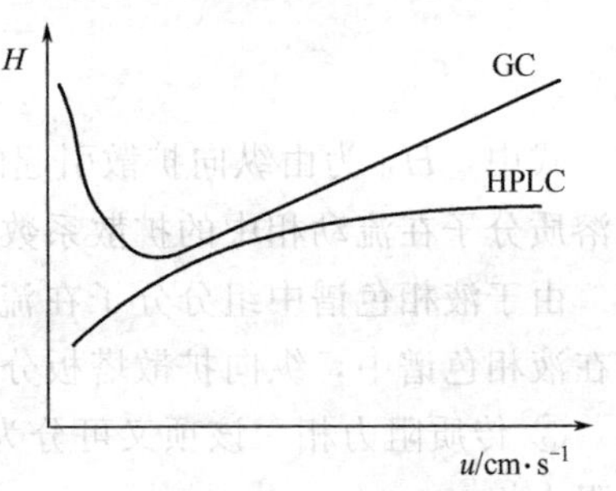

图 6-2　H-u 的关系曲线

(3) 柱外效应　速率方程研究的是柱内溶质的色谱峰展宽。此外，还应考虑色谱柱外的各种因素引起的峰宽扩展，即柱外展宽。产生这种扩展的原因主要是柱前和柱后的死体积过大，流动相的流速慢，样品分子在液相中的扩散系数小等；其次，检测器的响应时间和进样方式等也都会引起峰扩展。这是由于进样器内存在一定的死体积，以及注样时液流扰动引起的扩散造成色谱峰的不对称和展宽。

故为了降低柱外效应，希望样品直接进到柱头的中心部位；采用小体积检测器等。在实际工作中，柱外管道的半径为2～3mm；应尽可能减小柱外死空间，即减小除柱子本身外，从进样器到检测池之间的所有死空间。例如，可采用零死体积接头来连接各部件等。

2. 分配平衡理论

为了使组分分离，从而达到准确的定量目的，就必须使峰宽变狭，并使各个色谱峰拉大距离。峰间的距离由组分的分配系数 K 所决定。即与色谱系统的热力学有关，可用分配平衡理论加以说明。

(1) 保留时间 t_R 与校正保留时间 t'_R

$$t'_R = t_R - t_M \tag{6-8}$$

式中，t_M 为死时间。

(2) 保留体积 V_R 与校正保留体积 V'_R

$$V'_R = V_R - V_M \tag{6-9}$$

式中，V_M 为死体积。

(3) 容量因子 k　**容量因子**又称分配比，它是指在一定温度与压力下，组分在两项间分配达平衡时，分配在固定相与流动相中的质量比，即：

$$k = \frac{组分在固定相中的质量}{组分在流动相中的质量} = \frac{m_s}{m_m} = \frac{W_s}{W_m} = \frac{c_s V_s}{c_m V_m} = K\frac{V_s}{V_m} \tag{6-10}$$

式(6-10) 中，c_s 与 c_m 分别为组分在固定相及流动相中的浓度；V_s、V_m 分别为柱内固定相及流动相的体积。组分在两相中分配系数 K 愈大，说明组分在固定相中的量越多，它的 k 值也愈大，它是衡量色谱柱对被分离组分保留能力的重要参数，k 也决定于组分及固定相的热力学性质，随温度与柱压的变化而变化。且它和 V_s 在不同类型的色谱中的意义也不同。如表 6-1 所示。

表 6-1　k、V_s 在不同色谱中的意义

色谱类型	k	V_s
吸附色谱	吸附系数	吸附剂表面积
分配色谱	分配系数	固定液体积
离子交换色谱	离子交换系数	离子交换剂体积
凝胶渗透色谱	渗透系数	凝胶孔隙体积

(4) 分离度　表示物质色谱分离程度优劣的参数称为**分离度**或**分辨率**。它是根据相邻两组分的保留值之差与两组分的色谱峰宽之和的一半的比值。即

$$R = \frac{t_{R2} - t_{R1}}{\frac{1}{2}(W_1 + W_2)} \tag{6-11}$$

设两峰符合高斯曲线，$W_1 = W_2$，则 $1/2(W_1 + W_2) = 4\sigma$，即 $R = (t_{R2} - t_{R1})/4\sigma$。当 $R=1$，$t_{R2} - t_{R1} = 4\sigma$，常称为 4σ 分离，两峰的分离程度可达98%，只有2%重叠。当 $R=1.5$ 时，$t_{R2} - t_{R1} = 6\sigma$，重叠少于1%，可认为完全分离。如图 6-3 所示，为两组分在不同分辨率 R 和峰大小不同时获得的分离度与峰形。

在液相色谱中，两个相邻谱带的分离度 (R_s) 与理论塔板数 n、分配比 k 及选择性 α 的

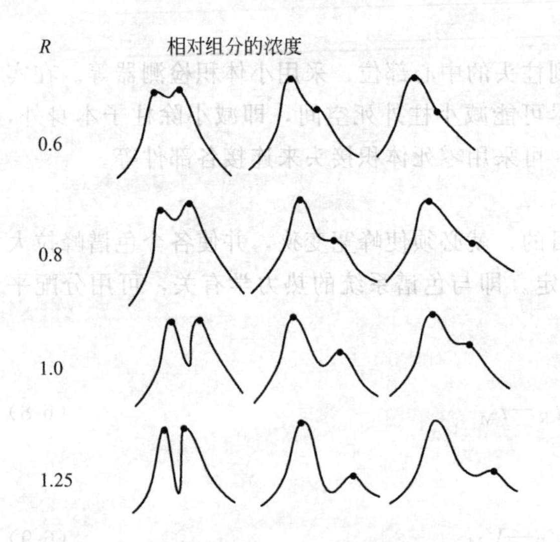

图 6-3 不同分辨率 R 和峰大小不同时得到的分离度和峰形

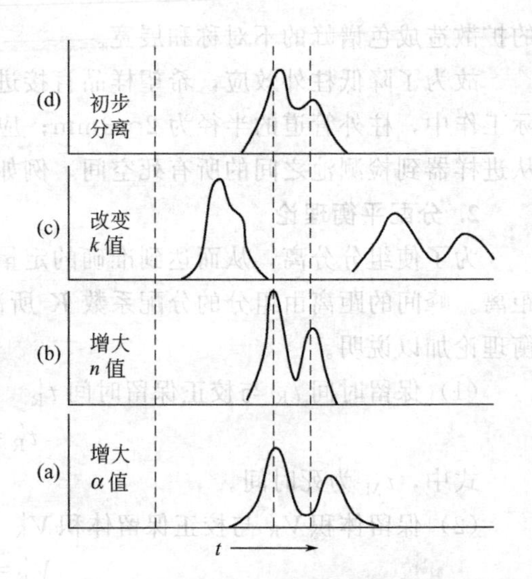

图 6-4 改变 n、k、α 对样品分离的影响

关系是：

$$R_s=\frac{1}{4}\left(\frac{\alpha-1}{\alpha}\right)\sqrt{n}\left(\frac{k}{1+k}\right) \tag{6-12}$$

式(6-12) 表明可利用这三个能够独立变化的 n、k、α 来控制分离度。

如图 6-4 所示，增大分离因子 α，可使一个谱带中心相对于另一个谱带发生位移 (a)，使 R_s 迅速增大；增大理论塔板数 n，使两个谱带变窄，而且谱带高度增加 (b)，但对分离时间没有直接影响；k 值在 0～2 范围内减少，可引起分离度迅速变坏 (c)。若 k 值在此范围内增加，将使分离度增大，但随 k 值增加，谱带高度降低，分析时间增长。

三、高效液相色谱的主要类型及其分离原理

高效液相色谱法按其组分在固定相与流动相间分离机理的不同，主要可分为液-固吸附色谱法、液-液分配色谱法、离子交换色谱法、凝胶色谱法等。

1. 液-固吸附色谱法

液固吸附色谱（liquid-solid adsorption chromatography，LSC）又称液固色谱法。该法的流动相为液体，固定相为固体吸附剂。分离原理是根据固定相对组分吸附力大小的不同，使被分离组分在色谱柱上分离。分离的过程是一个吸附与解吸附的平衡过程。由于流动相及混合物中各个组分对吸附剂的吸附能力不同，故在吸附剂表面，组分分子 X 与流动相分子 M 对吸附剂表面活性中心发生吸附竞争，竞争过程可由式(6-13) 表示：

$$X_m+nM_a \rightleftharpoons X_a+nM_m \tag{6-13}$$

式中，X_m 为流动相中的组分分子；X_a 为吸附剂上吸附的组分分子；M_a 为被吸附剂表面吸附上的流动相分子；M_m 为流动相中的流动相分子；n 为组分被吸附后，从吸附剂顶替出来的流动相分子的数目。上述的竞争吸附过程达到平衡时可由式(6-14) 表示：

$$K_c=\frac{[X_a][M_m]^n}{[X_m][M_a]^n} \tag{6-14}$$

式中，K_c 为吸附平衡常数。由此可见，样品分子与流动相分子在吸附剂表面的竞争吸

附取决于平衡常数 K_c，K_c 值越大，说明吸附剂对组分的吸附能力越强，保留值越大，难以洗脱；反之，K_c 值越小，说明吸附剂对组分的吸附能力越弱，保留值越小，易于洗脱。其分离方式如图 6-5 所示。

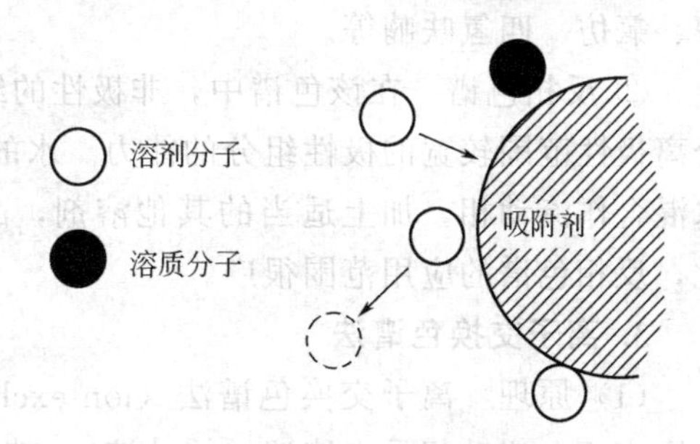

图 6-5　液-固吸附色谱分离示意图

流动相是各种不同极性的溶剂，如最常用的有水、甲醇、丙酮、乙酸乙酯、二氯甲烷等。其选择原则是极性较大的试样选用极性较强的流动相，反之，极性较小的则应选择极性较弱的流动相。必要时可采用混合溶剂法及梯度洗脱等。总之，最终应使流出峰的容量因子均在 $1<k'<10$ 范围内。

另外，作为液固色谱来说，固定相的含水量是非常重要的，应必须保持色谱系统的水分处于平衡状态。因此，精确控制流动相的含水量是关键因素。

2. 液-液分配色谱法

液-液分配色谱法（liquid-liquid partition chromatography，LLC）是由马丁（Martin）及辛格于 1941 年首先提出并发展的。

(1) 原理　其原理是基于各组分在固定相与流动相中分配系数的差异进行分离的。组分在两相间具有下列平衡：

$$X_m \rightleftharpoons X_a \tag{6-15}$$

式中，X_m 为流动相中的组分分子；X_a 为固定相中的组分分子。

并按其分配系数在两相间进行分配，如式(6-16) 所示：

$$K=\frac{c_a}{c_m}=\frac{\dfrac{p}{V_s}}{\dfrac{q}{V_m}}=\frac{V_m}{V_a}\times\frac{p}{q}=k\frac{V_m}{V_a} \tag{6-16}$$

式中，K 为分配系数；k 为分配比；c_a 为组分在固定相中的浓度；c_m 为组分在流动相中的浓度；V_a 为固定相在柱中所占的体积；V_m 为流动相在柱中所占的体积。其分离机理如图 6-6 所示。

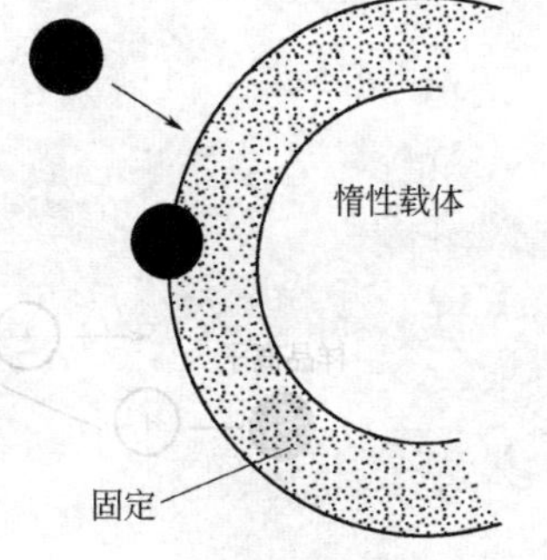

图 6-6　液-液分配色谱分离示意图

根据所用固定相与流动相极性的不同，液-液分配色谱可分为正相色谱与反相色谱。正相色谱是指以极性大的液体做固定相，极性小的液体做流动相，其主要用来分离极性化合物，其流出顺序与被分离物质的极性有关，极性小的先流出色谱柱，极性大的后流出色谱柱；反之，反相色谱是指以极性小的液体做固定相，以极性大的液体做流动相，其主要用于分离非极性化合物，组分的流出顺序与正相液相色谱相反。

(2) 固定相　其固定相由载体与固定液组成。载体的材料可以是惰性的玻璃微球，也可以是吸附剂。极性的固定液直接涂渍在多孔的亲水载体上；而非极性的固定液，则先将载体制成疏水性吸附剂，然后涂渍。

(3) 流动相

① 正相色谱　在该色谱中，极性化合物可在最佳 k' 值时洗脱。所以，在非极性的流动相中，需加入一些极性调节剂调节溶剂的强度，以达到适当分离。典型的极性调节剂有甲

醇、氯仿、四氢呋喃等。

② 反相色谱　在该色谱中，非极性的组分可在最佳的 k' 值下洗脱。而且，该色谱具有分离极性范围较宽的极性组分的能力。水的极性最大，用强溶剂甲醇和乙腈以适当的比例与水混合作流动相，加上适当的其他溶剂，配合梯度洗脱技术就能很好地分离复杂组分。因此，反相色谱的应用范围很广。

3. 离子交换色谱法

(1) 原理　离子交换色谱法（ion exchange chromatography，IEC）以离子交换树脂作为固定相，流动相是水溶液（缓冲液）。其机理是树脂上具有固定的离子基团与可交换的离子基团，当流动相带着组分离子通过固定相时，组分离子与树脂上可交换的离子基团进行可逆交换，根据组分离子对树脂的亲和力不同而得到分离。根据离子的性质可分为阳离子交换色谱与阴离子交换色谱。离子交换的交换机理如式(6-17) 与式(6-18) 所示：

阳离子交换：　$R^-Y^+ + X^+ \rightleftharpoons Y^+ + R^-X^+$　(6-17)

阴离子交换：　$R^+Y^- + X^- \rightleftharpoons Y^- + R^+X^-$　(6-18)

式中，X 为待分离的组分离子；Y 为流动相离子；R 为离子交换树脂上带电离子的部分。

离子交换过程如图 6-7 所示。组分离子对树脂的亲和力越大，越容易交换到树脂上，保持时间就越长；反之，亲和力较小的组分，保留时间就越短。

达平衡时，以浓度表示的平衡常数（离子交换反应的选择系数）用式(6-19) 表示：

即　$$K_{B/A}=\frac{[B]_r[A]}{[B][A]_r} \tag{6-19}$$

式中，$[A]_r$、$[B]_r$ 分别代表树脂相中洗脱剂离子（A）与试样离子（B）的浓度；[A] 与 [B] 则代表它们在溶液中的浓度；$K_{B/A}$ 表示试样离子 B 对于 A 型树脂亲和力的大小，$K_{B/A}$ 越大，则离子交换能力越大，越难于洗脱掉而被保留。一般来说，B 离子电荷越大，水合离子半径越小，$K_{B/A}$ 值越大。

(2) 固定相　离子交换色谱常用的固定相为离子交换树脂，目前常用的离子交换树脂有三种类型：一种是常见的纯离子交换树脂。第二种为玻璃珠等硬芯且表面涂一层树脂薄层构成的表面层离子交换树脂。最后一种为大孔径网络型树脂。

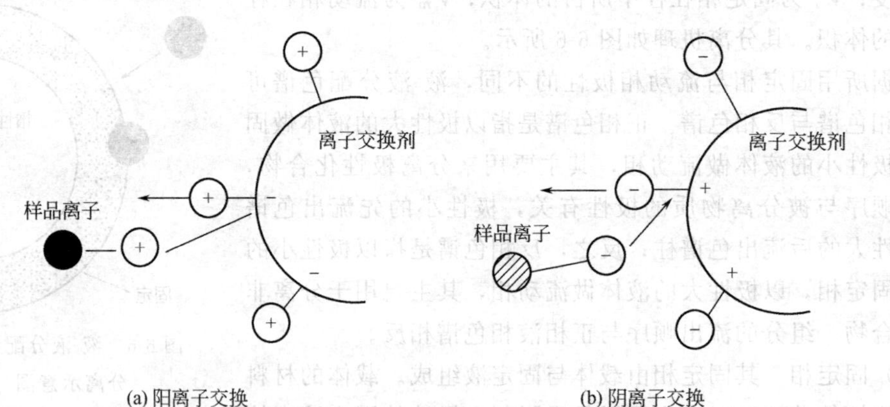

图 6-7　离子交换过程示意图

典型的离子交换树脂是由苯乙烯与二乙烯基苯交联共聚而成的，可分为阳离子交换树脂与阴离子交换树脂。

常用的离子交换剂固定相大致可分以下几种。

① 多孔型离子交换树脂：它主要是聚苯乙烯和二乙烯苯基的交联聚合物，直径为 5～20μm，有微孔型和大孔型之分。如图 6-8 中（a）与（b）所示。

② 薄膜型离子交换树脂：它是在直径约 30μm 的固体惰性核上，凝聚 1～2μm 厚的树脂层，如图 6-8(c) 所示。

③ 表面多孔型离子交换树脂：它是在固体惰性核上，覆盖一层微球硅胶，再在上面涂一层很薄的离子交换树脂，如图 6-8(d) 所示。

④ 离子交换键合固定相：它是利用化学反应将离子交换基团键合到惰性载体表面上。它也分为两种类型：键合薄壳型，其载体是薄壳玻珠；键合微粒载体型，其载体是多孔微粒硅胶。

(3) 流动相　最常使用的流动相是水缓冲溶液（由钠、钾、铵的柠檬酸盐，磷酸盐，甲酸盐与其相应的酸混合成酸性缓冲液或氢氧化钠混合成碱性缓冲液等），有时还加入适量的与水混融的有机溶剂，如甲醇、乙腈等。水是一种理想的溶剂，可通过改变流动相中盐离子的种类、浓度与 pH 以及加入少量的有机溶剂、配位剂等来控制 k 值，改变选择性，使待测样品达到良好的分离。

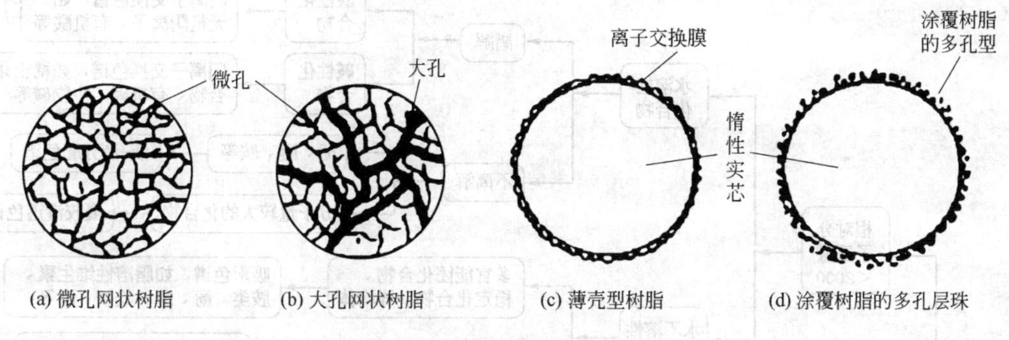

图 6-8　常用的离子交换剂固定相类型

选择离子交换色谱的流动相应满足如下条件：

① 应能够充分溶解各种盐并提供离子交换必需的缓冲液；

② 具有合适的离子强度，以便控制样品的保留值；

③ 对被分离的对象具有选择性。

4. 凝胶色谱法

(1) 原理　凝胶色谱又称排阻色谱、空间排阻色谱等。它是按分子尺寸大小的顺序进行分离的一种色谱技术。凝胶色谱的分离机理是立体排阻，样品组分与固定相之间不存在相互作用。色谱柱填料是凝胶，凝胶的空穴大小与被分离的试样大小相当，只允许直径小于孔开度的组分分子进入，这些孔对于流动相分子来说是相当大的，可使流动相分子自由地扩散出入。对于不同大小的组分分子，如图 6-9 所示，当样品分子随流动相在凝胶外的间隙和凝胶孔穴中流动时，分子体积大的不能渗透到凝胶孔穴中去，很快被洗脱，它的洗脱体积（即保留时间）很小；中等大小的样品分子，能选择渗透到部分孔穴中去，流出较慢；小分子组分则渗透到凝胶内部的孔穴中，在柱中的滞留时间较长，洗脱体

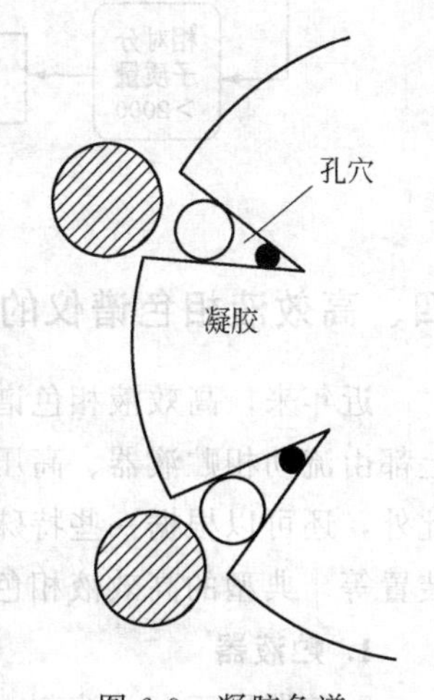

图 6-9　凝胶色谱

积（即保留时间）较大，分子粒度越小，进入孔穴越深，流出速度越慢，直到所有孔内的最小分子到达柱出口。因此，待测样品按分子粒度大小可先后从色谱柱中流出。

（2）凝胶色谱的固定相、流动相　根据所用固定相与流动相的不同，该类色谱可分为两类，以软性凝胶为固定相，以水溶液作为流动相的分离色谱，叫做凝胶过滤色谱；以半刚性或刚性凝胶为固定相，以有机溶剂为流动相的分离色谱，称为凝胶渗透色谱。

① 固定相　色谱柱使用的凝胶填料分为有机和无机两大类。前者如交联聚苯乙烯，后者如多孔硅胶和多孔玻璃等。

② 流动相　柱流动相体积可被分成两部分，一部分为粒间体积；另一部分为孔隙体积。

5. 高效液相色谱法分离类型的选择

高效液相色谱法的各种分离方法都有各自的特点及应用范围，在解决某一试样的分析任务时，选择高效液相色谱分离方法应考虑各种因素，主要根据样品的性质，如相对分子质量的大小、在水中与有机溶剂中的溶解度、极性和稳定性程度等的物理性质与化学性质来选择合适的分离分析方法。选择方法可用图 6-10 表示如下，可作为选择分离类型的参考。

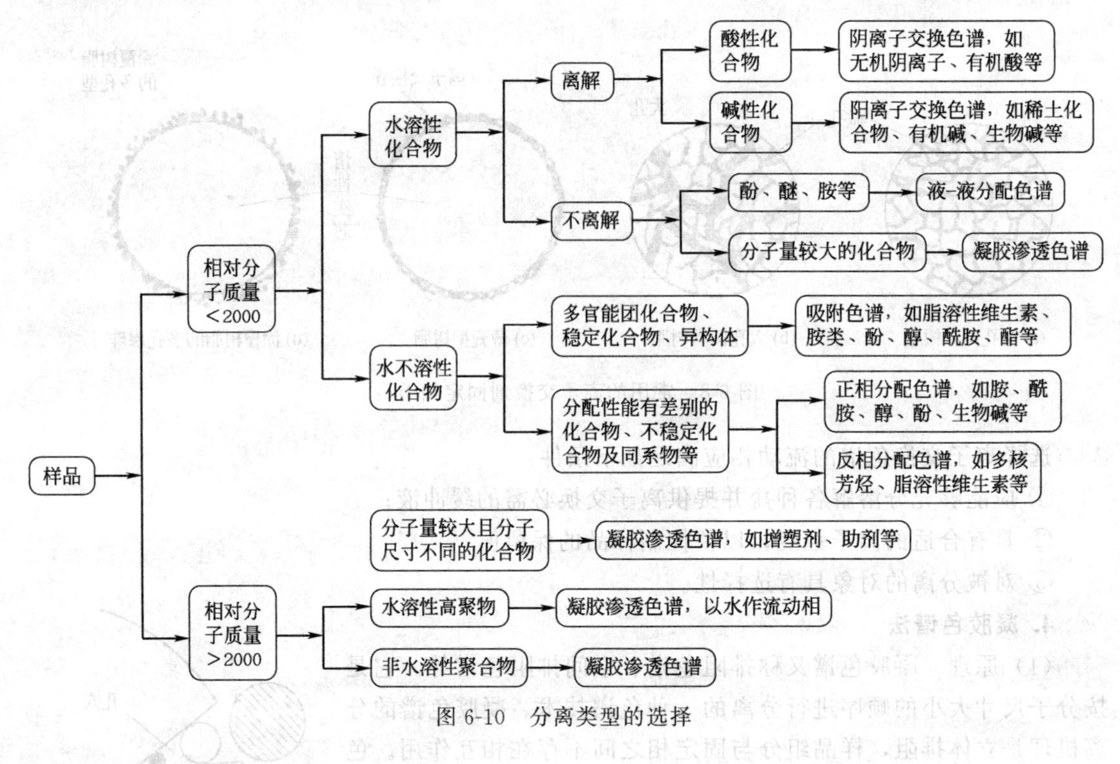

图 6-10　分离类型的选择

四、高效液相色谱仪的基本构造

近年来，高效液相色谱仪种类日益繁多，仪器的结构和流程也是多种多样的。它们基本上都由流动相贮液器、高压输液系统、进样系统、分离系统、检测记录系统五个部分组成。此外，还可以根据一些特殊的要求，配备一些附属装置，如梯度洗脱、自动进样及数据处理装置等。典型的高效液相色谱仪的结构如图 6-11 所示。

1. 贮液器

贮液器用于存放溶剂。溶剂要求必须很纯，且不能长期放置，必须经常更换。贮液器材料对溶剂应呈惰性，要耐腐蚀。通常采用1～2L的大容量玻璃瓶，也可用不锈钢制成，但不能用塑料瓶存放。为防止流动相中的颗粒进入泵内，贮液器应配有一般用耐腐蚀的镍合金制成的溶剂过滤器，孔径大小一般为2μm。

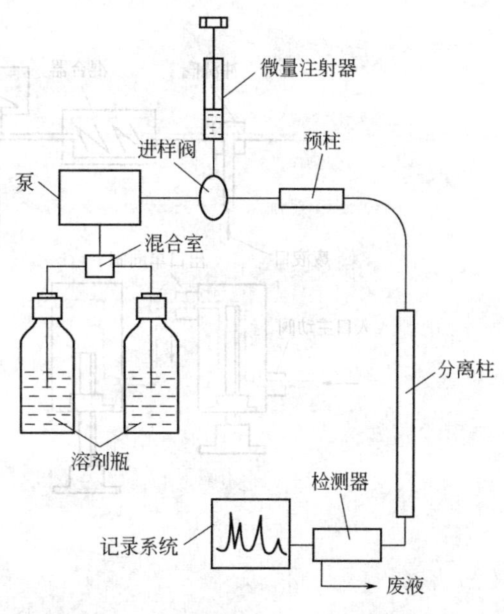

图 6-11　典型高效液相色谱仪结构

2. 高压输液系统

其核心部件是高压输液泵和梯度洗脱装置。

(1) 高压泵　液相色谱仪中的高压泵应具有输出压力高，压力范围为250～400kg·cm^{-2}，输出流量恒定，精度在1%～2%之间，输出流量范围可调，对分析仪器，一般为3mL·min^{-1}；对制备仪器为10～20mL·min^{-1}，压力平稳和脉动小，能抗溶剂腐蚀等优点。

高压泵按其操作原理可分为恒流泵和恒压泵。按工作方式又可分为液压隔膜泵、气动放大泵、螺旋注射泵和往复柱塞泵四种。前两种为恒压泵，后两种为恒流泵。常用的有机械注射泵和机械往复泵。

(2) 梯度洗脱装置　其作用与气相色谱法中的程序升温相似。所谓梯度洗脱是指将两种或两种以上不同性质，但可以互溶的溶剂随着时间的改变而按一定比例混合，以连续改变载液的极性、离子强度或pH等，从而改变被测组分的相对保留值，提高分离效率和加快分离速度。它主要应用于分离分配比k值相差很大的复杂混合物。

梯度洗脱装置有两种类型：一种是在常压下混合后，用高压泵压至柱系统，这叫外梯度，也称低压梯度；另一种是将两种溶剂分别用泵增压后输入色谱系统的混合室，再输至柱系统，这叫内梯度或高压梯度。依据梯度装置所提供的流路个数，其可分为二元梯度与四元梯度等。图6-12是Agilent 1200高效液相色谱仪的二元泵和四元泵的梯度洗脱系统流路结构。

3. 进样系统

进样系统是将待分析样品引入色谱柱的装置。在液相色谱分析中，柱外的谱带扩宽现象会造成柱效显著下降，尤其是使用微粒填料时，更为严重。柱外的谱带变宽通常发生在进样系统、连接管道及检测器中。此外，进样方式及试样体积对柱效有很大的影响。

进样方式有隔膜注射进样、阀进样与自动进样器进样等多种。在阀进样器中，几乎所有厂商均采用带定量管的六通阀进样系统，如图6-13所示，进样阀手柄有两个旋转位置，当进样阀手柄放在吸液位置时，流动相直接通过泵和色谱柱之间的通路流向色谱柱。样品通过注射器从针孔进入样品环管，过量的样品从出口孔排出。然后将手柄转到进样位置，此时流动相便将样品带入柱子。再将样品阀扳回原来的位置，为下一次进样做准备。如果扳阀处于充样与进样之间，便阻死了液流，压力骤增，再转阀到位，过高的压力冲击在柱头上会引起柱子损坏，故应尽快转动阀，不应停留在中途。

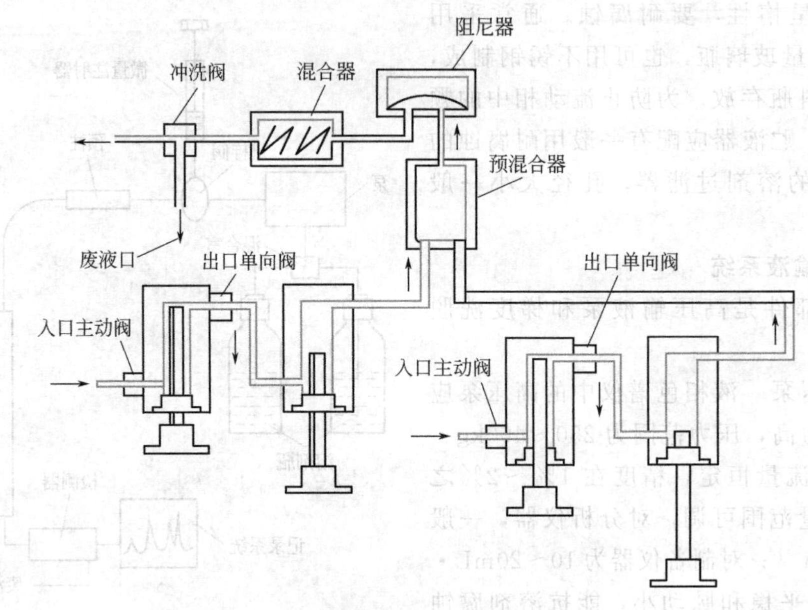

(a) 二元泵 (G1312A) 流路结构图

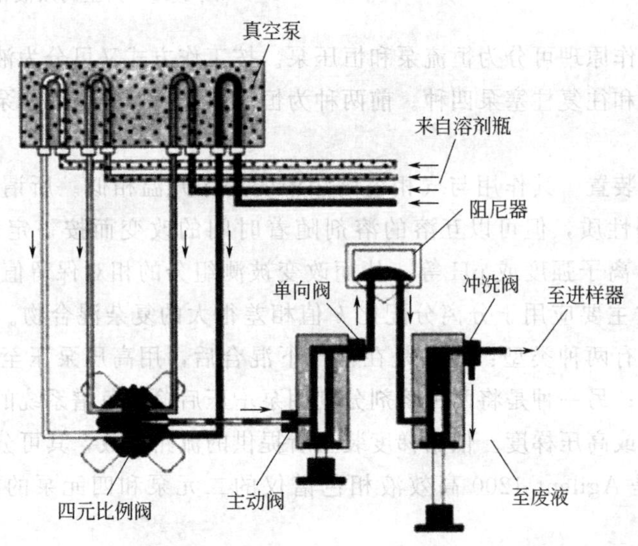

(b) 四元泵工作原理示意图

图 6-12 二元泵和四元泵的梯度洗脱系统流路结构

4. 分离系统

分离系统是最重要的部分，其核心是色谱柱，有的还配有柱温箱。色谱柱常用内壁抛光的、粗糙度小于 0.4μm 的、无轴向沟槽且能耐 80MPa、内径均匀的优质的不锈钢管。主要由柱管、固定相填料和密封垫组成。在中、低压条件下分离蛋白质、多糖等生物大分子时也可以采用塑料或玻璃柱。

根据高效液相色谱的特点，色谱柱应具备耐高压、耐腐蚀、抗氧化、密封不漏液和柱内死体积小等性能。此外对填料质量和装柱技术也有严格规定，应达到柱效高、柱容量大、分析速度快、使用寿命长的要求。

不同的液相色谱采用不同的色谱柱，表 6-2 表示的是不同的液相色谱采用的柱填料。

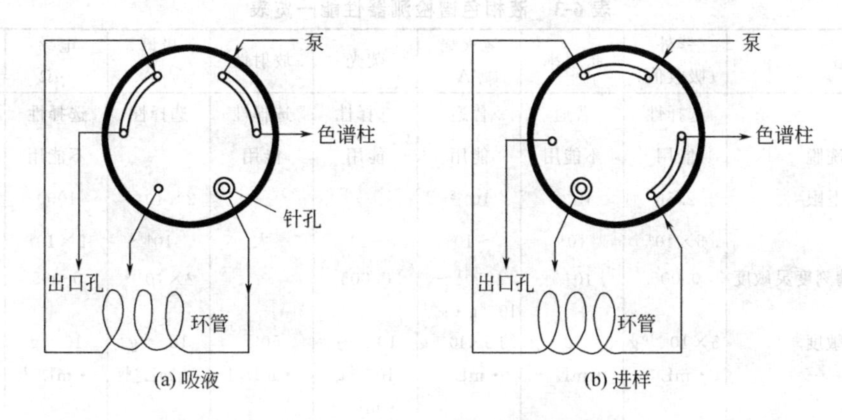

图 6-13　六通高压进样阀工作示意图

5. 检测系统

高效液相色谱检测器是将色谱柱分离后的组分浓度变化转化成电信号，并做相应的处理后输送给记录仪或计算机。

表 6-3 列出了常用的检测器及其某些特性。现将常用的检测器介绍如下。

(1) 紫外吸收检测器　该检测器是高效液相色谱中应用得最早、最广泛的检测器之一，它通过测定物质在流动池中吸收紫外线的大小来确定其含量。可分为固定波长检测器（单波长检测器）、可变波长检测器（多波长检测器）和光电二极管阵列检测器（photodiode array detector，PDAD)。按光路系统来分，UV 检测器可分为单光路和双光路两种。可变波长检测器又可分为单波长检测器和双波长检测器。

表 6-2　不同的液相色谱采用的柱填料

LC	柱填料	详细说明
反向、离子对色谱	C_{18}	应用范围广，主要柱填料，用量占 50%以上
	C_8	稍逊于 C_{18}
	C_1、三甲硅烷基	低度键合，易受影响，寿命短
	酚、二酚	专用柱
	全氟 C_8	专用柱，对氟代样品有选择性
	氰基	正反相
	聚苯乙烯	1<pH<13 稳定，寿命长
	氨基	糖类分析，稳定性低
	正相	主要柱填料，价格低
	氰基	多用于正相
	二羟基	同氰基
	氨基	不稳定
凝胶色谱	硅胶	稳定，适应性差
	二羟基	不稳定，很适合黏胶水性色谱
	聚苯乙烯	不稳定，很适于有机性排阻色谱
离子交换色谱	聚苯乙烯	低效，稳定，重复性好

表 6-3 液相色谱检测器性能一览表

规格	紫外（吸收值）	折射率	氢火焰 /A	荧光	放射性	极谱 /μA	电导 /μΩ	红外（吸收值）
类型	选择性	普通	普通	选择性	选择性	选择性	选择性	选择性
是否能用梯度洗脱	能用	不能用	能用	能用	能用	—	不能用	能用
线性动态范围上限	2.56	10^{-3}	10^{-8}	—	—	2×10^{-5}	1000	1.5
线性范围	5×10^{4}	10^{4}	$\sim10^{5}$	$\sim10^{3}$	大	10^{4}	2×10^{4}	10^{4}
±1%噪声下满刻度灵敏度	0.005	10^{-5}	$10^{-11}\sim10^{-8}g\cdot s^{-1}$	0.005	—	2×10^{-6}	0.005	0.01
对适当试样灵敏度	$5\times10^{-10}g\cdot mL^{-1}$	$5\times10^{-7}g\cdot mL^{-1}$	约$5\times10^{-7}g\cdot mL^{-1}$	$10^{-9}\sim10^{-10}g\cdot mL^{-1}$	$50Ci\cdot mL^{-1}$	$10^{-10}g\cdot mL^{-1}$	$10^{-8}g\cdot mL^{-1}$	$10^{-6}g\cdot mL^{-1}$
对流速敏感性①	无	无	有	无	无	有	有	无
对温度敏感性	低	$10^{-4}g\cdot ℃^{-1}$	可忽略	低	可忽略	$1.5\%\cdot ℃^{-1}$	$2\%\cdot ℃^{-1}$	低

① 表示因为对温度变化的敏感性，有些检测器对流量显示出敏感性。

紫外吸收检测器的作用原理是基于待测试样对特定波长的紫外线有选择性的吸收，试样浓度与吸光度的关系服从比耳定律。

① 固定波长的紫外吸收检测器　如图 6-14 所示，为双光路紫外吸收检测器光路图。从低压汞灯发出的光束经透镜和遮光板变成两束平行光束，分别通过测量池和参比池，通过滤光片滤掉非单色光，照射到构成惠斯顿电桥的两个紫外光敏电阻上，注入样品后，工作池因含有样品对 254nm 的紫外线产生吸收，使该流路光电流减少，而参比吸收池流路的光电流保持不变，这样在两个紫外光敏电阻上便产生电位差，这个差值电压经放大器放大后，送给记录仪记录。池体积通常为 5～10μL，光路长 5～10mm，检测波长一般为 254nm，也有 280nm 与 315nm。

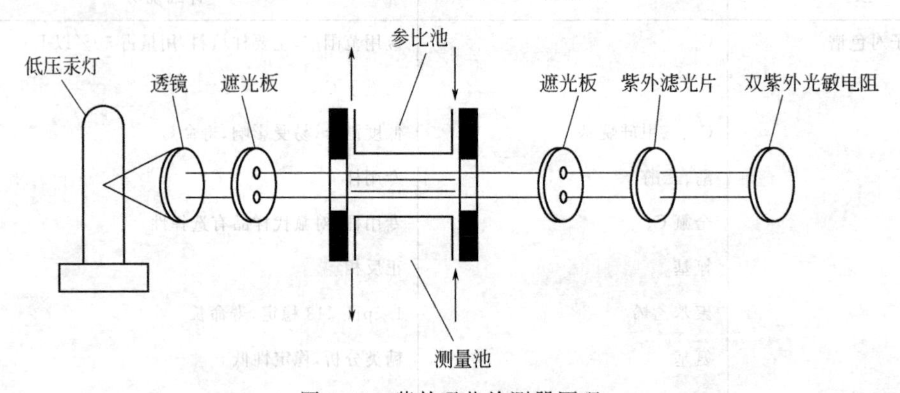

图 6-14　紫外吸收检测器原理

② 光电二极管阵列检测器　也称快速扫描紫外、可见分光检测器。其工作原理如图 6-15 所示，先使光源发出的紫外线或可见光通过液相色谱流通池，在此被流动相中的组分进行特征吸收，然后通过入射狭缝进行分光，使所得含有吸收信息的全部波长聚焦在阵列上，同时被检测，并用电子学方法及计算机技术对二极管阵列快速扫描采集数据，并经计算机处理后可得到三维色谱光谱图，如图 6-16 所示的是菲的三维图谱。每帧图像仅需要 10ms，远远超过色谱峰的流出速度，因此可随峰扫描。

（2）示差折光检测器（RID）　示差折光检测器是目前液相色谱中常用的一种检测器。

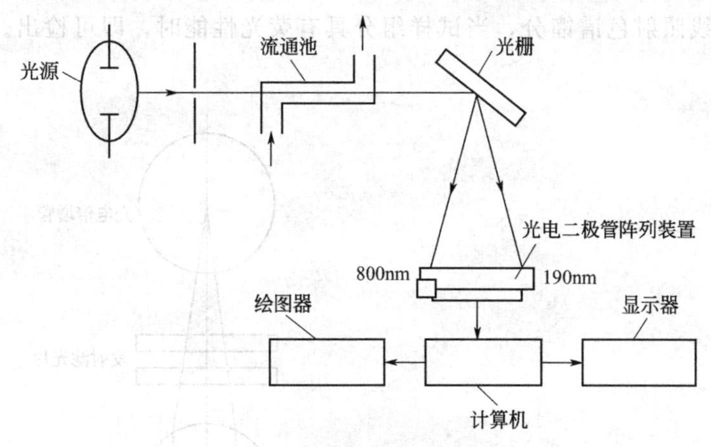

图 6-15　光电二极管阵列检测器光路示意图

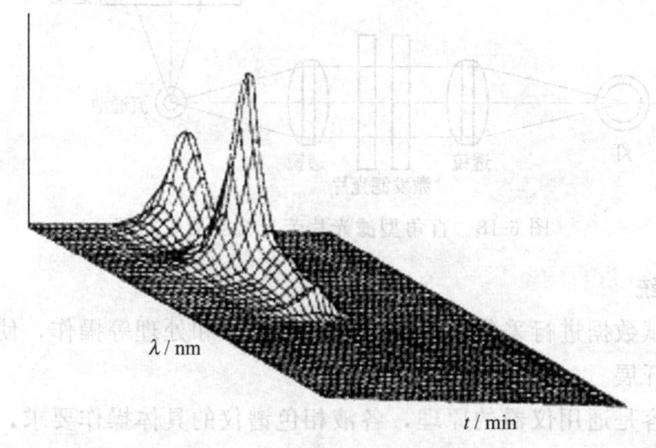

图 6-16　菲的三维图谱

按其工作原理，可分费涅尔式、偏转式和反射式三种。它是基于连续测定样品流路和参比流路之间折射率的变化来测定样品含量的。其工作原理如图 6-17 所示，光源发出的光先变成一束光，再经透镜变成平行光，并交替照射到样品池和参比池，由反射镜反射至光电管，调整光学调零，使光电信号输出为零。当样品池有样品组分流过时，样品组分的折射率发生变化，光束经折射后不再照射在光电管中央，光电管产生的输出信号，经放大器放大送至记录仪。

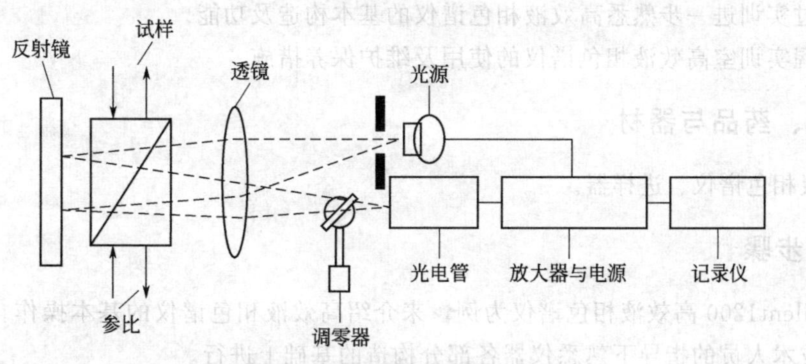

图 6-17　偏转式示差折光检测器工作原理示意图

（3）荧光检测器　荧光检测器是高效液相色谱仪常用的一种检测器，其仅次于紫外吸收检测器。用紫外线照射色谱馏分，当试样组分具有荧光性能时，即可检出。其示意图如图6-18所示。

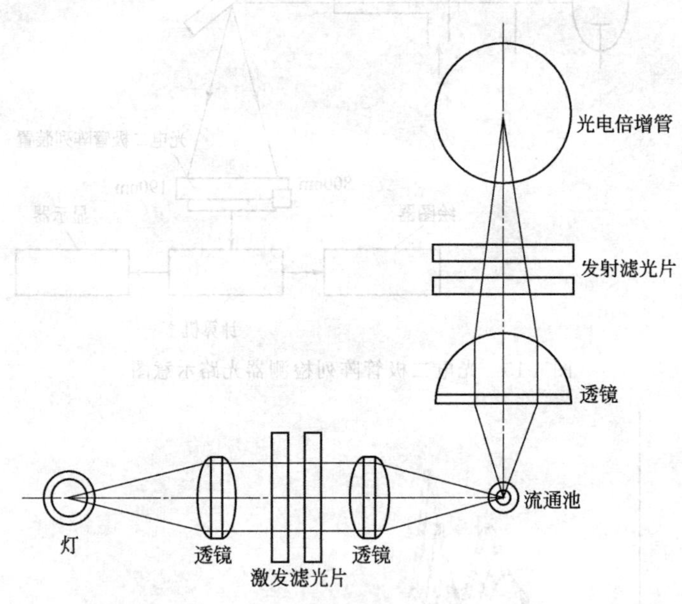

图 6-18 直角型滤光片荧光检测器光路图

6. 数据处理系统

该系统可对测试数据进行采集、储存、显示、打印和处理等操作，使样品的分离、制备或鉴定工作能正确开展。

上述介绍的内容是通用仪器的原理，各液相色谱仪的具体操作要求，需使用者仔细阅读仪器说明书。

※ 实践操作

高效液相色谱仪的使用及维护与保养

一、实训目的

1. 通过实训进一步熟悉高效液相色谱仪的基本构造及功能。
2. 掌握实训室高效液相色谱仪的使用及维护保养措施。

二、仪器、药品与器材

高效液相色谱仪、进样器。

三、操作步骤

以 Agilent1200 高效液相色谱仪为例，来介绍高效液相色谱仪的基本操作。其操作应当是在专业技术人员的指导下熟悉仪器各部分构造的基础上进行。

1. 开机

(1) 打开计算机，进入 Windows 2000（或 Windows XP）画面。

（2）打开 1200 LC 各模块电源。

（3）待各模块自检完成后，双击“仪器联机”图标，化学工作站自动与 1200LC 通讯，进入工作站画面。

（4）从“视图”菜单中选择“方法与运行控制”画面，点击“视图”菜单中的“显示顶部工具栏”，“显示状态工具栏”，“系统视图”，“样品视图”，使其命令前有“√”标志，来调用所需的界面。

（5）把流动相放入溶剂瓶中。

（6）打开“Purge”阀。

（7）点击“泵”图标，点击“设置泵”选项，进入泵编辑画面。

（8）设流速为 3～5mL·min^{-1}，点击“确定”。

（9）点击“泵”图标，点击“泵控制”选项，选中“打开”，点击“确定”，则系统开始 Purge，直到管线内（由溶剂瓶到泵入口）无气泡为止，切换通道继续 Purge，直到所有要用通道无气泡为止。

（10）点击“泵”图标，点击“泵控制”选项，选中“关闭”，点击“确定”关泵，关闭 Purge 阀。

（11）点击“泵”图标，点击“设置泵”选项，设流速为 1.5mL·min^{-1}。

（12）点击泵下面的瓶图标，以四元泵为例，输入溶剂的实际体积和瓶体积。也可输入停泵的体积，点击“确定”。

2. 数据采集方法编辑

（1）编辑完整方法　从“方法”菜单中选择“编辑完整方法”项，弹出菜单，选中除“数据分析”外的三项，点击“确定”键，进入下一画面。

（2）方法信息　在“方法信息”窗口中写入方法的信息，单击“确定”，进入下一画面。

（3）泵参数设定（以四元泵为例）　在“流速”处输入流量，如 1.0mL·min^{-1}，在“溶剂 B”处输入流动相的溶剂比例及名称，也可插入一行“时间表”，编辑梯度。在“最大压力”处输入柱子的最大耐高压，以保护柱子。点击“确定”进入下一画面。

（4）自动进样器参数设定（以标准型 G1329A 为例）　选择合适的进样方式，进样体积为 10μL，设置洗瓶位置。“标准进样”——只能输入进样体积，此方式无洗针功能。“洗针进样”——可以输入进样体积和洗瓶位置，此方式针从样品瓶抽完样品后，会在洗瓶中洗针。“使用进样器程序”——可以点击“编辑”键进行进样程序编辑。点击“确定”进入下一画面。

（5）柱温箱参数设定　G1316A：在“温度”下面的空白方框内输入所需温度，并选中它，点击“更多信息>>”键，选中“与左侧相同”——使柱温箱的温度左右一致。

G1316B：在“温度”下面的空白方框内输入所需温度或与检测池一致，并选中它，点击“更多信息”，选中“与左侧相同”——使柱温箱的温度左右一致或与检测池一致。点击“确定”进入下一画面。

（6）VWD 检测器参数设定

G1314B：在“波长”下方的空白处输入所需的检测波长，如 254nm，在“峰宽（响应时间）”下方点击下拉式箭头，选择合适的响应时间，如>0.1min（2s）。最快采样速率为 13.74Hz。

G1314C：在“波长”下方的空白处输入所需的检测波长，如 254nm，在“峰宽（响应时间）”下方点击下拉式箭头，选择合适的响应时间，如>0.1min（2s）。最快采样速率为 55Hz。在“时间表”中可以“插入”一行，输入随时间切换的波长，如 1min，波长＝300nm。点击“确定”进入下一画面。

(7) DAD 检测器参数设定

G1315B：检测波长＝254nm，带宽＝4nm；参比波长＝360nm，带宽＝100nm。

检测波长：一般选择最大吸收处的波长。样品带宽 BW：一般选择最大吸收值一半处的整个宽度。参比波长：一般选择在靠近样品信号的无吸收或低吸收区域。参比带宽 BW：至少要与样品信号的带宽相等，许多情况下用 100nm 作为缺省值。

峰宽（响应时间）：其值尽可能接近要测的窄峰峰宽。狭缝——狭缝窄，光谱分辨率高；宽时，噪声低。同时可以输入采集光谱方式、步长、范围、阈值。选中所用的灯。

G1315C XL：可以开启光学单元温度控制；可以设定 8 通道信号等。点击“确定”进入下一画面。

(8) 荧光检测器（FLD）参数设定

① 样品：P/N 01018-68704 用甲醇稀释为 1∶10。

② ODS Hypersial column 125mm×4.0mm IDX5u。

③ 流动相：A，水 35%，B，乙腈 65%。

④ 进样体积：5μL；柱温箱：30℃；激发波长 246nm，发射波长 317nm；PMT＝10。

⑤ 响应时间＝4s，停止时间：4min。

⑥ 激发：激发波长 200～700nm，步长为 1nm，或零级。

⑦ 发射：发射波长 280～900nm，步长为 1nm，或零级。

⑧ PMT：多数应用适当的设定值为 10，若高浓度样品峰被切平头，则减少 PMT 值。

⑨“峰宽”大多数应用设为 4s，只有快速分析采用小的设定值。

⑩ 多激发：多波长及光谱（激发）。

⑪ 多发射：多波长及光谱（发射）。

⑫ 同时可以输入范围、步长、采集光谱。

(9) 在“运行时选项表”中选中“数据采集”与“标准数据分析”选项，点击“确定”，完成整个方法的编辑。

(10) 点击“方法”菜单，选中“方法另存为”，输入一方法名，如“练习方法”，点击“确定”。

(11) 在方法修改历史注释中，输入适当的注释信息，然后单击“确定”。

至此，整个方法的采集参数编辑和保存已经完成。

(12) 从菜单“视图”中选中“在线信号”，在弹出的“在线谱图”窗口中，选中窗口 1。然后点击“改变”钮（如同时检测两个信号，则重复步骤 12，选中窗口 2）。

(13) 选择需要监测的色谱信号，并设定合适的 X 轴与 Y 轴量程，单击“确定”。

(14) 观测窗口中的色谱基线调零：如果基线已稳定，请点击“在线图谱”窗口中的“平衡”键，进行基线调零。

(15) 从“运行控制”菜单中选择“样品信息”选项，输入操作者名称；在“数据文件”

中选择“手动”或“前缀”。区别：手动——每次做样之前必须给出新名字，否则仪器会将上次的数据覆盖掉。前缀——在前缀框中输入前缀，在计数器框中输入计数器的起始位，仪器会自动命名。

(16) 点击系统视图右下角的“启动”图标，同时开启Agilent1200 HPLC的所有模块，以便稳定整个系统（如色谱柱温度、检测灯能量等）。

(17) 等待10～30min，以便仪器用当前流动相平衡液相色谱系统，基线平稳后，点击窗口中的“运行方法”键，直接运行当前方法。使用自动进样器时，方法直接运行，开始数据采集；使用手动进样器时，化学工作站的状态栏会提醒开始进样，完成手动进样并转动手动进样阀后即可开始数据采集。

3. 数据分析方法编辑

(1) 从“视图”菜单中，点击“数据分析”进入数据分析画面。

(2) 从“文件”菜单选择“调用信号”，选中需要的数据文件名，点击“确定”，则数据被调出。

(3) 做谱图优化 从“图形”菜单中选择“信号选项”。从“范围”中选择“满量程”或“自动量程”及合适的显示时间或选择“自定义量程”调整。反复进行，直到图的比例合适为止。点击“确定”。

(4) 积分

① 如果要进行积分参数的自动优化，选择“积分”，“自动积分”菜单即可。

② 如有必要，可进入积分事件表，修改积分参数，继续优化积分参数；选择“积分”“积分事件”菜单，打开积分事件表。

③ 在积分事件表中输入适当的“最小峰面积”，以消除小的杂质峰积分，具体参数值如积分事件表中所示。参数设置完成后，点击“积分”菜单下的“积分”选项，即可按当前积分参数条件执行积分，得到各个峰面积。检查是否已获得所需的化合物的准确的峰面积，同时没有其他杂峰被积分，确认无误后，单击积分事件表左上角的第一个图标，保存积分参数并退出积分事件表窗口。

(5) 校正

① 建立新的校正表，选择“校正”、“新建校正表”菜单，在弹出的窗口中确认选择“自动设定”，单击“确定”即可。在屏幕下方的校正表中输入第一个浓度标样中的各个化合物的名称和含量，并在校正表的右侧观察各个化合物的校正曲线。

② 连续进行二级校正，首先按与步骤①相同的方式调用第二个标样的数据文件。

③ 在校正表中输入第二个浓度标样中各个化合物的含量，观察校正表右侧各个化合物的校正曲线是否具有良好的线性。同理，将第三个标样数据也加入校正表中，然后单击“确定”，退出校正表。

④ 进行校正设置：选择“校正”、“校正设置”，在弹出的校正设置窗口中更改标样的浓度单位，确认工作曲线的拟合方式等参数设置。

(6) 打印报告

① 选择“报告”、“设定报告”，在弹出的报告参数窗口中选择“外标法”，确认报告的输出目标为屏幕，确认报告类型为“简单报告”，单击“确认”。保存方法，并输入相应的方法修改信息。

外标定量法数据分析参数编辑彻底结束，保存方法，并输入相应的方法修改信息。

② 调用未知的样品信息，打印外标法定量报告，选择“报告菜单”下的“打印报告”或者点击打印预览图标，在屏幕上生成未知样的定量报告。

③ 检查所得的报告是否与定量结果相同，如果定量结果正确，点击报告预览窗口右下角的“打印”键，将报告打印出来完成试验。

4. 关机

(1) 关机前，先关灯，用相应的溶剂充分冲洗系统，进行仪器的清洗与维护。

(2) 退出化学工作站，依提示关泵及其他窗口，关闭计算机。

(3) 关闭 Agilent 1200 各模块电源开关。

5. 高效液相色谱仪的维护保养

为保证分析结果的科学性和准确性，必须重视和加强对液相色谱仪的管理和维护。高效液相色谱仪的维护保养主要体现在以下几个方面。

(1) 仪器放置环境　应放在干燥的实验室内，置于坚固、平稳的工作台上，避免腐蚀性的气体侵入和强光的直射，工作温度为 10～30℃，相对湿度＜80％，最好是恒温、恒湿，远离高电干扰、高振动设备。对大型仪器最好每台仪器单独配备一台稳压器。

(2) 流动相

① 流动相的纯化　不同的色谱柱和检测方法对溶剂的要求不同，如正相色谱分析中使用的己烷、二氯甲烷、氯仿、乙醚中经常含有微量的水分，这会改变液固色谱柱的分离性能，使用前应用球形分子筛柱脱去水分等。要保证配制流动相用水的纯度足够高。另外，流动相不应含有任何腐蚀性物质，如卤代溶剂（四氯化碳、氯仿）与醚类溶剂（四氢呋喃、乙醚等）混合后，发生化学反应而生成的产物对不锈钢具有腐蚀作用等。

② 流动相的过滤　完全由 HPLC 级溶剂组成的流动相不必过滤。其他溶剂，无论是有机水溶液还是缓冲盐溶液的流动相，配好后使用前一定都要用 0.45μm 的过滤膜过滤。过滤后的溶液既可用于色谱分析，也可用于清洗诸如泵头、柱塞杆、单向阀和密封圈等仪器部件，保持输液泵的性能良好。

③ 脱气　所有的流动相在进入 HPLC 系统之前都应该首先脱气（即使仪器上装有在线脱气装置），否则存在的气泡会导致系统的流速和压力不稳定，增加基线的噪声，致使基线起伏等，甚至无法分析。溶解的氧气还会导致样品中某些组分被氧化，柱中固定相发生降解而改变柱的分离性能。目前，液相色谱流动相脱气方法主要有氦气脱气、真空脱气及超声波脱气等。

(3) 储液器

① 流动相一般贮存于玻璃、聚四氟乙烯或不锈钢容器内，不能贮存在塑料容器内，否则将导致流动相被污染。

② 由于甲醇具有防腐作用，所以除盛甲醇的瓶子，特别是盛水、缓冲液及混合溶液的瓶子，应定期用酸、水和溶剂清洗，以除去底部的杂质沉淀，无论选用何种方法清洗，最后一次清洗应选用 HPLC 级的水或有机溶剂，以确保去除清洗过程中可能留下的残渣。用普通溶剂瓶做流动相的储液瓶时，应不定期（如每月一次）废弃瓶子。

③ 为了保证仪器的正常运行，过滤器使用 3～6 个月或出现阻塞现象时要及时更换。

④ 完全由 HPLC 级溶剂组成的流动相不必过滤，其他溶剂在使用前一定要用 0.45μm 的滤膜过滤后使用，以保持储液器清洁，同时也避免了液相色谱的许多问题。

(4) 高压泵

为了延长泵的使用寿命和维持其输液的稳定性，必须注意高压泵的维护与保养。

① 用高质量试剂与高效液相色谱级溶剂，流动相必须采用滤膜（0.2μm 或 0.45μm）过滤，防止任何固体微粒进入泵体。泵的入口都应该连接砂滤棒（或片）。输液泵的滤器应该经常清洗和更换。同时，流动相在过滤时应该先脱气，以使泵正常工作。

② 含有缓冲液的流动相不能保留在泵内，尤其在停泵过夜或更长时间的情况下，如果将其留在泵内，由于蒸发或泄漏，甚至仅仅是溶液静止，就有可能析出盐的微细晶体，这些晶体将损坏密封环和柱塞等。因此，必须泵入纯水将泵充分清洗后，再换成适合色谱柱保存和有利于泵维护的溶剂。

③ 泵在工作时要留心防止溶剂瓶内的流动相被用完，否则空泵运转也会对柱塞、缸体或密封环造成磨损，最终会产生漏液。

④ 输液泵的工作压力绝不要超过规定的最高压力，否则会使高压密封环变形，也产生漏液。

⑤ 定期更换垫圈，平时应该常备密封垫圈、单向阀、泵头装置、各式接头等部件和工具。

(5) 进样器

① 样品瓶应洗涤干净，无可溶解的污染物；避免使用塑料样品瓶，以防样品瓶的溶解问题；注意被测样品在试管壁上的吸附问题，否则也会影响测试结果的准确性。

② 进样前应使样品混合均匀，以保证结果的准确性。

③ 对于六通阀进样器，为了延长阀的使用寿命，应保持清洁和良好的装置。用溶剂清洗进样口时应该在进样位置进行。

④ 进样器的针头应是平头的，针头一旦弯曲，应该换上新针头。不能弄直了继续使用；吸液时针头应没入样品溶液中，但不能碰到样品瓶底。

⑤ 每次工作结束后应冲洗整个系统，以避免缓冲盐和其他残留物留在进样系统中。

(6) 色谱柱

色谱柱的正确使用与维护十分重要，稍有不慎就会降低柱效，缩短柱的使用寿命，甚至损坏。在色谱操作过程中，需要注意以下问题，以维护色谱柱。

① 样品要采用 0.22μm 或 0.45μm 滤膜过滤，流动相采用 0.45μm 滤膜过滤并脱气。有些色谱柱，如凝胶柱，是不允许气泡进入的，否则将会使柱效降低或形成微小的难以驱除的气室。

② 避免压力与温度的急剧变化及任何机械振动。温度的突然变化与色谱柱从高处掉下都会影响柱内的填充状况。柱压的突然升高或降低都会冲动柱内填料，故在调节流速时应该缓慢进行。在阀进样时，阀的转动不能过慢。

③ 在流路过滤器与分析柱之间应该加上预柱，它给色谱柱中的流动相提供了完全的平衡，并防止了对柱填料有破坏作用的组分或污染物进入色谱柱。保护柱可以阻挡能够牢固地吸附于色谱柱上的组分进入色谱柱。保护柱应与色谱柱的填料相同。预柱和保护柱可以经常更换，而不需要经常更换色谱柱，这就延长了色谱柱的使用寿命。

④ 每次工作结束后，经常以强溶剂冲洗色谱柱。

⑤ 色谱柱应在要求的 pH 范围内使用，应使用不损坏柱的流动相。

(7) 检测器

① 对流动相进行充分的脱气。

② 防止流通池被污染。无论参比池还是样品池被污染，都可能产生噪声或基线漂移。

③ 紫外或荧光检测器的光源使用到极限或不能正常工作时，可能会产生严重噪声或基线漂移、出现平头峰等异常峰等，这时需要更换光源灯。

④ 紫外灯的保养要在分析前，柱平衡后进行。打开检测器，在分析完成后，马上关闭检测器。

任务二 高效液相色谱法的分析方法

※ 必备知识

一、高效液相色谱法的实验技术

1. 液相色谱分离类型的选择

根据以上有关内容，所介绍的几种液相色谱分离技术各有其特点和适用范围。在解决分离任务时，应根据化合物分子量的大小、溶解度和分子结构等特点来选择分离方法。对于分子量小、挥发性比较好、加热不易分解的样品选择气相色谱法，其他样品可参照图 6-10 选择合适的分离方法。

2. 固定相和流动相的选择

在实际分析过程中，确定了分离模式之后，就应该选择合适的固定相与流动相。通过以下几种常见的液相色谱分析方法来具体说明固定相与流动相的选择。

(1) 硅胶吸附色谱　在硅胶的吸附色谱中，溶质与固定相的作用对保留值与选择性起主导作用，流动相的作用主要是使溶质的保留值在一定范围内。在吸附色谱中，流动相的弱组分是正己烷。在实际过程中，可根据溶质所包含的官能团信息，选择合适的流动相的强组分。

① 样品中的溶质含有—NO_2、—COO、—CO 等只接受质子的基团时，可选择乙酸乙酯、丙酮或乙腈作为流动相的强组分。

② 样品中只含有—OH、—COOH、—NH_2 等质子给予体基团时，可选择异丙醇作为流动相的强组分。

③ 样品的溶质中只含有—O—和苯基类的极性作用较弱的基团时，可选择乙醚作为流动相的强组分。

④ 样品中同时含有多个 $H_2PO_4^-$、—COOH、—OH 和—NH_2 等氢键力较强的基团时，可选用异丙醇作为流动相的强组分，但还要加入适量的乙醇或乙腈，必要时也可以加水。

(2) 反相色谱　在反相色谱中，最常用的色谱柱是 C_{18} 反相键合相柱，最常用的流动相的弱组分是水。甲醇、乙腈和四氢呋喃等流动相为主要的强组分。流动相的选择应注意以下几点。

① 若样品溶质中含有两个以下氢键作用基团，如—COOH、—NH_2 等的芳香烃邻对位或邻间位异构体，可选用甲醇/水作为流动相。

② 当样品溶质中含有两个以上 I、Br、Cl 的邻、间、对位异构体或极性间、对位异构体及双键位置不同的异构体，可选用 C_{18} 键合或苯基固定相，乙腈/水作流动相。

③ 当样品溶质中含有—NH_2 等类基团时，应在流动相中加入适量的添加剂有机胺来提高色谱峰的对称性和样品的保留值。

④ 当实际过程中获得的溶质的容量因子 k' 值大于 30 时，应在其甲醇/水流动相中加入适量的四氢呋喃、丙酮或氯仿，以使被分离溶质的 k' 值保持在适当范围内（一般要求 $1<k'<20$）。也可以通过减少固定相表面的键合碳链浓度或缩短碳链长度来达到减小 k' 值的目的。

(3) 键合正相色谱　其分离机理与硅胶吸附色谱相似，流动相的选择可以引用硅胶吸附色谱中的原则，固定相的选择有以下两点。

① 当样品中含有—COO、—CN、—NO_2 等的具有质子接受体基团时，则可选用二醇基、氨基等这一类具有质子给予能力的固定相。

② 当样品溶质中含有—OH、—COOH、—NH_2 等具有质子给予能力的基团时，则应选用氨基、氰基和醇基键合固定相。

3. 流动相比例调整

流动相的比例在检验一个新的样品时应进行调整，以使溶质的保留值在一定范围内。如我国药品标准中没有规定柱的长度与填料的粒度，所以每次检验新品种时几乎都需要调整流动相的比例。按经验，一般主峰应调至保留时间为 6～15min 为宜，故建议第一次检验时，为防止浪费，应少配制流动相。

4. 溶剂的处理

如前所述，应进行溶剂的纯化、脱气、过滤等的处理。以满足仪器分析检测对流动相的要求。

5. 样品的配制

常用的溶剂为水、乙腈与甲醇等。

塑料容器又常含有高沸点的增塑剂，可能释放到样品溶液中造成污染，而且还会吸附某些物质，引起分析误差。有些溶质会被玻璃容器表面吸附，如某些药物，特别是碱性的药物，影响样品中药物的定量回收，因此必要时应将玻璃容器进行硅烷化处理。

6. 衍生化技术

衍生化技术是指用通常的检测方法不能直接检测或检测灵敏度很低的物质与某种试剂（衍生化试剂）反应，使之生成易于检测的化合物。如紫外检测器对紫外吸收很弱的物质或根本无紫外吸收的物质没有响应，荧光检测器对不产生荧光的物质也没有响应。在该种情况下，如果实验室无其他的检测器时，可以采用衍生化技术。按衍生化的方法不同，可将衍生化分为柱前衍生化与柱后衍生化。

7. 时间记录

样品第一次进行测定时，应该先将空白溶剂、标样溶液与待测样品溶液各进一针，并尽量收集较长时间的谱图（如 30min 以上），以确定待测样品中被分析组分峰的位置、分离度、理论塔板数，以及是否还有杂质峰在较长时间内才被洗脱出来，以确定是否影响主峰的测定。

8. 进样量

根据待测样品的分析标准，来确定样品的进样量。样品的进样量一般为 10μL。目前多数 HPLC 系统采用的定量环有 10μL、20μL、50μL，应注意进样量是否一致。

9. 计算

由于有些标准样品标示含量的方式与样品标示量不同，有些是复合盐，有的含水量不同，有的是盐基不同，有些则是采用有效部位标示，所以检测时应注意换算问题。

二、高效液相色谱法的应用

现在高效液相色谱法已广泛应用于制药工业的研究和生产、食品工业分析、环境保护、生物化学和生物工程研究中。在几百万种化合物中可分离分析约80%的化合物。

1. 在医药研究中的应用

高效液相色谱技术在医药领域的应用主要表现在两个方面，即一方面是低分子量物质，如有机酸、糖类、氨基酸、类醇类、维生素等的分离与检验；另一方面是高分子量的物质，如蛋白质、核糖核酸、多肽、酶等的纯化、分离与鉴定。据报道，除聚合物外，大约80%的药物都能用HPLC法进行分离与纯化。图6-19所示是主要用于治疗细菌感染疾病的磺胺类药物的反相色谱分析。

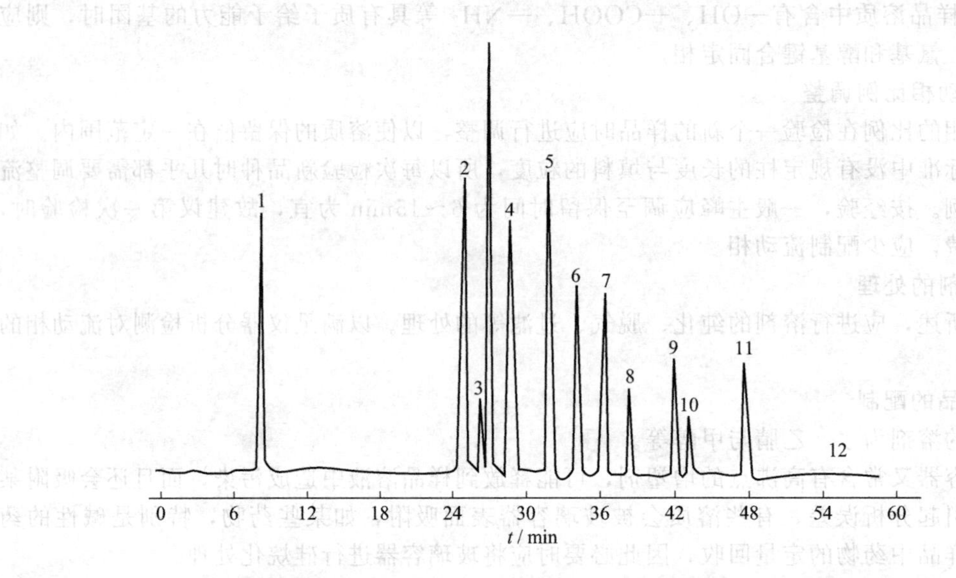

图6-19 磺胺类药物的反相色谱分析

色谱柱：Partisil-ODS（5μm，4.6mm×250mm）；流动相：（A）10%甲醇水溶液；（B）1%乙酸的甲醇溶液；线性梯度程序：（B）组分以1.7%·min⁻¹的速率增加；检测器：UVD（254nm）

1—磺胺；2—磺胺嘧啶；3—磺胺吡啶；4—磺胺甲基嘧啶；5—磺胺二甲基嘧啶；6—磺胺氯哒嗪；7—磺胺二甲基异噁唑；8—磺胺乙氧哒嗪；9—4-磺胺-2,6-二甲氧嘧啶；10—磺胺喹噁啉；11—磺胺溴甲吖嗪；12—磺胺胍

2. 在食品分析中的应用

高效液相色谱在食品分析中的应用主要集中以下三个方面：一是食品中含量较高的三类基本成分，即碳水化合物、脂类、含氮化合物（氨基酸、肽、蛋白质）的检测；二是食品中微量组分，即维生素、酚与黄酮类以及食品添加剂的分析。三是污染物的分析，如农药残留、多环芳烃、霉菌毒素等的分析。图6-20所示为鸡蛋白粗提物的体积排阻色谱图。

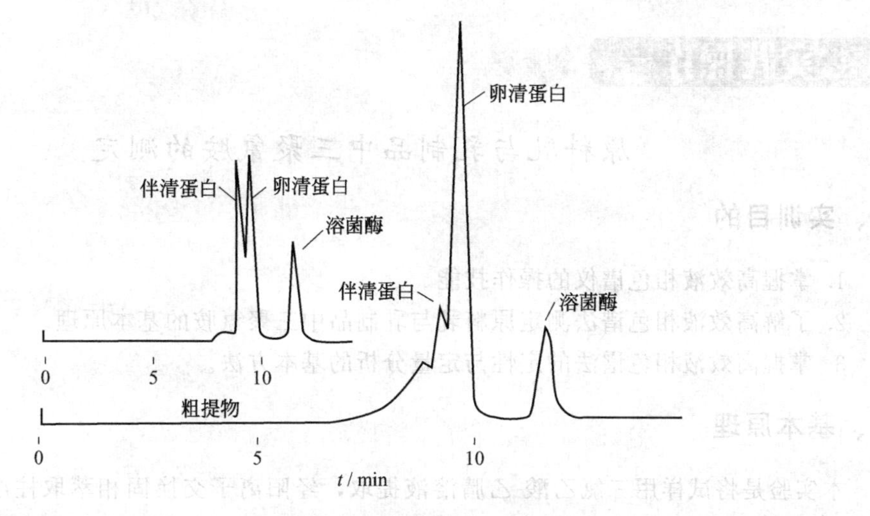

图 6-20　鸡蛋白粗提物的体积排阻色谱图

色谱柱：Shodex Protein KW-803［300mm×8.0mm（id）］；流动相：50mmol·L^{-1}磷酸盐缓冲液+0.3mol·L^{-1}氯化钠（pH7.0）；流速：1.0mL·min^{-1}；柱温：室温；检测：UV280nm

3. 在环境分析中的应用

高效液相色谱法适于作痕量分析，在环境分析中的应用也将日益广泛。其被列为多环芳烃最佳的分析方法。以反相色谱与反相离子对色谱应用得较多。图 6-21 所示为饮用水中几种多环芳烃的高效液相色谱的分离图。

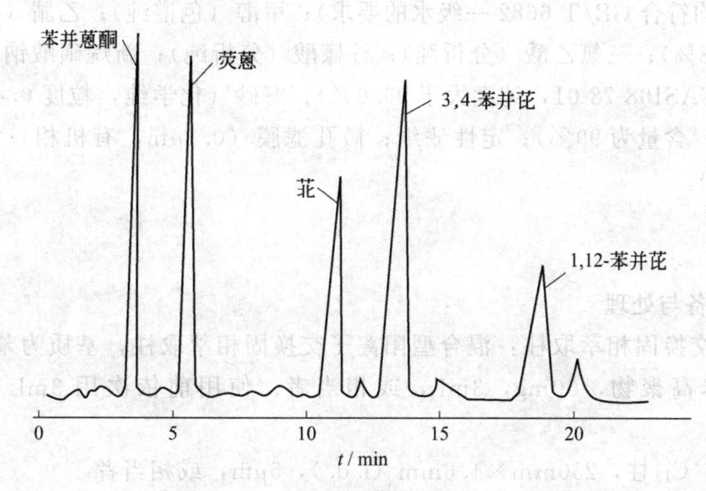

图 6-21　几种多环芳烃痕量分析色谱图

浓缩柱：Perkin-Elmer ODS S$_{1}$IX-Ⅰ I40μm 10cm×2.6mm；分析柱：Perkin-Elmer HC ODS 10μm 25cm×2.6mm；流动相：乙腈∶甲醇∶水=38∶15∶47，柱温 65℃

4. 在无机分析中的应用

随着金属有机化学与配位化学的发展，只测定无机元素的总含量已不能满足要求，还要测定其存在的各种形态。又由于该类化合物缺乏足够的挥发性与热稳定性，故金属有机化合物分析的有力工具便是高效液相色谱法。其主要利用该类化合物在室温下可进行操作这一特点对其进行分析。

※ 实践操作一

原料乳与乳制品中三聚氰胺的测定

一、实训目的

1. 掌握高效液相色谱仪的操作技能。
2. 了解高效液相色谱法测定原料乳与乳制品中三聚氰胺的基本原理。
3. 掌握高效液相色谱法的定性与定量分析的基本方法。

二、基本原理

本实验是将试样用三氯乙酸-乙腈溶液提取，经阳离子交换固相萃取柱净化后，用高效液相色谱法测定，外标法定量。

三、仪器与试剂及材料

1. 仪器

Agilent1200 高效液相色谱仪（配有紫外检测器）；分析天平（感量为 0.0001g 和 0.01g）；离心机（转速不低于 $4000r \cdot min^{-1}$）；超声波清洗器；固相萃取装置；氮气吹干仪；漩涡混合器；具塞塑料离心管（50mL）；研钵。

2. 试剂及材料

试验用水（均符合 GB/T 6682 一级水的要求）；甲醇（色谱纯）；乙腈（色谱纯）；氨水（含量为 25%～28%）；三氯乙酸（分析纯）；柠檬酸（分析纯）；新烷磺酸钠（色谱纯）；三聚氰胺标准品（CAS108-78-01，纯度大于 99.0%）；海砂（化学纯，粒度 0.45～0.85mm）。二氧化硅（SiO_2，含量为 99%）；定性滤纸；微孔滤膜（0.2μm，有机相）；氮气（纯度大于等于 99.999%）。

四、操作步骤

1. 柱子的准备与处理

（1）阳离子交换固相萃取柱：混合型阳离子交换固相萃取柱，基质为苯磺酸化的聚苯乙烯-二乙烯基苯高聚物，60mg，3mL，或相当者。使用前依次用 3mL 甲醇、5mL 水活化。

（2）色谱柱：C_{18} 柱，250mm×4.6mm（i.d.），5μm，或相当者。

2. 流动相的预处理

C_{18} 柱，离子对试剂缓冲液-乙腈（88：12，体积比），配制适量，混匀后并进行过滤与脱气处理，待用。

3. 溶液的配制

（1）甲醇水溶液：准确称取 50mL 甲醇与 50mL 水，混合后备用。

（2）1%的三氯乙酸溶液：准确称取三氯乙酸 10g 于 1L 容量瓶中，用水溶解并定容至刻度，混匀后备用。

（3）5%的氨化甲醇溶液：准确量取 5mL 氨水与 95mL 甲醇，混合后备用。

（4）离子对试剂缓冲液：准确称取 2.10g 柠檬酸和 2.16g 新烷磺酸钠，加入约 980mL 水溶解，调节 pH 至 3.0 后，定容至 1L 备用。

（5）三聚氰胺标准品储备液：准确称取 100mg（精确至 0.1mg）三聚氰胺标准品于 100mL 容量瓶中，用甲醇水溶液溶解并定容至刻度。配制成浓度为 $1mg \cdot mL^{-1}$的标准储备液，于 4℃避光保存。

4. 样品的预处理

（1）提取

① 液态奶、奶粉、酸奶、冰激凌与奶糖等：称取 2g（精确至 0.01g）试样于 50mL 具塞塑料离心管中，加入 15mL 三氯乙酸溶液和 5mL 乙腈，超声提取 10min，再振荡提取 10min 后，以不低于 $4000r \cdot min^{-1}$ 离心 10min。上清液经由三氯乙酸溶液润湿的滤纸过滤后，用三氯乙酸溶液定容至 25mL，移取 5mL 滤液，加入 5mL 水混匀后做待净化液。

② 奶酪、奶油和巧克力等：称取 2g（精确至 0.01g）试样于研钵中，加入适量海砂（试样质量的 4～6 倍），研磨成干粉状，转移至 50mL 具塞塑料离心管中，用 15mL 三氯乙酸溶液分数次清洗研钵，清洗液转入离心试管中，再往离心试管中加入 5mL 乙腈，其余操作同①中"超声提取 10min，……加入 5mL 水混匀后做待净化液"。

（2）净化　将上述待净化液转移至固相萃取柱中，依次用 3mL 水和 3mL 甲醇洗涤，抽至近干后，用 6mL 氨化甲醇溶液洗脱。整个固相萃取过程流速不超过 $1mL \cdot min^{-1}$。洗脱液于 50℃下用氮气吹干，残留物（相当于 0.4g 样品）用 1mL 流动相定容，漩涡混合 1min，过滤 0.2μm 的滤膜后，供 HPLC 测定。

5. 色谱柱的安装与流动相的更换

将 C_{18} 柱安装在色谱仪上，将流动相更换成离子对试剂缓冲液-乙腈（体积比为 88∶12）溶液。

6. 高效液相色谱测定条件

流速：$1.0mL \cdot min^{-1}$；柱温：室温；波长：240nm；进样量：20μL。

7. 开机

进行高效液相色谱仪的开机并进入化学工作站，将仪器调试至正常工作状态，按照该实验高效液相色谱的测定条件进行各种参数的设置。即将流动相的流速设置为 $1.0mL \cdot min^{-1}$；检测器的波长为 240nm；流动相的比例设置为体积比为离子对试剂缓冲液∶乙腈＝88∶12 等。进行仪器的初始化，直至基线跑平即可进样。

8. 标准曲线的绘制

用流动相将三聚氰胺标准储备液逐级稀释得到的浓度为 $0.8\mu g \cdot mL^{-1}$、$2\mu g \cdot mL^{-1}$、$20\mu g \cdot mL^{-1}$、$40\mu g \cdot mL^{-1}$、$80\mu g \cdot mL^{-1}$ 的标准工作液，浓度由低到高进样检测，以峰面积-浓度作图，得到标准曲线的回归方程，基质匹配加标三聚氰胺的样品 HPLC 色谱图，如图 6-22 所示。

9. 待测样品的分析

重复进待测样液 20μL2～3 次，即可记录色谱图与分析结果。

10. 关机

所有样品分析完成后，按照说明书上的正常步骤关机。

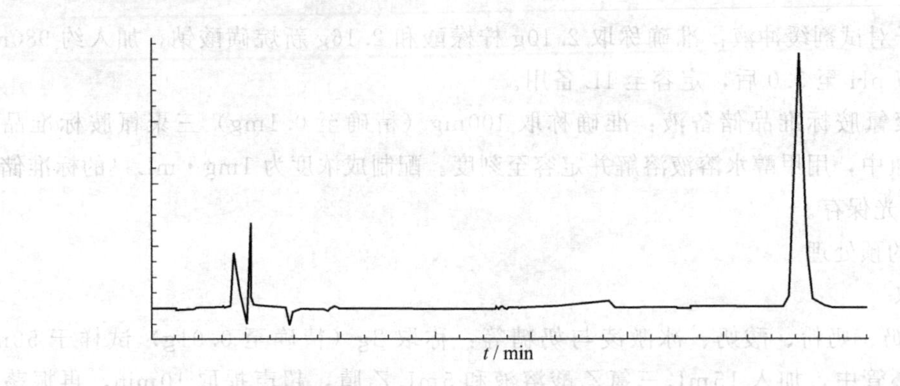

图 6-22 基质匹配加标三聚氰胺的样品 HPLC 色谱图

检测波长 240nm，保留时间 13.6min，C_8 色谱柱

五、数据处理及结果计算

1. 数据处理

数据填入下表，进行数据处理。

序号	标样浓度/$\mu g \cdot mL^{-1}$	保留时间/min	色谱峰面积 A	色谱峰高度 h
1	0.8			
2	2			
3	20			
4	40			
5	80			

2. 结果计算

试样中三聚氰胺的含量由下式计算：

$$X=\frac{AcV\times 1000}{A_s m\times 1000}\times f$$

式中，X 为试样中三聚氰胺的含量，$mg \cdot kg^{-1}$；A 为样液中三聚氰胺的峰面积；c 为标准溶液中三聚氰胺的浓度，$\mu g \cdot mL^{-1}$；V 为样液最终定容体积，mL；A_s 为标准溶液中三聚氰胺的峰面积；m 为试样的质量，g；f 为稀释倍数。

六、空白实验

除不称取样品外，均按上述测定条件和步骤进行。

七、注意事项

1. 本方法的定量限为 $2mg \cdot kg^{-1}$。

2. 待测样液中三聚氰胺的响应值应在标准曲线的范围内，超过线性范围应稀释后再进行分析。

3. 在重复性条件下获得的两次独立测定结果的绝对差值不得超过算术平均值的 10%。

4. 该高效液相色谱仪的操作条件仅供参考，因为不同仪器的操作条件及所处的周围环境不同，可通过实验选择最佳的色谱条件，以使该实验的检测结果达到最佳效果。

※ 实践操作二

水产品中诺氟沙星、盐酸环丙沙星、恩诺沙星残留量的测定

一、实训目的

学习针对不同食品的预处理与分析方法。

二、实训原理

样品经无水硫酸钠的脱水，酸化乙腈提取，离心，取上清液加正己烷除脂肪。蒸干萃取液，流动相溶解残渣，离心取上清液，并经微孔滤膜过滤，用带荧光检测器的高效液相色谱仪测定，外标法定量。

三、仪器与试剂及材料

1. 仪器

高效液相色谱仪（带荧光检测器）；高效组织捣碎机；蒸发仪；离心机（4500r·min^{-1}）；振荡器；离心管（10mL，具塞并带刻度）；烧瓶（150mL）；分液漏斗（100mL）；微孔滤膜（0.45μm）。

2. 试剂

试验用水（均符合 GB/T 6682 一级水的要求）；乙腈（色谱纯）；正己烷（分析纯）；四丁基溴化铵（分析纯）；盐酸（分析纯）；无水硫酸钠（分析纯，经 640℃灼烧 4h 后，存于密闭容器中备用）；诺氟沙星、盐酸丙环沙星、恩诺沙星标准品（纯度高于 99.0%）。

四、操作步骤

1. 色谱柱的准备

色谱柱：反相色谱柱 C_{18}（150mm×4.6mm）或相当性能。

2. 流动相的预处理

乙腈：四丁基溴化铵溶液＝5：95（体积比）。配制适量，混匀后进行过滤与脱气处理待用。

3. 溶液的配制

(1) 诺氟沙星标准储备液：精确称取 10.0mg 诺氟沙星，用流动相定容至 100mL 棕色容量瓶中，于 2～8℃保存（保存期不超过 3 个月）。该诺氟沙星标准储备液浓度为100μg·mL^{-1}。

(2) 盐酸环丙沙星标准储备液：精确称取 10.0mg 盐酸环丙沙星，用流动相定容至 100mL 棕色容量瓶中，于 2～8℃保存（保存期不超过 3 个月）。该盐酸环丙沙星标准储备液浓度为 100μg·mL^{-1}。

(3) 恩诺沙星标准储备液：精确称取 10.0mg 恩诺沙星，用流动相定容至 100mL 棕色容量瓶中，保存于 2～8℃（保存期不超过 3 个月）。该恩诺沙星标准储备液浓度为100μg·mL^{-1}。

(4) 诺氟沙星、盐酸环丙沙星、恩诺沙星标准工作液：检测前，分别取诺氟沙星、盐酸

环丙沙星、恩诺沙星标准储备液，用流动相稀释成浓度为 0.001～10.00$\mu g \cdot mL^{-1}$的标准工作液。

(5) 四丁基溴化铵溶液：精确称取 3.22g 四丁基溴化铵，用水溶解并稀释定容至 1000mL 棕色容量瓶中，用磷酸调 pH3.1，配制成 0.01$mol \cdot L^{-1}$的四丁基溴化铵溶液，保存于 2～8℃（保存期不超过 3d）。

4. 样品的预处理

(1) 制备　鱼，去鳞、去皮，沿脊背取肌肉；虾，去壳，取肌肉部分；贝类，去壳，取可食用部分（包括体液）。样品均质混匀，备用。

(2) 提取　准确称取样品 5g（精确至 0.01g），依次加入 30g 无水硫酸钠和 30mL 酸化乙腈，用高速组织捣碎机匀浆。将匀浆样品置于带玻璃珠的锥形瓶中（2～3 粒/瓶），经摇床振荡 15min（120$r \cdot min^{-1}$），再转入离心试管中，4500$r \cdot min^{-1}$离心 15min，取上清液。往残渣中加入 30mL 酸化乙腈，重复上述操作一次，合并上清液。

(3) 净化和浓缩　将上清液置于分液漏斗中，加入 25mL 正己烷，振荡 5min，充分静置。取下层乙腈层移入烧瓶，55℃旋转蒸发至干。用 1.0mL 流动相充分溶解残渣，移入 1.5mL 离心试管中，4500$r \cdot min^{-1}$离心 5min，取上清液，经 0.45μm 微孔滤膜过滤，滤液供高效液相色谱仪测定。

5. 色谱条件

流速 1.5$mL \cdot min^{-1}$；激发波长 280nm，发射波长 450nm；柱温：室温；进样量 20μL。

6. 开机

进行高效液相色谱仪的开机并进入化学工作站，将仪器调试至正常工作状态，按照该实验高效液相色谱的测定条件进行各种参数的设置。即将流动相的流速设置为 1.5$mL \cdot min^{-1}$；检测器的波长为 280nm；流动相的比例设置为乙腈：四丁基溴化铵溶液＝5：95（体积比）等。进行仪器的初始化，直至基线跑平即可进样。

7. 标准曲线的绘制及待测样品的分析

根据样品中诺氟沙星、环丙沙星、恩诺沙星残留量，选定标准工作溶液浓度范围。对标准工作溶液和样液等体积参插进样进行测定。在规定的条件下，诺氟沙星保留时间约为 4.8min，环丙沙星保留时间约为 5.5min，恩诺沙星保留约为 9.4min，如图 6-23 所示。

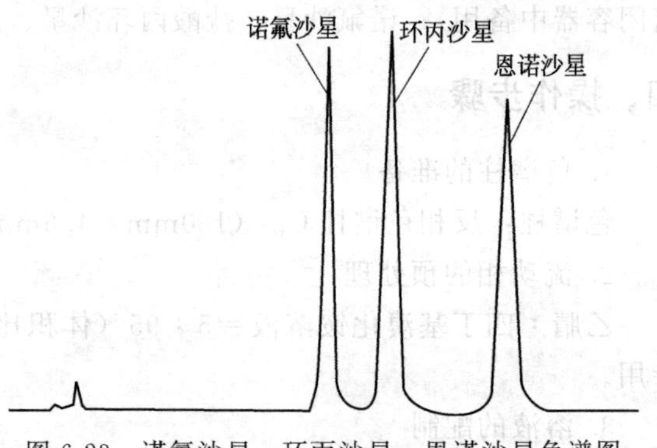

图 6-23　诺氟沙星、环丙沙星、恩诺沙星色谱图

8. 空白对照试验

除不加试样外，均按测定步骤进行。

9. 关机

所有样品分析完成后，按照说明书上的正常步骤关机。

五、结果计算与表述

根据标准工作液和样液的峰面积，按下式计算样品中诺氟沙星、环丙沙星、恩诺沙星残留量，计算结果需扣除空白值：

$$c = c_s \times \frac{(A - A_0)V \times 1000}{A_s m}$$

式中，c 为样品中诺氟沙星、环丙沙星、恩诺沙星的残留量，$\mu g \cdot kg^{-1}$；A 为样液中诺氟沙星、环丙沙星、恩诺沙星的峰面积；A_s 为标准工作液中诺氟沙星、环丙沙星、恩诺沙星的峰面积；A_0 为空白试验的峰面积；c_s 为标准工作液中诺氟沙星、环丙沙星、恩诺沙星的浓度，$\mu g \cdot mL^{-1}$；V 为样品最终定容体积，mL；m 为样品的称取量，g。

六、注意事项

1. 该高效液相色谱仪的操作条件仅供参考，因为仪器及所处的周围环境不同，可通过实验优化最佳的色谱条件，以使该实验的检测结果达到最佳效果。

2. 诺氟沙星标准工作液线性范围为 $0.02 \sim 5.00\mu g \cdot mL^{-1}$；环丙沙星标准工作液线性范围为 $0.004 \sim 4.00\mu g \cdot mL^{-1}$；恩诺沙星标准工作液线性范围为 $0.02 \sim 5.00\mu g \cdot mL^{-1}$。

3. 诺氟沙星的最低检出浓度可达到 $5.0\mu g \cdot kg^{-1}$，环丙沙星的最低检出浓度可达到 $1.0\mu g \cdot kg^{-1}$，恩诺沙星的最低检出浓度可达到 $5.0\mu g \cdot kg^{-1}$。

※ 实践操作三

食品中苏丹红染料的残留量测定

一、实训目的

学习不同食品的预处理与分析方法。

二、实训原理

"苏丹红"并非食品添加剂，而是一种化学染色剂。它的化学成分中含有一种叫萘的化合物，该物质具有偶氮结构，由于这种化学结构的性质决定了它具有致癌性，对人体的肝、肾器官具有明显的毒性作用。苏丹红属于化工染色剂，主要用于石油、机油和其他一些工业溶剂中，目的是使其增色，也用于鞋、地板等的增光。苏丹红有Ⅰ、Ⅱ、Ⅲ、Ⅳ号四种，经毒理学研究表明，苏丹红具有致突变性和致癌性，所以对其残留量必须严格控制。

在本实验中，样品经溶剂提取、固相萃取净化后，用反相高效液相色谱-紫外可见检测器进行色谱分析，采用外标法定量。

三、仪器与试剂

1. 仪器

高效液相色谱仪（配有紫外-可见光检测器）；分析天平（感量为 0.1mg）；旋转蒸发仪；均质机；离心机；有机滤膜（$0.45\mu m$）。

2. 试剂

乙腈（色谱纯）；丙酮（色谱纯、分析纯）；甲酸（分析纯）；乙醚（分析纯）；正己烷（分析纯）；无水硫酸钠（分析纯）；标准物质：苏丹红Ⅰ、苏丹红Ⅱ、苏丹红Ⅲ、苏丹红Ⅳ；纯度均为 95%。

四、操作步骤

1. 色谱柱的准备

(1) 层析柱管：1cm（内径）×5cm（高）的注射器管。

(2) 层析用氧化铝（中性，100～200目）：105℃下干燥2h，于干燥器中冷至室温，每100g中加入2mL水降活，混匀后密封，放置12h后使用。

(3) 氧化铝层析柱：在层析柱管底部塞入一薄层脱脂棉，干法装入处理过的氧化铝至3cm高，轻敲实后加一薄层脱脂棉，用10mL正己烷预淋洗，洗净柱中杂质后，备用。

(4) 色谱柱：Zorbax SB-C_{18}，3.5μm，4.6mm×150mm（或相当型号色谱柱）。

2. 流动相的预处理

溶剂A，0.1%甲酸的水溶液：乙腈＝85：15；溶剂B，0.1%甲酸的乙腈溶液：丙酮＝80：20。配制适量，混匀后进行过滤与脱气处理待用。

3. 溶液的配制

(1) 5%丙酮的正己烷溶液：吸取50mL丙酮用正己烷定容至1L。

(2) 标准贮备液：分别称取苏丹红Ⅰ、苏丹红Ⅱ、苏丹红Ⅲ及苏丹红Ⅳ各10.0mg（按实际含量折算），用乙醚溶解后用正己烷定容至250mL。

4. 样品的预处理

(1) 样品制备　将液体、浆状样品混合均匀，固体样品需磨细。

(2) 样品处理

① 红辣椒粉等粉状样品：称取1～5g（准确至0.001g）样品于锥形瓶中，加入10～30mL正己烷，超声5min，过滤，用10mL正己烷洗涤残渣数次，至洗出液无色，合并正己烷液，用旋转蒸发仪浓缩至5mL以下，慢慢加入氧化铝色谱柱中，为保证层析效果，在柱中保持正己烷液面为2mm左右时上样，在全程的层析过程中不应使柱干涸，用正己烷少量多次淋洗浓缩瓶，一并注入层析柱。控制氧化铝表层吸附的色素带宽宜小于0.5cm，待样液完全流出后，视样品中含油类杂质的多少用10～30mL正己烷洗柱，直至流出液无色，弃去全部正己烷淋洗液，用含5%丙酮的正己烷液60mL洗脱，收集、浓缩后，用丙酮转移并定容至5mL，经0.45μm有机滤膜过滤后待测。

② 红辣椒油、火锅料、奶油等油状样品：称取0.5～2g（准确至0.001g）样品于小烧杯中，加入适量正己烷溶解（1～10mL），难溶解的样品可于正己烷中加温溶解。按①中“慢慢加入氧化铝层析柱……过滤后待测”操作。

③ 辣椒酱、番茄沙司等含水量较大的样品：称取10～20g（准确至0.01g）样品于离心试管中，加10～20mL水将其分散成糊状，含增稠剂的样品多加水，加入30mL正己烷：丙酮＝3：1，匀浆5min，3000r·min^{-1}离心10min，吸出正己烷层，于下层再加入20mL×2正己烷匀浆，离心，合并3次正己烷，加入无水硫酸钠5g脱水，过滤后于旋转蒸发仪上蒸干并保持5min，用5mL正己烷溶解残渣后，按①中“慢慢加入氧化铝色谱柱……过滤后待测”操作。

④ 香肠等肉制品：称取粉碎样品10～20g（准确至0.01g）于锥形瓶中，加入60mL正己烷充分匀浆5min，滤出清液，再以20mL×2正己烷匀浆，过滤。合并3次滤液，加入5g无水硫酸钠脱水，过滤后于旋转蒸发仪上蒸至5mL以下，按①中“慢慢加入到氧化铝色谱柱中……过滤后待测”操作。

5. 推荐色谱条件

梯度洗脱：流速1mL·min^{-1}；柱温30℃；检测波长：苏丹红Ⅰ478nm，苏丹红Ⅱ、苏丹红Ⅲ、苏丹红Ⅳ520nm，于苏丹红Ⅰ出峰后切换；进样量10μL。

梯度条件见下表。

时间/min	流动相 w（A）/%	流动相 w（B）/%	曲线
0	25	75	线性
10.0	25	75	线性
25.0	0	100	线性
32.0	0	100	线性
35.0	25	75	线性
40.0	25	75	线性

6. 开机

进行高效液相色谱仪的开机并进入化学工作站，将仪器调试至正常工作状态，按照该实验高效液相色谱的测定条件进行各种参数的设置。即将流动相的流速设置为1.5mL·min^{-1}；检测器的波长为苏丹红Ⅰ为478nm；苏丹红Ⅱ、苏丹红Ⅲ、苏丹红Ⅳ为520nm；流动相的比例设置为溶剂A，0.1%甲酸的水溶液：乙腈=85：15；溶剂B，0.1%甲酸的乙腈溶液：丙酮=80：20等。进行仪器的初始化，直至基线跑平即可进样。

7. 标准曲线的绘制及待测样品的分析

吸取标准储备液0、0.1mL、0.2mL、0.4mL、0.8mL、1.6mL，用正己烷定容至25mL，此标准系列浓度为0、0.16μg·mL^{-1}、0.32μg·mL^{-1}、0.64μg·mL^{-1}、1.28μg·mL^{-1}、2.56μg·mL^{-1}，绘制标准曲线。

待基线跑平后，重复进待测样液20μL2~3次，即可记录色谱图与分析结果。如图6-24所示。

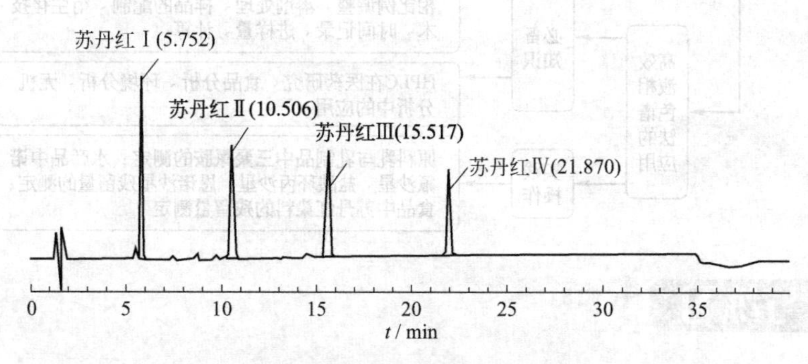

图6-24　苏丹红标准色谱图

8. 空白对照试验

除不加试样外，均按测定步骤进行。

9. 关机

所有样品分析完成后，按照说明书上的正常步骤关机。

五、结果计算与表述

按下式计算苏丹红含量：

$$R=cV/M$$

式中，R为样品中苏丹红含量，mg·kg^{-1}；c为由标准曲线得出的样液中苏丹红的浓度，μg·mL^{-1}；V为样液定容体积，mL；M为样品质量，g。

六、注意事项

1. 不同厂家和不同批号氧化铝的活度有差异，需根据具体购置的氧化铝产品略作调整，活度的调整采用标准溶液过柱，将 $1\mu g \cdot mL^{-1}$ 苏丹红的混合标准溶液 1mL 加到柱中，用 5%丙酮正己烷溶液 60mL 完全洗脱为准，4 种苏丹红在色谱柱上的流出顺序为苏丹红Ⅱ、苏丹红Ⅳ、苏丹红Ⅰ、苏丹红Ⅲ，可根据每种苏丹红的回收率作出判断。苏丹红Ⅱ、苏丹红Ⅳ的回收率较低表明氧化铝活性偏低，苏丹红Ⅲ的回收率偏低时表明活性偏高。

2. 方法最低检测限：苏丹红Ⅰ、苏丹红Ⅱ、苏丹红Ⅲ、苏丹红Ⅳ均为 $10\mu g \cdot kg^{-1}$。

※ 项目小结

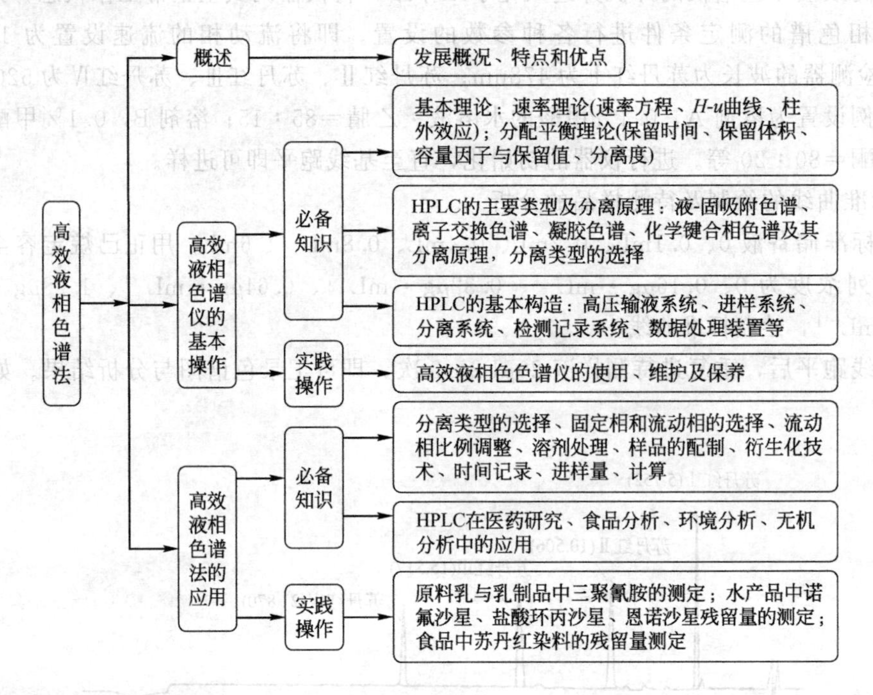

※ 思考与练习

一、选择题

1. 液相色谱适宜的分析对象是（　　）。

A. 低沸点小分子有机化合物　　B. 高沸点大分子有机化合物

C. 所有有机化合物　　D. 所有化合物

2. 在液相色谱法中，按分离原理分类，液固色谱法属于（　　）。

A. 分配色谱法　　B. 排阻色谱法　　C. 离子交换色谱法　　D. 吸附色谱法

3. 在高效液相色谱流程中，试样混合物在（　　）中被分离。

A. 检测器　　B. 记录仪　　C. 色谱柱　　D. 进样器

4. 液相色谱中通用型检测器是（　　）。

A. 紫外吸收检测器　　B. 示差折光检测器

C. 安培检测器　　D. 氢火焰离子化检测器

5. 液相色谱流动相的过滤必须使用何种粒径的过滤膜（　　）。

A. 0.5μm　　B. 0.45μm　　C. 0.6μm　　D. 0.55μm

6. 在液相色谱中，梯度洗脱适用于分离（　　）。

A. 异构体　　B. 沸点相近，官能团相同的化合物

C. 沸点相差大的试样　　D. 极性变化范围宽的试样

7. 与气相色谱相比，在液相色谱中（　　）。

A. 分子扩散项很小，可忽略不计，速率方程式由两项构成

B. 涡流扩散项很小，可忽略不计，速率方程式由两项构成

C. 传质阻力项很小，可忽略不计，速率方程式由两项构成

D. 速率方程式同样由三项构成，两者相同

8. 在液相色谱中，为了改变柱子的选择性，可以进行（　　）的操作。

A. 改变柱长　　B. 改变填料粒度

C. 改变流动相或固定相种类　　D. 改变流动相的流速

9. 在液相色谱法中，提高柱效最有效的途径是（　　）。

A. 提高柱温　　B. 降低板高

C. 降低流动相流速　　D. 减小填料粒度

10. 在液相色谱中，不会显著影响分离效果的是（　　）。

A. 改变固定相种类　　B. 改变流动相流速

C. 改变流动相配比　　D. 改变流动相种类

二、问答题

1. 液相色谱中的范氏方程与气相色谱中的范氏方程有什么区别？

2. 在高效液相色谱中，影响色谱峰形展宽的因素有哪些？与气相色谱相比有哪些区别？

3. 简述液-液色谱、液-固色谱、离子交换色谱与凝胶色谱的分离原理及其适宜分离物质各是什么？

4. 什么是正相色谱与反相色谱？分别适用于分离哪些物质？它们各自的出峰顺序如何？

5. 指出下列物质在正相液-液色谱中的出峰顺序，并简述其理由。

(1) 乙酸乙酯、乙醚及硝基丁烷；(2) 乙醚、苯及正己烷。

6. 高效液相色谱仪由哪几大部分组成？各部分的主要功能是什么？

7. 试述紫外-可见光检测器、示差折光检测器、荧光检测器的检测原理及其各适用于分离检测哪些化合物？

8. 简述六通阀进样器的工作原理。

9. 以 Agilent1200 为例，简述高效液相色谱仪的基本操作过程？

10. 高效液相色谱的流动相为什么要过滤与脱气？

11. 试述如何进行高效液相色谱仪的维护与保养？

12. 高效液相色谱柱一般可以在室温下，有时也实行恒温进行分离，而气相色谱柱的分离则必须在恒温下进行，为什么？

三、计算

用紫外检测器及液-液分配色谱法，分析一个两组分的混合物，测得组分 A 的保留体积为 4.5mL，组分 B 保留体积为 6.5mL，已知柱中固定相的体积 $V_s=0.5$mL，死体积 $V_M=1.5$mL，流动相的流速 $F_c=0.5$mL·min^{-1}，求 A 及 B 的分配系数、保留时间和调整保留时间。

项目七

平面色谱法

[知识目标]

- 理解平面色谱法的基本原理。
- 了解纸色谱法。

[能力目标]

- 能正确运用薄层色谱法对药物进行质量控制。

色谱过程在固定相构成的平面状层内进行的色谱法称为**平面色谱法**，该法属于液相色谱法范围，主要包括薄层色谱法、纸色谱法及薄层电泳法等。其中，薄层电泳法虽然也属于平面色谱法，但由于电泳与色谱的驱动力来源、仪器设备及测定对象与薄层色谱及纸色谱法有较大差别，所以，本教材不予介绍。

薄层色谱法（thin layer chromatography，TLC）：把固定相均匀地铺在玻璃板、铝箔或塑料板上形成薄层，在此薄层上进行色谱分离，称为**薄层色谱法**。该法具有快速、灵敏、选择性高等优点，常用于药品的鉴别、杂质检查或含量测定。薄层色谱法与气相色谱法、高效液相色谱法并列为三种最常用的色谱分析方法，被一些国家的药典和药品规范所采用。

纸色谱法（paper chromatography，PC）：是以纸为载体，以纸上所含水分或其他物质为固定相，用展开剂进行展开的分配色谱法，展开剂（流动相）一般为与水不相混溶的有机溶剂。

任务　薄层色谱法的应用

※ 必备知识

一、平面色谱法的基本原理

1. 平面色谱法中的重要参数

平面色谱法与柱色谱法的分离原理基本相同，但由于二者的操作方法不同，因此，平面色谱法的各种参数与柱色谱法也不完全相同。

(1) 比移值（retardation factor，R_f）试样经展开后在平面上的斑点位置通常用比移值（R_f）来描述。**比移值**（R_f）是溶质移动距离与展开剂移动距离之比。

R_f 值是 TLC 的基本定性参数。其定义为：

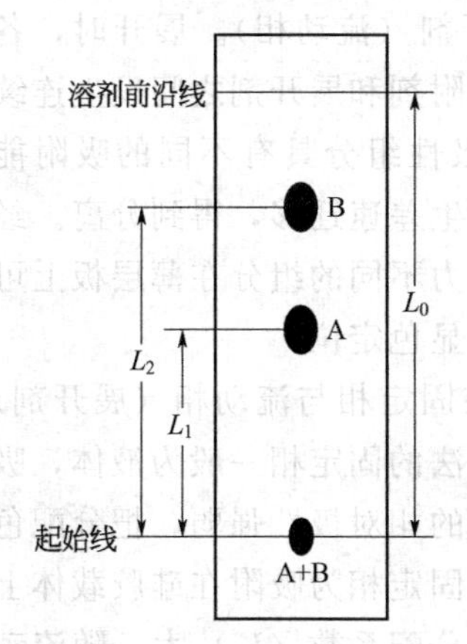

图 7-1　比移值的示意图

$$R_f=\frac{\text{原点到斑点中心的距离}}{\text{原点到溶剂前沿的距离}} \tag{7-1}$$

例如，由 A、B 组成的混合试样（见图 7-1），经展开后测量的 R_f 为：

$$R_{fA}=\frac{L_1}{L_0}$$

$$R_{fB}=\frac{L_2}{L_0}$$

式中，L_0 为原点至溶剂前沿的距离；L_1 为斑点 A 到原点的距离；L_2 为斑点 B 到原点的距离。

当 R_f 为 0 时，表示该组分留在原点未被展开，即组分不随展开剂移动；当 R_f 值为 1 时，表示该组分随展开剂至前沿，完全不被固定相保留，所以 R_f 值只能在 0～1 之间。实践证明，在 TLC 法中组分的 R_f 值的最佳范围是 0.3～0.5，可用范围在 0.2～0.8 之间。

对于某一物质，当色谱条件一定时，比移值 R_f 是个定值。因此，分析工作中可以利用 R_f 进行定性鉴定，也就是说 R_f 值是物质定性的基础。但在实践中，由于影响 R_f 值的因素较多，如薄层板的性质、溶质和展开剂的性质、展开温度、展开方式和展开距离等。要想得到重复的 R_f 值，就必须严格控制色谱条件。因此，在实际工作中，对物质的定性常常采用已知的标准物质进行比较。鉴定未知物往往需采用多种不同的展开剂，得出几个 R_f 值均与对照品的 R_f 值一致，才比较可靠。

（2）相对比移值（relative R_f value，R_s）　为了消除一些难以控制的实验条件的影响，也可采用相对比移值 R_s。**相对比移值**的定义如下：

$$R_s=\frac{\text{原点到样品斑点中心的距离}}{\text{原点到参考物质斑点的距离}} \tag{7-2}$$

用 R_s 可以消除一些系统误差。参考物可以是另外加入的物质，也可以直接以样品中的另一组分为参考物进行比较。

（3）分离度（resolution，R）　**分离度**是薄层色谱法的重要分离参数，是两相邻斑点中心距离与两斑点平均宽度的比值。如式（7-3）所示：

$$R=\frac{2(L_2-L_1)}{W_1+W_2}=\frac{2d}{W_1+W_2} \tag{7-3}$$

式中，L_2、L_1 分别为原点至两斑点中心的距离；d 为两斑点中心间的距离；W_1、W_2 为斑点的宽度。在薄层扫描图上，d 为两色谱峰顶间距离；W_1、W_2 分别为两色谱峰宽（见图 7-2）。在薄层色谱法中，$R>1$ 较适宜。

2. 薄层色谱法的分离原理

薄层色谱法按所使用的固定相的性质及其分离机制不同分为吸附色谱法、分配色谱法、离子交换色谱法及分子排阻色谱法等。其中吸附色谱法应用最广泛，其次是分配色谱法。

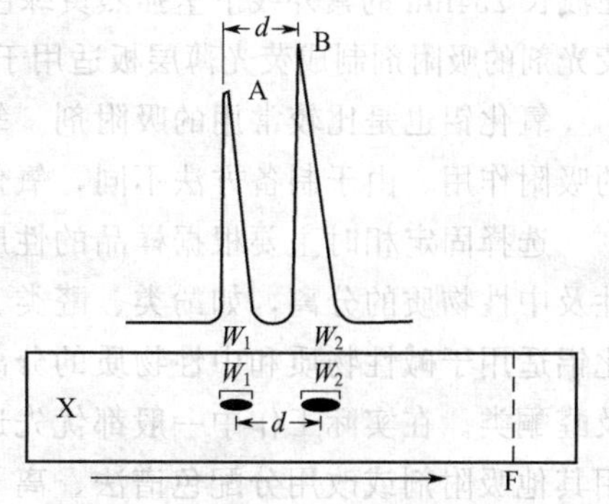

图 7-2　平面色谱法分离度示意图

（1）**吸附薄层色谱法**　该法是将待分析的试样溶液点在薄层板一端的适当位置上（称点样），然后放在密闭的、盛有适宜溶剂的容器里，将点样端浸入溶剂中，借助于薄层板上吸附剂的毛细作用，溶剂会载带被分离组分向前移动，这一过程称为展开，所用溶剂称为展开剂（流动相）。展开时，各组分不断地被吸附剂所吸附，又被展开剂所溶解而解吸附，在吸附剂和展开剂之间发生连续不断地吸附、解吸、再吸附、再解吸……。由于吸附剂对不同极性组分具有不同的吸附能力，展开剂对不同极性组分也有不同的溶解、解吸能力，从而产生差速迁移，得到分离。经过一段时间，当溶剂前沿到达预定位置后，取出薄层板，吸附能力不同的组分在薄层板上可形成彼此分离的斑点，如组分为无色物质，可用物理或化学方法显色定位。

(2) **分配薄层色谱法** 该法是利用待分析的试样中各组分在固定相与流动相（展开剂）之间的分配系数（或溶解度）不同来实现分离的。分配薄层色谱法的固定相一般为液体，吸附在载体上，与柱色谱法相似。根据固定相和流动相（展开剂）的相对极性强弱，把分配色谱法分为正相色谱法和反相色谱法。在正相分配薄层色谱法中，固定相为吸附在硅胶载体上的水，流动相（展开剂）为有机溶剂，极性强的组分易溶于水，分配系数（K）大，随流动相（展开剂）移动速度慢，比移值（R_f）小。在反相分配薄层色谱法中，固定相为烷基化学键合相，流动相（展开剂）为水及与水相溶的有机溶剂，极性强的组分分配系数（K）小，随流动相（展开剂）移动速度快，比移值（R_f）值大。

二、薄层色谱操作技术

1. 薄层色谱法的固定相和流动相

在薄层色谱法中吸附薄层色谱法应用最广泛，所以，这里主要介绍吸附薄层色谱法的固定相（吸附剂）和流动相（展开剂）。

(1) 固定相（吸附剂） 在吸附薄层色谱法中常用的固定相有硅胶、氧化铝、硅藻土、微晶纤维素等。作为 TLC 的固定相，一般要求其粒径为 5～40μm，颗粒均匀。铺成硬板时还需加黏合剂。TLC 常用的黏合剂有煅石膏、羧甲基纤维钠（CMC-Na），高效薄层板常用的黏合剂为聚丙烯酸。

硅胶是 TLC 中最常用的固定相。硅胶为多孔性无定形粉末，其表面带有的硅醇基呈弱酸性。硅醇基中的－OH 可与化合物的极性基团形成氢键而呈现吸附能力。硅醇基吸附水分形成水合硅醇基而失去吸附能力，故硅胶的吸附能力与其含水量有关，含水量越高，吸附力越差，吸附活性也就越低。但可将硅胶活化，提高其吸附能力。所谓**活化**，是指将硅胶加热至 100℃左右，除去其吸附的水分，提高其吸附能力的过程。常用于 TLC 的硅胶主要有硅胶 H、硅胶 G、硅胶 HF_{254} 和硅胶 GF_{254} 等。硅胶 H 为不含黏合剂的硅胶，用时根据情况另加黏合剂；硅胶 G 是硅胶和煅石膏（gypsum）混合而成。硅胶 HF_{254}，不含黏合剂而含有一种无机荧光剂，在波长 254nm 的紫外线下呈强烈黄绿色荧光背景。此外，尚有硅胶 $HF_{254+365}$ 等。用含有无机荧光剂的吸附剂制成荧光薄层板适用于本身不发光的物质且不易显色物质的研究。

氧化铝也是比较常用的吸附剂。氧化铝的吸附量大，对含有双键的物质比硅胶具有更强的吸附作用。由于制备方法不同，氧化铝可分为碱性、酸性和中性氧化铝。

选择固定相时主要根据样品的性质如溶解度、酸碱性及极性。硅胶微带酸性，适用于酸性及中性物质的分离，如酚类、醛类、生物碱类、甾类及氨基酸类等的分离；而一般碱性氧化铝适用于碱性物质和中性物质的分离，如多环芳烃类、生物碱类、胺类、脂溶性维生素类及醛酮类。在实际工作中一般都优先选用硅胶和氧化铝这两种吸附剂，只有在不适合时再选用其他吸附剂或改用分配色谱法、离子交换色谱法等。

(2) 流动相（展开剂） TLC 对展开剂的基本要求是：能使待测组分很好地溶解且不与

组分发生化学反应；使展开后的组分斑点圆而集中；使待测组分的 R_f 值最好在 0.4～0.5 之间，若试样中待测组分较多，则 R_f 值也可在 0.2～0.8 之间；各组分的 ΔR_f 值应大于 0.05，以便完全分离。

流动相的选择主要是依据被分离物质及展开剂的极性，同时，还要考虑固定相的活性。一般选择原则是"相似相溶"，即强极性试样宜用强极性展开剂，弱极性试样宜用弱极性展开剂。要选出合适的展开剂，更主要的是通过试验。为能通过较少的试验找到最佳溶剂系统，可采用 Stahl 三角形优化法（见图 7-3）。从图可知，若将图中的三角形 A 角指向极性物质，则 B 角指向活性小的吸附剂，C 角指向极性展开剂，以此类推。

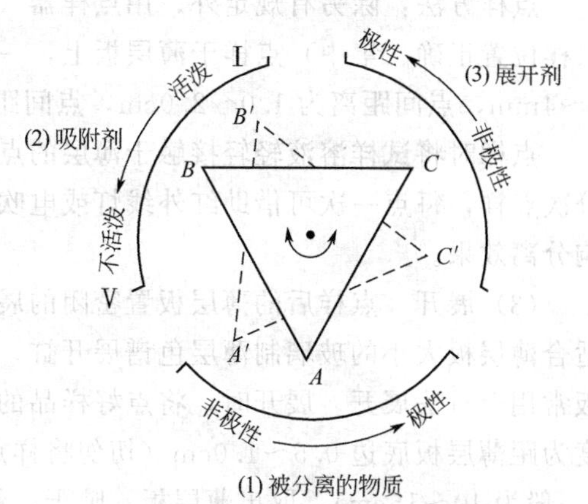

图 7-3　吸附剂、展开剂和被分离物质的关系

在 TLC 中往往先用单一的低极性溶剂展开，如果展开的不理想，再更换极性较大的溶剂进行试验。常用的单一溶剂的极性顺序为：石油醚＜环己烷＜四氯化碳＜苯＜甲苯＜二氯甲烷＜三氯甲烷＜乙醚＜乙酸乙酯＜丙酮＜正丙醇＜乙醇＜甲醇＜吡啶＜酸＜水。

用单一溶剂不能分离时，可选用二元、三元甚至多元溶剂组成的混合展开剂，并不断改变混合展开剂的组成和比例，以提高分离效果。常用的混合展开剂有：水-乙醇、水-甲醇、水-丁酮-甲醇等。混合溶剂应临用时新配，以免长时间贮存，因相互作用而变质。

2. 薄层色谱的操作方法

薄层色谱法的一般操作程序包括制板、点样、展开、显色定位、定性和定量分析等。

（1）薄层板的制备　实际工作中所应用的薄层板主要有自制薄层板和市售薄层板。

① 自制薄层板　制备薄层板常用的载板是玻璃板，除另有规定外，玻璃板要求光滑，平整、洗净后不附水珠，晾干；常用 5cm×20cm、10cm×20cm 或 20cm×20cm 的规格。

薄层板根据制备方法不同，可分为软板和硬板两种。软板所用的吸附剂中不加黏合剂，干法铺制。制备简单，展开速度快，但很易吹散，分离效果较差，现已不常用。

吸附剂中加黏合剂，湿法涂铺制成的薄层板称为硬板。其制备方法为：除另有规定外，将 1 份固定相和 3 份水（或加有黏合剂的水溶液）在研钵中按同一方向研磨混合，去除表面的气泡后，倒入涂布器中，在玻璃板上平稳地移动涂布器进行涂布（厚度为 0.2～0.3mm），取下涂好薄层的玻璃板，置水平台上于室温下晾干后，在 110℃活化 30min，即置于有干燥剂的干燥箱中备用。使用前检查其均匀度，在透射光及反射光下检视，要求薄层均匀、厚度一致。表面应平整、光滑，无麻点、无气泡、无破损及无污染。

② 市售薄层板　临用前一般应在 110℃活化 30min。聚酰胺薄膜不需活化。铝基片薄层板可根据需要剪裁，但需注意剪裁后的薄层板底边的硅胶层不得有破损。

（2）点样　将试液滴加到薄层板上的操作称为点样。点样前，首先要把待分析样品配制成适宜浓度的溶液（试样浓度约为 0.01%～0.1%）。溶解样品的溶剂，尽量避免用水，因为水溶液斑点容易扩散，而且不容易挥发，一般用甲醇、乙醇、丙酮等挥发性有机溶剂。有时对水溶性样品，可先用少量水使其溶解，再用甲醇或乙醇稀释定容。

点样量多少，视薄层的性能及显色剂的灵敏度等而定。一般是几至几十微克（几微升）。

点样方法：除另有规定外，用点样器（常用具支架的微量注射器或定量毛细管，应能使点样位置正确、集中）点样于薄层板上，一般为圆点，点样基线距底边 2.0cm，点样直径为 2～4mm，点间距离为 1.0～2.0cm，点间距离可视斑点扩散情况而定，以不影响检出为宜。

点样时将试样溶液轻轻接触于薄层的点样线上，必须注意勿损伤薄层表面。试样溶液易分次点样，每点一次可借助红外线灯或电吹风机促其迅速挥去溶剂，否则造成样斑扩散而影响分离效果。

（3）展开　点样后的薄层板置密闭的展开容器中，用合适的溶剂展开。展开容器应使用适合薄层板大小的玻璃制薄层色谱展开缸，并有严密盖子，底部应平整光滑，或有双槽。硬板常用上行法展开。展开时，将点好样品的薄层板放入展开缸的展开剂中，浸入展开剂的深度为距薄层板底边 0.5～1.0cm（切勿将样点浸入展开剂中），密封顶盖，等展开至规定距离（一般为 10～15cm），取出薄层板，晾干，然后选择适宜的方法检测。

展开可以单向展开，即向一个方向展开，也可以双向展开，即先向一个方向展开，取出，待展开剂完全挥发后，将薄层板转动 90°，再用原展开剂或另一种展开剂进行展开；亦可多次展开。

注意取出薄层板后，应立即画出溶剂前沿线。在展开过程中，最好恒温、恒湿。在展开过程中，展开缸应密闭，使展开缸内溶剂蒸气达到饱和，特别是使用极性相差较大的多组分混合展开剂时，必须将点样后的薄层板置展开缸内预饱和，以克服边缘效应。边缘效应，是指在展开过程中，薄层边缘处由于展开剂中非极性成分较易挥发而使其 R_f 值比薄层中间部分增大的现象。

（4）显色定位　常用的显色定位方法有光学检出法、试剂显色法等。

光学检出法是常用的显色定位方法。化合物本身有色，在自然光下可以直接观察斑点。有些化合物在可见光下不显色，但可在紫外灯下吸收紫外线，发散荧光而显出不同颜色的荧光斑点，可检出；若试样不产生荧光而固定相中含有荧光物质，则薄层板呈现荧光，而斑点为暗色点，可借此观察斑点大小并标记范围。

既无色，又无紫外吸收的物质，可用试剂显色法。薄层色谱常用的通用型显色剂有硫酸、碘、荧光黄溶液等，它们可用于检查一般有机化合物。还有根据化合物分类或特殊官能团设计的专属性显色剂，其只能使某一类化合物或某官能团显色，如茚三酮是氨基酸的专用显色剂。显色剂显色可采用喷雾显色、浸渍显色或置碘蒸气中显色等方法。

（5）定性分析　定性鉴别主要是依据待分析组分的 R_f 值。从理论上来说，将薄层色谱测得的 R_f 值与文献记载的 R_f 值相比较即可鉴别各物质。但 R_f 受很多因素的影响，很难保证待分析组分的操作条件与文献上的操作条件完全一致。因此常用的方法是用已知标准物质作对照。将试样与对照品在同一块薄层板上展开，显色定位后，根据试样的 R_f 值及显色定位过程中的现象，与对照品对照进行定性鉴别。

（6）定量分析　薄层定量分析方法主要有洗脱法和直接定量法。

洗脱法就是用适当的方法把斑点部位的吸附剂全部取下，若为硬板，可刮下来；如为软板，则可用吸管吸出。然后用适宜的溶剂将吸附剂中的组分洗脱下来，再用适当的方法进行定量测定，如结合比色法或紫外分光光度法等进行定量。

直接定量法有目视比较法和薄层扫描法两种。目视比较法是将一系列已知浓度的对照品溶液与试样溶液点在同一薄层板上，展开并显色后，以目视法直接比较试样斑点与对照品斑点的颜色深浅或面积大小，估计出被测组分的近似含量。该法常用于原料药中杂质限度的检查。薄层扫描法是用薄层扫描仪在薄层板上扫描定量，准确度及精密度有所提高。

3. 薄层色谱法的应用

(1) 薄层色谱法在药物分析中的应用 在药品质量控制过程中，TLC可用于化学药品的鉴别和杂质检查，对药品中存在的已知或未知杂质进行限度控制。TLC也广泛用于中药和中成药的鉴别和含量测定。

TLC还广泛应用于各种天然和合成有机物的分离和鉴定，有时也用于少量物质的精制。在生产上可用于判断反应的终点，监视反应过程等。

① 药物的鉴别 TLC广泛用于药物的鉴别，鉴别方法常采用与同浓度的对照品溶液，在同一块薄层板上点样、展开与检视，要求供试品溶液所显主斑点的颜色（或荧光）与位置（R_f）应与对照品溶液的主斑点一致，而且主斑点的大小与颜色的深浅也应大致相同。如中药黄连的鉴别。

示例1

中药黄连的鉴别（中国药典2010年版一部）。色谱条件：硅胶G薄层板，展开剂为环己烷-乙酸乙酯-异丙醇-甲醇-水-三乙胺（3：3.5：1：1.5：0.5：1），在紫外灯（365nm）下检视。

取本品粉末0.25g，加甲醇25mL，超声处理30min，过滤，取滤液作为供试品溶液。另取黄连对照药材0.25g，同法制成对照药材溶液。再取盐酸小檗碱对照品，加甲醇制成每1mL含0.5mg的溶液，作为对照品溶液。照薄层色谱法试验，吸取上述三种溶液各1μL，分别点于同一高效硅胶G薄层板上，以环己烷-乙酸乙酯-异丙醇-甲醇-水-三乙胺（3：3.5：1：1.5：0.5：1）为展开剂，置于用浓氨试液预饱和20min的展开缸内，展开，取出，晾干，置紫外灯（365nm）下检视。供试品色谱中，在与对照药材色谱相应的位置上，显4个以上相同的颜色荧光斑点；与对照品色谱相应的位置上，显相同颜色的荧光斑点。

② 杂质检查 用TLC进行杂质检查时，可采用杂质对照品法、或供试品溶液的自身稀释对照法，也可将杂质对照品法与供试品溶液自身稀释对照法并用。要求供试品溶液除主斑点外的其他斑点应与相应的杂质对照品溶液或系列浓度杂质对照品溶液的主斑点比较，或与供试品溶液的自身稀释对照溶液或系列浓度自身稀释对照溶液的主斑点比较，不得更深。例如，平喘药氨茶碱的有关物质检查就采用了供试品溶液的自身稀释对照法。

示例2

氨茶碱的有关物质检查（中国药典2010年版二部）。色谱条件：硅胶GF_{254}薄层板，展开剂为正丁醇-丙酮-三氯甲烷-浓氨溶液（40：30：30：10），展开后紫外灯（254nm）下检视。

取本品0.20g，加水2mL，微热使溶解，放冷，用甲醇稀释至10mL，摇匀，作为供试品溶液，精密量取1mL，用甲醇稀释至200mL，摇匀，作为对照溶液。照薄层色谱法试验，吸取上述两种溶液各10μL，分别点于同一硅胶GF_{254}薄层板上，以正丁醇-丙酮-三氯甲烷-浓氨溶液（40：30：30：10）为展开剂，展开，晾干，置紫外灯（254nm）下检视，供试品溶液如显杂质斑点，与对照溶液的主斑点比较，不得更深。

③ 含量测定 TLC也是中药和天然药物中有效成分含量测定的常用方法，如牛黄中胆酸的含量测定。

示例 3

牛黄中胆酸的含量测定（中国药典 2010 年版一部）。牛黄为动物牛的干燥胆结石，其主要成分有胆酸和胆红素等。胆酸的含量测定采用了双波长薄层扫描法，色谱条件：硅胶 G 薄层板；展开剂为异辛烷-乙酸丁酯-冰醋酸-甲酸（8∶4∶2∶1）；显色剂为 30%硫酸乙醇溶液；扫描参数：λ_s＝380nm，λ_R＝650nm。

（2）薄层色谱法在食品分析中的应用　薄层色谱法在食品分析中的应用虽然不及在药物分析中的广泛，但也有一定的应用。如食品中营养素氨基酸、糖、维生素的定性、定量分析，都可采用薄层色谱法。该法也可用于食品添加剂的分析，如食品中苯甲酸、山梨酸的含量测定就采用了薄层色谱法。

三、纸色谱法

1. 概述

纸色谱法（paper chromatography，PC）是以纸为载体，以纸上所含水分或其他物质为固定相，用展开剂进行展开的液-液分配色谱。与 TLC 相同，纸色谱法也常用比移值（R_f）来表示各组分在色谱中的位置，但由于影响 R_f 的因素比较多，因此，一般采用在相同实验条件下与对照物质对比以确定其异同。

纸色谱法也常用于药物的定性鉴别、纯度检查和定量分析。作为药品的鉴别时，供试品在色谱中所显主斑点的位置与颜色（或荧光）应与对照品相同。作为药品的纯度检查时，可按各品种项下的规定，检视其所显杂质斑点的个数或呈色深度（或荧光强度）。作为药品的含量测定时，将主色谱斑点剪下洗脱后，再用适宜的方法测定。

2. 纸色谱法的操作方法

纸色谱法的操作方法与 TLC 相似，也有点样、展开、显色、定性定量分析几个步骤，具体的方法可参考薄层色谱法。这里只介绍一下纸色谱法所需的仪器、材料及展开方法等。

（1）仪器与材料

① 展开容器　通常为圆形或长方形玻璃缸，具有磨口玻璃盖，应能密闭。用于下行法时，盖上有孔，可插入分液漏斗，用于加入展开剂。在近顶端有一用支架架起的玻璃槽作为展开剂的容器，槽内有一玻棒，用于压住色谱滤纸；槽的两侧各支一玻棒，用于支持色谱滤纸使其自然下垂，避免展开剂沿滤纸与溶剂槽之间发生虹吸现象。用于上行法时，在盖上的孔中加塞，塞中插入玻璃悬钩，以便将点样后的色谱滤纸挂在钩上；并除去溶剂槽和支架。

② 点样器　常用具支架的微量注射器或毛细管，应能使点样位置正确、集中。

③ 色谱滤纸　要求滤纸质地均匀平整，应有一定的机械强度；纸纤维的松紧适宜；纸质应纯，无明显的荧光斑点，不含影响展开效果的杂质；也不应与所用显色剂起作用，以致影响分离和鉴别效果，必要时可进行处理后再用。在选用滤纸的型号时，应结合分离对象加以考虑，对 R_f 值相差很小的化合物，宜采用慢速滤纸。

（2）操作方法

① 下行法　取色谱滤纸按纤维长丝方向切成适当大小的纸条，离纸条上端适当的距离（使色谱纸上端能足够浸入溶剂槽内的展开剂中，并使点样基线能在溶剂槽侧的玻璃支持棒下数厘米处）用铅笔划一点样基线，必要时，可在色谱滤纸下端切成锯齿形，以便于展开剂滴下。

将供试品溶解于适当的溶剂中制成一定浓度的溶液。用微量毛细管或微量注射器吸取溶液，点于点样基线上，溶液宜分次点加。样点直径为 2～4mm，点间距离为 1.5～2.0cm，样点通常应为圆形。

将点样后的色谱滤纸的点样端放在溶剂槽内并用玻棒压住，使色谱滤纸通过槽侧玻璃支持棒自然下垂，点样基线在支持棒下数厘米处。展开前，展开缸内用合适溶剂的蒸气使之饱和，一般可在展开缸底部放一装有规定溶剂的平皿或将浸有规定溶剂的滤纸条附着在展开缸内壁上，放置一定时间，待溶剂挥发使缸内充满饱和蒸气。然后添加展开剂使浸没溶剂槽内的色谱滤纸，展开剂即经毛细管作用沿色谱滤纸移动进行展开，展开至规定的距离后，取出色谱滤纸，标明展开剂前沿位置，待展开剂挥散后按规定方法检出色谱斑点。

② 上行法 取色谱滤纸按纤维长丝方向切一长约 25cm 的滤纸条，宽度则按需要而定，必要时可将色谱滤纸卷成筒形；点样基线距底边约 2.5cm。点样方法同下行法。展开缸内加入展开剂适量，放置，等展开剂蒸气饱和后，再下降悬钩，使色谱滤纸浸入展开剂约 0.5cm，展开剂即经毛细管作用沿色谱滤纸上升，除另有规定外，一般展开至约 15cm 后，取出晾干，按规定方法检视。

展开可以单向展开，即向一个方向进行；也可进行双向展开，即先向一个方向展开，取出，待展开剂完全挥发后，将滤纸转动 90°，再用原展开剂或另一种展开剂进行展开；亦可多次展开、连续展开或径向展开等。

※ 拓展知识

一、高效薄层色谱法

高效薄层色谱法（high performance thin-layer chromatography，HPTLC）是应用高效薄层板与薄层扫描仪相结合的方法。它是在普通 TLC 基础上发展起来的一种更为灵敏、高效、精密、准确的色谱分析技术。HPTLC 所用的吸附剂粒度与经典 TLC 相比，要小很多，普通薄层板是用颗粒直径为 10～40μm 的硅胶铺制而成，而高效薄层板是由颗粒直径小至 5μm、10μm 的固定相，用喷雾法制成的板。一般为商品预制板，常用的有硅胶、氧化铝、纤维素和化学键合相薄层板。预制板厚度均匀，使用方便，适用于定量测定。

二、薄层扫描法

1. 基本原理

薄层扫描法是指用一定波长的光照射在薄层板上，对薄层色谱中可吸收紫外线或可见光的斑点，或经激发后能发射出荧光的斑点进行扫描，将扫描得到的图谱及积分数据用于药品的鉴别、检查或含量测定。薄层扫描法主要用于中药有效成分的分析。

薄层扫描的定量方法可分为吸收光度法和荧光光度法。吸收光度法又可分为透射法和反射法两种。透射法是用一定波长的单色光照射斑点后通过测量透射光强度进行定量。透射法虽然灵敏度较高，但薄层的不均匀度及厚度对测定均有影响，基线噪声大，且在短波长测定时玻璃板对紫外线有吸收，所以实际工作中较少应用。反射法是用光照射到薄层色斑上，部分光被色斑吸收，另一部分被反射，通过测量反射光的强度进行定量。反射法的特点是灵敏度较低，受薄层表面不均匀度的影响较大，但对薄层厚度要求不高，基线比较稳定，重现性好，一般硅胶、氧化铝板等都用此法。

荧光光度法适用于有荧光或经适当处理后能生成荧光化合物的被测组分的分析。测定时应先选择适宜的激发光波长和荧光波长。荧光光度法由于激发光和荧光波长均可选择，因此其选择性较好，灵敏度较高，点样量可较少，相应地提高了分离效果。

薄层扫描的扫描方式根据扫描光束的运动轨迹，可分为直线扫描和锯齿扫描（见图 7-4）。直线扫描即光束以直线轨迹通过色斑，测得的是光束在各个部分的吸光度之和。该法适用于色斑圆而规则的斑点。锯齿形扫描为光束呈锯齿状轨迹移动，扫描光束可随所测斑点面积进行调节，大斑点用 1.2mm×1.2mm 光束，小斑点用 0.4mm×0.4mm 光束扫描。在光束的微小范围内，斑点的组分浓度可认为是均匀的，因此扫描所得吸光度积分值不

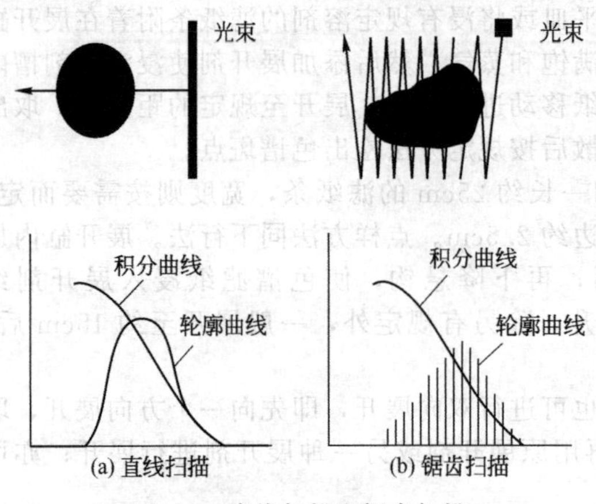

图 7-4 直线扫描和锯齿扫描

受扫描方向、斑点形状和浓度分布的影响，使测定结果稳定而准确，适用于形状不规则及浓度分布不均匀的斑点。

扫描得到的峰形曲线上的每个峰对应于薄层上的每个斑点。测定时，将待测试样扫描曲线上的峰高和峰面积与标准品相比较，即可得出待测试样组分的含量。

由于薄层是由许多微小颗粒组成的，对光有很强的散射作用，使吸光度与物质浓度的关系偏离朗伯-比耳（Lambert-Beer）定律，吸光度与斑点组分的含量之间的曲线呈弯曲状，而不成直线，因而曲线需要校正。校正曲线的方法是将散射参数和处理方法存入计算机。实验前可根据薄层板的类型，选择合适的散射参数，由计算机根据适当的修正程序自动校正，给出准确的定量结果。岛津薄层扫描仪一般是设有 1～10 个散射参数（S_x），硅胶薄层板的 S_x 一般选 3，氧化铝薄层板一般选 7，可使校正曲线成为直线，便于定量测定。

薄层扫描定量方法可采用外标法和内标法，其中外标法较为常用。首先作出校正曲线，求得测定组分的线性范围，再采用外标一点法或外标两点法进行定量。用外标一定法时需注意校正曲线应基本通过原点。若校正曲线不过原点，应采用外标两点法。

2. 薄层扫描仪

薄层扫描仪主要由光源、单色器、试样台、检测器、记录仪部件构成，其光学系统有单光束、双光束和双波长三种，一般都可直接测量薄层板上斑点的吸光度和荧光强度。双波长薄层扫描仪（见图 7-5）是较常用的一种仪器，它采用的是双波长测定，对斑点进行曲折扫描，可进行反射法、透射法测定。

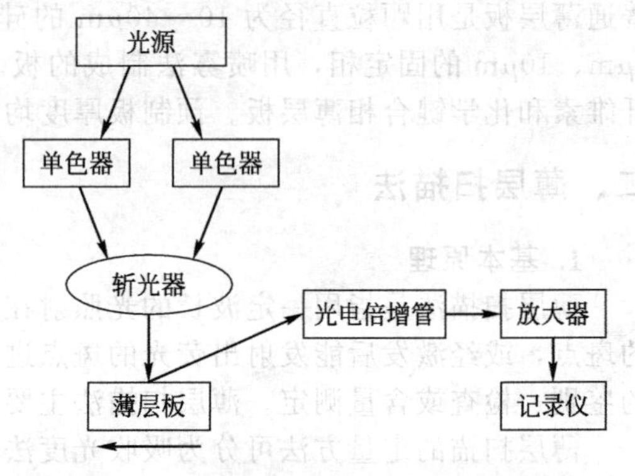

图 7-5 双波长薄层色谱扫描仪示意图

从图 7-5 可见，从光源（氘灯、钨灯或氙灯）发射出的光，通过两个单色器成为两束不同波长的光，经斩光器遮断，使两束光交替地照射在薄层板上。检测器测得两波长的吸光度差值，由记录仪描绘出组分斑点的吸收曲线，曲线呈峰形。在相同条件下，取标准物质绘制斑点的峰面积与待测组分的峰面积相比较，即可测得待测组分的含量。该仪器由于采用了两个波长和强度相等的光束同时进行薄层扫描，减去了薄层板的空白吸收，因此由于薄层板厚度不均匀而引起的基线波动几乎可以消除，很大程度上提高了测量的准确度。

※ 实践操作一

薄层色谱法分离鉴定复方磺胺甲噁唑片中 SMZ 及 TMP

一、实训目的

1. 掌握薄层板的铺制方法、薄层色谱的操作方法及比移值（R_f）的计算方法。

2. 了解薄层色谱法在复方制剂的分离与鉴定中的应用。

二、实训原理

复方磺胺甲噁唑片中含有磺胺甲噁唑（SMZ）及甲氧苄啶（TMP）成分，可在硅胶 GF_{254} 荧光薄层板上，用三氯甲烷-甲醇-二甲基甲酰胺（20∶2∶1）为展开剂进行展开。由于吸附剂（硅胶）对 SMZ 及 TMP 具有不同的吸附能力，展开剂（流动相）对 SMZ 及 TMP 也有不同的溶解、解吸能力，从而产生差速迁移，使二者得到分离。再利用 SMZ 及 TMP 在荧光薄层板上产生暗斑，与同板上的对照品比较进行定性鉴别。

三、仪器与试剂

1. 仪器

色谱缸（层析缸）、三用紫外分析仪、干燥箱、涂布器、玻璃板（10cm×20cm）、研钵、量筒、微量进样器、米尺、铅笔等。

2. 试剂

对照品：磺胺甲噁唑、甲氧苄啶。

药品：复方新诺明片。

试剂：0.75%羧甲基纤维素钠溶液、硅胶 GF_{254}、展开剂：三氯甲烷-甲醇-二甲基甲酰胺（20∶2∶1）。

四、操作方法

1. 样品溶液和对照品溶液的制备

① 样品溶液的制备　取本品的细粉适量（约相当于磺胺甲噁唑 0.2g），加甲醇 10mL，振摇，过滤，取滤液作为供试品溶液。

② 对照品溶液的制备　分别取磺胺甲噁唑 0.2g、甲氧苄啶 40mg，各加甲醇 10mL 溶解，作为对照溶液。

2. 薄层板的铺制

先取 0.75%羧甲基纤维素钠溶液 30mL 置研钵中，再取 10g 硅胶 GF_{254} 分次加入研钵中，向同一方向研磨混合，待充分研磨均匀后，去除表面的气泡，然后将糊状物的吸附剂倒入涂布器中，在玻璃板上平稳地移动涂布器进行涂布（厚度为 0.2～0.3mm），取下涂好薄层的玻璃板，置水平台上于室温下晾干后，在 110℃烘 30min。立即置于有干燥剂的干燥器中备用。使用前检查其均匀度。

3. 点样、展开、定性分析

在距薄层板底边约 2.0cm 处，用铅笔轻轻划一起始线，用微量注射器分别点 SMZ、TMP 对照液及样品液各 5μL，斑点直径不超过 2～3mm，待溶剂挥发后，将薄层板置于盛有 30mL 展开剂的色谱缸中饱和 15min，再将点有样品的一端浸入展开剂 0.3～0.5cm，展开。待展开剂移行约 10cm 处，取出薄板，立即用铅笔划出溶剂前沿，待展开剂挥散后，置紫外灯（254nm）下观察。标出各斑点的位置、外形，以备计算 R_f 值。

五、结果处理

找出各斑点中心，用米尺测出各斑点与原点的距离及溶剂前沿线到起始线的距离，分别计算 R_f 值，对样品中两组分进行定性。

六、注意事项

1. 0.75%羧甲基纤维素钠溶液的制备：称取羧甲基纤维素钠 0.75g，置于 100mL 水中，加热使其溶解，混匀，放置 1 周待溶液澄清备用。

2. 制备好的薄层板表面平整光洁，薄层厚薄均匀，且厚度适宜（厚度为 0.2～0.3mm）。活化后的薄层板取出后置干燥器中冷却备用。

3. 点样时，微量注射器针头切勿损坏薄层表面。

4. 样点位置应在距离底边 1.5～2cm 处，样品原点直径应小于 0.4cm，相邻两斑点中心间距应大于 1.5cm。

5. 展开缸先用展开剂蒸气饱和，再将薄层板浸入展开剂展开；样点不能泡在展开剂中；薄层浸入时不能歪斜进入。

6. 展开剂不可直接倒入水槽，需回收统一处理。

七、思考题

1. 薄层板为何要进行“活化”？

2. 点样的要求是什么？为什么？

3. 展开前色谱缸内为什么要用展开剂蒸气预先进行饱和？

※ 实践操作二

食品中苯甲酸、山梨酸的测定

一、实训目的

1. 学习薄层色谱法分离、测定食品中苯甲酸、山梨酸的基本原理。

2. 掌握薄层色谱法的基本操作技术。

二、基本原理

样品酸化后，用乙醚提取苯甲酸、山梨酸。将样品提取液浓缩，点于聚酰胺薄层板上，展开、显色后，根据薄层板上苯甲酸、山梨酸的比移值及斑点大小，与标准品相比较即可进行定性、定量分析。

三、仪器与试剂

1. 仪器

色谱缸、玻璃板（10cm×20cm）、微量注射器（10μL，100μL）、喷雾器。

2. 试剂

异丙醇、正丁醇、石油醚（沸程为 30～60℃）、乙醚（不含过氧化物）、氨水、无水乙醇、聚酰胺粉（200 目）、盐酸溶液（取 100mL 盐酸，加水稀释至 200mL）、氯化钠酸性溶液［于氯化钠溶液（40g·L^{-1}）中加少量盐酸（1+1）酸化］、展开剂［a. 正丁醇+氨水+无水乙醇（7∶1∶2）；b. 异丙醇+氨水+无水乙醇（7∶1∶2）］、显色剂为 0.04%溴甲酚紫的 50%乙醇溶液（用 0.1mol·L^{-1}氢氧化钠溶液调至 pH=8）、山梨酸标准溶液（准确称取 0.2000g 山梨酸，用少量乙醇溶解后移入 100mL 容量瓶中，并稀释至刻度，此溶液每毫升相当于 2.0mg 山梨酸）、苯甲酸标准溶液（准确称取 0.2000g 苯甲酸，用少量乙醇溶解后移入 100mL 容量瓶中，并稀释至刻度，此溶液每毫升相当于 2.0mg 苯甲酸）。

四、操作步骤

1. 样品提取

称取 2.50g 事先混合均匀的样品，置于 25mL 带塞量筒中，加 0.5mL 盐酸（1+1）酸化，用 15mL、10mL 乙醚提取两次，每次振摇 1min，将上层醚提取液吸入另一个 25mL 带塞量筒中，合并乙醚提取液。用 3mL 氯化钠酸性溶液（40g·L^{-1}）洗涤两次，静置 15min，用滴管将乙醚层通过无水硫酸钠滤入 25mL 容量瓶中。加乙醚至刻度，混匀。

吸取 10.0mL 乙醚提取液分两次置于 10mL 带塞离心试管中，在约 40℃的水浴上挥干，加入 0.10mL 乙醇溶解残渣，备用。

2. 测定

（1）薄层板的制备　称取 1.6g 聚酰胺粉，加 0.4g 可溶性淀粉，加约 15mL 水，研磨 3～5min，立即倒入涂布器内制成厚度约 0.3mm 的薄层板两块，室温干燥后，于 80℃干燥 1h，取出，置于干燥器中保存。

（2）点样　在薄层板下端 2cm 的基线上，用微量注射器点 1μL、2μL 样品液，同时各点 1μL、2μL 山梨酸、苯甲酸标准溶液。

（3）展开与显色　将点样后的薄层板放入预先盛有展开剂（a 或 b）的展开槽内，展开槽周围贴有滤纸，待溶剂前沿上展至 10cm，取出挥干，喷显色剂，斑点成黄色，背景为蓝色。样品中所含山梨酸、苯甲酸的量与标准品斑点比较进行定性、定量分析。

五、数据处理

$$X=\frac{A\times 1000}{m\times \frac{10}{25}\times \frac{V_2}{V_1}\times 1000}$$

式中，X 为样品中苯甲酸或山梨酸的含量，g·kg^{-1}；A 为测定用样品液中苯甲酸或山梨酸的质量，mg；V_1 为加入乙醇的体积，mL；V_2 为测定时点样的体积，mL；m 为样品质量，g；10 为测定时吸取乙醚提取液的体积，mL；25 为样品乙醚提取液的总体积，mL。

六、注意事项

1. 展开剂不能放置太久，否则，浓度和极性都会发生变化，影响分离效果，应现用现配。

2. 展开之前，展开剂在展开缸内应预先平衡 1h，使缸内蒸气压饱和，以免出现边缘效应。

3. 在点样时，最好用吹风机边点边吹干，点样点直径不宜超过 2mm。

七、思考题

如何克服薄层展开过程中的边缘效应？引起边缘效应的因素有哪些？

※ 项目小结

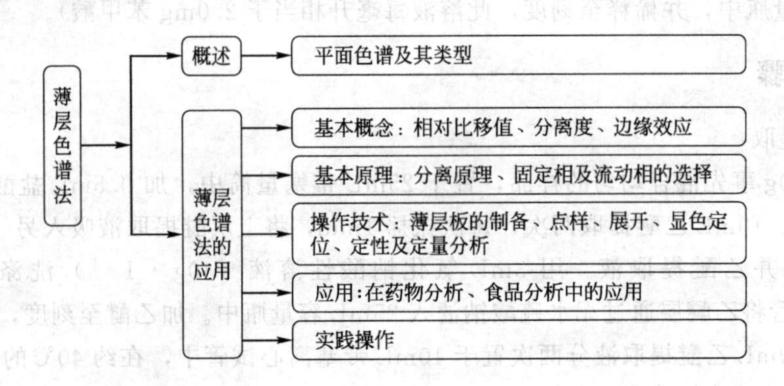

※ 思考与练习

一、名词解释

比移值、边缘效应。

二、填空题

1. 比移值（R_f）是薄层色谱法的基本定性参数，在实际操作中，R_f 值在________为宜，最佳范围是______。

2. 硅胶 H 为不含_____的硅胶。

3. 硅胶 GF_{254} 为________________的硅胶。

三、选择题

1. 在薄层色谱法中进行点样操作时，除另有规定外，点样基线应距底边________，点间距为（　　）。

A. 1.5　　B. 0.8　　C. 3.0　　D. 2.0　　E. 0.5

2. TLC 代表（　　）。

A. 高效液相色谱法　B. 气相色谱法　C. 薄层色谱法　D. 液相色谱法

3. 薄层色谱法中，样品溶液的制备，溶解样品的溶剂，尽量避免用（　　）。

A. 水　　B. 甲醇　　C. 苯　　D. 乙醇

四、简答题

1. 什么是薄层色谱法？如何选择薄层色谱法的固定相和流动相？

2. 一定的操作条件下为什么可利用 R_f 值来鉴定化合物？

3. 薄层色谱法的一般操作程序包括哪几个步骤？操作过程中应注意哪些事项？

4. 在混合物薄层色谱中，如何判定各组分在薄层上的位置？

五、计算题

1. 化合物 A 和化合物 B 经薄层分离后，化合物 A 斑点中心距原点 8.0cm，化合物 B 斑点中心距原点 7.6cm，展开剂前沿距原点 16cm，试分别计算化合物 A 及化合物 B 的比移值（R_f）。

2. 某化合物在薄层板上从原点迁移 7.5cm，溶剂前沿距原点 16.0cm。试计算该化合物的比移值（R_f）；如果在相同的色谱条件下，溶剂前沿距原点 15.0cm，那么该化合物的斑点应在薄层板上何处？

项目八

离子色谱法

[知识目标]

- 理解离子色谱法的基本原理。
- 掌握离子色谱法的定性、定量分析方法。

[能力目标]

- 能正确操作离子色谱仪并对其进行日常维护。
- 能熟练运用离子色谱技术。

任务一　离子色谱仪的使用

※ 必备知识

一、离子色谱法的原理

1. 离子色谱法概述

离子色谱法（ion chromatography，IC）是利用离子交换原理和液相色谱技术分离测定能在水中解离成有机和无机离子的一种液相色谱方法，是高效液相色谱法（HPLC）的一种，是由经典离子交换色谱法派生出来的。1975 年，Small 等人提出了将离子交换色谱与电导检测器相结合来分析各种离子的方法，并称之为现代离子色谱法（或称高效离子色谱法）。Small 等人采用了低交换容量的离子交换柱，以强电解质作流动相分离无机离子，然后用抑制柱将流动相中被测离子的反离子除去，使流动相电导降低，从而获得了高的检测灵敏度，这就是所谓的**抑制型离子色谱法**（或称**双柱离子色谱法**），见图 8-1。1979 年，Gjerde 等用弱电解质作流动相，因流动相自身的电导较低，不必用抑制柱，因此称作**非抑制型离子色谱法**（或称**单柱离子色谱法**）（见图 8-2）。

早期的离子色谱法（IC）主要指的就是抑制型离子色谱法和非抑制型离子色谱法，这两种方法也是目前应用较多的 IC。现在，虽然离子色谱法（IC）主要的分离方式仍是离子交换，但是，离子排斥和离子对色谱在离子型化合物的分析中也起着重要的补充作用。

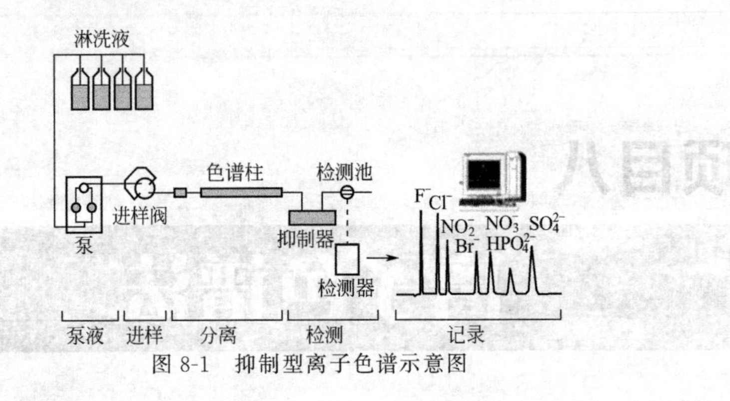

图 8-1 抑制型离子色谱示意图

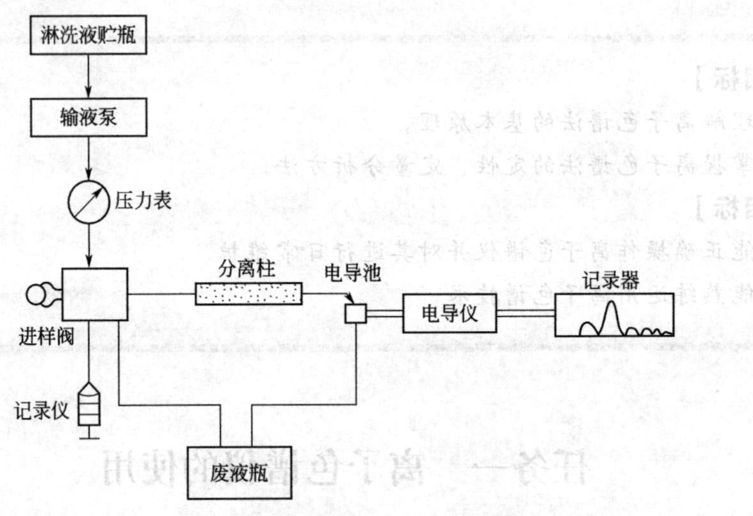

图 8-2 非抑制型离子色谱示意图

离子色谱法（IC）具有快速、方便、灵敏度高、选择性好等特点，可同时测定多组分，在适宜的条件下，可使常见的各种阴离子混合物分离。离子色谱法（IC）对 7 种常见阴离子（F^-、Cl^-、Br^-、NO_2^-、NO_3^-、SO_4^{2-}、PO_4^{3-}）和 6 种常见阳离子（Li^+、Na^+、$NH_4{}^+$、K^+、Mg^{2+}、Ca^{2+}）的平均分析时间分别小于 10min，用高效快速分离柱对上述 7 种常见阴离子的分离只需要 3min。直接进样 50μL，对常见阴离子的检出限小于 10μg·L^{-1}。对某些工业上用的高纯水，通过增加进样量，采用小孔径柱或在线浓缩技术，检出限可达 10^{-12} g·L^{-1}以下。IC 法的选择性主要由选择适当的分离和检测系统来达到。与 HPLC 相比，IC 法中固定相对选择性的影响较大。根据样品的特点选择合适的检测器并配合一些技术如抑制技术、柱后衍生等都可以提高 IC 的选择性。

离子色谱法（IC）目前还是分析阴离子的最佳方法，该法也可用于无机阳离子、有机酸、糖醇类、氨基糖类、氨基酸、蛋白质、糖蛋白等物质的定性和定量分析。该法发展迅速，已在医药、食品、生化、环境监测、石油化工等领域得到广泛应用。

2. 基本分离原理

离子色谱法（IC）根据分离机理不同，可分为高效离子交换色谱法（HPIC）、离子排斥色谱法（HPIEC）及离子对色谱法（MPIC）。这三种分离方法所用的柱填料的树脂（固定相）骨架都是苯乙烯-二乙烯苯的共聚物，但树脂的离子交换容量不同，HPIC 用低容量的离子交换树脂（0.01～0.50mmol·g^{-1}），HPIEC 用高容量的树脂（3～5mmol·g^{-1}），MPIC 用不含离子交换基团的多孔树脂。三种分离方法的分离机理也各不相同，HPIC 的分离机理主要为离子交换，HPIEC 主要为离子排斥，而 MPIC 则主要基于吸附和离子对的形成。

高效离子交换色谱法（HPIC）是目前应用较多的离子色谱法。与经典离子交换色谱法不同的是，HPIC 采用了电导检测器。HPIC 色谱法可分为两类，即抑制型（双柱型）离子色谱法和非抑制型（单柱型）离子色谱法。

（1）抑制型离子色谱法　该法与普通离子交换色谱法的差别通常在于分离柱之后增加一个抑制柱，所用检测器为电导检测器。这种具有抑制柱的离子色谱法称为**抑制型离子色谱法**，又称**电导检测双柱离子色谱法**。抑制型离子色谱法的分离机理如下：

若样品为阳离子（假设为 M^+），用无机酸（如稀盐酸）作为流动相，抑制柱为高容量的强碱性阴离子交换剂。当组分离子经填充阳离子交换剂的分离柱之后，随流动相进入抑制柱，在两根柱上有如下反应。

分离柱　交换反应：　$R^--H^+ + M^+Cl^- \longrightarrow R^--M^+ + H^+Cl^-$

洗脱反应：　$R^--M^+ + H^+Cl^- \longrightarrow R^--H^+ + M^+Cl$

抑制柱　与洗脱剂反应：$R^+-OH^- + H^+Cl^- \longrightarrow R^+-Cl^- + H_2O$

与组分反应：$R^+-OH^- + M^+Cl^- \longrightarrow R^+-Cl^- + M^+-OH^-$

R^+-OH^- 为抑制柱中的阴离子交换剂，M^+ 为样品中被测阳离子。由于抑制柱的作用，一方面使流动相中的酸生成 H_2O，使流动相电导率大大降低；另一方面使样品阳离子从原来的盐转变成相应的碱，由于 OH^- 的淌度比 Cl^- 大，因此，提高了组分电导检测的灵敏度。

若样品为阴离子（假设为 X^-），分离柱为阴离子交换剂，用 NaOH 溶液作为流动相。抑制柱为高容量的强酸性阳离子交换剂。分离柱的洗脱液进入抑制柱，在两根柱上有如下反应。

分离柱　交换反应：$R^+-OH^- + NaX \longrightarrow R^+-X^- + NaOH$

洗脱反应：$R^+-X^- + NaOH \longrightarrow R^+-OH^- + NaX$

抑制柱　与洗脱剂反应：$R^--H^+ + NaOH \longrightarrow R^--Na^+ + H_2O$

与组分反应：$R^--H^+ + NaX \longrightarrow R^--Na^+ + HX$

抑制柱使碱生成 H_2O，其背景电导率大大降低。样品中的阴离子（X^-）生成了相应的酸（HX），由于 H^+ 的淌度比 Na^+ 大得多，因此，提高了组分电导检测的灵敏度。

由于离子交换反应，抑制柱逐渐失去了抑制能力，故早期的抑制柱使用一段时间必须定期再生，但再生期较短。目前新型的抑制柱已设计成可自动连续再生的模式，即使用了膜离子抑制器来代替。这实际上是具有磺酸基团或季铵基团的聚苯乙烯多孔纤维制成的离子交换膜管，管内流过洗脱液（如 $NaHCO_3$ 洗脱液），管外流过离子交换剂再生液（如 H_2SO_4）。洗脱液和再生液流动方面相反，Na^+ 与膜上的 H^+ 交换生成 H_2CO_3，使本底电导大大下降。H_2SO_4 不断从下而上流过，其 H^+ 透过管壁，使已被交换的磺酸基团不断得到再生。管内的样品阴离子（X^-）和再生液中的 SO_4^{2-} 都不能穿过膜管。最终只使阴离子到达电导检测器。若分离阳离子，只是以含季铵基团的离子交换膜管代替而已，抑制原理相同。

（2）**非抑制型离子色谱法**　又称**电导检测单柱色谱法**，它只有一根分离柱，不用抑制柱，从分离柱流出的洗脱液直接进入电导检测器。由于减少了抑制柱带来的死体积，分离效率高，所用仪器也可用 HPLC 仪改装。

为了降低洗脱液在电导检测器上的高背景信号，非抑制型离子色谱法的流动相采用的是低浓度、低解离度的有机酸或弱酸盐洗脱剂。但是这样的流动相会使保留值增大，洗脱困难，因此，非抑制色谱法同时采用低容量的离子交换剂作固定相。

例如，在分离阴离子时，非抑制型离子色谱法可采用低容量（0.007～0.04mmol·g^{-1}）、大孔径阴离子交换树脂作固定相，用低浓度（$1\times10^{-4}\sim5\times10^{-4}$mol·$L^{-1}$）苯甲酸钠或邻苯二甲酸钠溶液作洗脱液。在分析阳离子时，可采用表面轻度磺化的低容量聚苯乙烯作固定相，用浓度为1～2mmol·L^{-1}的硝酸或乙二胺盐作洗脱液。当样品被流动相带进色谱柱后，与被测离子电荷相反的离子不被保留，先洗脱出来形成一个假峰（也称水峰）。然后被测离子才被逐一洗脱，进入电导检测器被检测，并以色谱峰的形式记录下来。

如果流动相中的离子摩尔电导比被测离子小，则在色谱图上出现正峰，阴离子通常是这种情况。阳离子交换色谱的流动相中的离子一般是H^+，其极限摩尔电导远比一般阳离子大，所以，阳离子通常产生负峰（可以通过改变电导检测器的输出极性得到正峰）。在很多体系中，被测离子峰之后还会出现一个“系统峰”（system peak），系统峰是因为样品溶液与流动相的组成、pH的差异所引起的，它的出现往往对分离或定量带来负面影响，目前还无法完全消除系统峰，只有设法抑制系统峰的大小和调节系统峰的出峰位置，使之对分析无干扰。

二、离子色谱仪的构造

离子色谱仪的基本构成及工作原理与高效液相色谱法（HPLC）相同，一般由流动相输运系统、进样系统、分离系统（色谱柱）、抑制或衍生系统、检测系统及数据处理系统等几部分组成（见图8-1）。其中，分离系统是离子色谱的最重要部件之一，其核心部件为色谱柱。而对于抑制型检测器，抑制器也是关键部件。在离子色谱法（IC）中多用强酸性或强碱性物质作流动相，所以，离子色谱仪的流路系统要求能更耐酸耐碱一些，凡是流动相通过的管道、阀门、泵、柱子以及接头等不仅要求耐压，而且要耐酸碱腐蚀，目前国内外的离子色谱仪都采用全塑料系统，使用的材料多是聚醚醚酮（PEEK）。现代离子色谱系统采用由微机控制的高精密度无脉冲双往复泵，用色谱工作站控制全部功能和作数据处理，柱填料和液体管道系统在0～14的整个pH范围内和0～100%与水互溶的有机溶剂中性能都很稳定。

离子色谱仪的输液系统包括贮液瓶、高压输液泵、梯度淋洗装置等，与HPLC的输液系统基本相似。这里将重点介绍进样系统、离子色谱柱、抑制系统和电导检测器等。

1. 进样系统

离子色谱的进样方式有3种，即手动进样、气动进样和自动进样。手动进样采用六通阀，其工作原理与HPLC相同，但其进样量比HPLC要大，一般为50μL。气动进样是采用一定氦气或氮气气压作动力，通过两路四通加载定量管后，进行取样和进样，它有效地减少了手动进样因动作不同所带来的误差。自动进样是在色谱工作站的控制下，自动进行取样、进样、清洗等一系列操作，操作者只需将样品按顺序装入贮样机中。自动进样可以达到很宽的样品进样量范围的目的。

2. 离子色谱柱

离子色谱柱是离子色谱仪的核心部件，一般分析柱内径为4mm，长度为100～250mm，柱子两头采用紧固螺丝。高档仪器特别是阳离子色谱柱一般采用聚四氟乙烯材料，以防止金属对测定的干扰。随着离子色谱的发展，细内径柱受到人们的重视，2mm柱不仅可以使溶剂消耗量减少，而且对于同样的进样量，灵敏度可以提高4倍。

要想实现很好的分离效果，就需要认真选择柱中的填料（固定相）。离子色谱柱填料的粒度一般在5～25μm之间，比高效液相色谱的柱填料略大，因此其压力比高效液相色谱的要小，一般为单分散，而且呈球状。

离子交换色谱的色谱柱填料有两种，分别是有机聚合物载体填充剂和无机载体填充剂。

有机聚合物载体填料最为常用，填料的载体一般为苯乙烯-二乙烯基苯共聚物、乙基乙烯基苯-二乙烯基苯共聚物、聚甲基丙烯酸酯或聚乙烯聚合物等有机聚合物，使用最广泛的填料为苯乙烯-二乙烯基苯共聚物。其中阳离子交换柱一般采用磺酸或羧酸功能基，阴离子交换柱填料则采用季铵功能基（如烷基季铵基、烷醇季铵基等）或叔胺功能基。离子排斥柱填料主要为全磺化的苯乙烯-二乙烯基苯共聚物。有机聚合物载体填料在较宽的酸碱范围（pH=0～14）内可有较高的稳定性，且有一定的耐有机溶剂腐蚀性。一般来说，离子交换型色谱柱的交换容量均很低。

无机载体填料一般为硅胶型，采用多孔二氧化硅柱填料制得。在硅胶表面的硅醇基通过化学键合季铵基等阴离子交换功能基或磺酸基、羧酸基等阳离子交换功能基，可分别用于阴离子或阳离子的交换分离。硅胶载体填料机械稳定性好，在有机溶剂中不会溶胀或收缩。硅胶载体填料在 pH2～8 的洗脱液中稳定，一般适用于单柱型离子色谱柱中。

3. 离子色谱的抑制系统

对于抑制型（双柱型）离子色谱系统来说，抑制系统是其非常重要的一个部分，也是离子色谱有别于 HPLC 的一个最重要特点。现在离子色谱的抑制系统主要分树脂填充抑制柱系统、纤维抑制器、微膜抑制器、电解抑制器等。

（1）树脂填充抑制柱系统　虽然树脂填充的抑制器是第一代抑制器，但是由于其制作简单，价格低廉，抑制容量为中等，因此，至今仍在使用，只是用得较少。该系统采用高交换容量的阳离子树脂填充柱（抑制阴离子），通过硫酸，将树脂转化为氢型。阳离子抑制的情况与此正好相反，它采用高交换容量的阴离子树脂作填充柱。

（2）纤维抑制器　这种抑制系统于 1981 年开始商品化，该系统采用阳离子交换的中空纤维作为抑制器，外通硫酸作为再生液，可连续对流动相进行再生，这种抑制器的死体积比较大，抑制容量也不高。

（3）平板微膜抑制器　这种抑制系统是在 1985 年发展起来的，该系统采用阳离子交换平板薄膜，中间通过流动相，而外两侧通硫酸再生液。这种抑制器的交换容量比较高，死体积很小，可进行梯度洗脱（见图 8-3）。

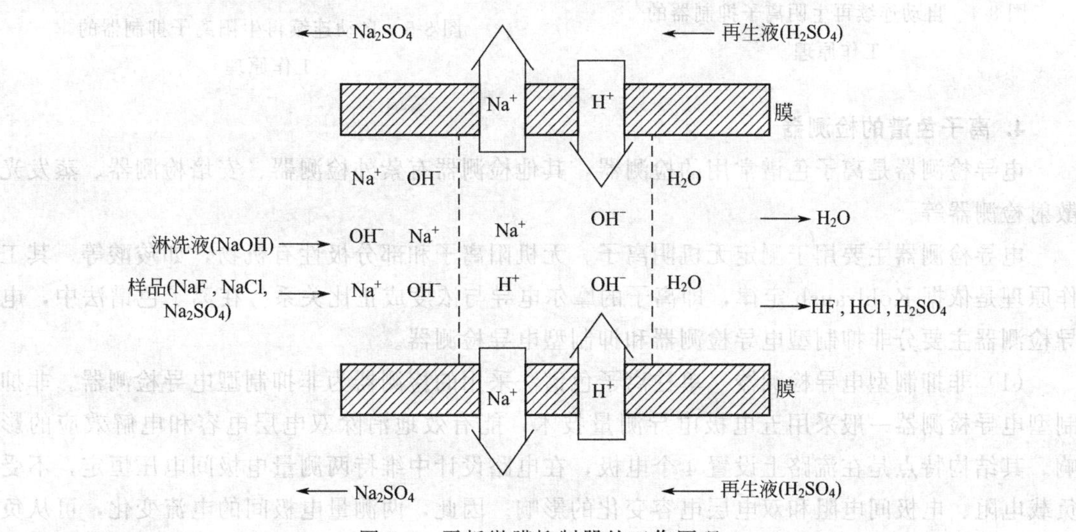

图 8-3　平板微膜抑制器的工作原理

（4）电解抑制器　这种抑制系统是在 1992 年进入市场的，为自身再生抑制器。这种抑制器不用化学试剂来提供 H^+ 或 OH^-，而是通过电解水产生的 H^+ 或 OH^- 来满足化学抑制器所需的离子。早期的这类抑制器是由我国厦门大学田昭武发明，并投入了生产，但它需要定期加入硫酸来补充 H^+。美国 Dionex 公司对这类抑制器进行了改进，使之成为自再生，只要用流动相自循环或去离子水电解就可能实现再生，抑制容量可以通过改变电流的大小加以控制，而且死体积很小，这种抑制器平衡快，背景噪声低，坚固耐用，工作温度从室温到40℃，并可在高达40％的有机溶剂存在下正常工作。

其工作原理与结构见图 8-4 及图 8-5，当直流电压施加于阳、阴极之间时，在电场的作用下，在阳极，水被氧化成 H^+ 和 O_2；在阴极，水被还原成 OH^- 和 H_2。如图 8-5 所示，NaOH 淋洗液从上到下方通过抑制器中两片阳离子交换膜之间的通道，在阳极电解产生的 H^+ 通过阳离子膜进入淋洗液流中，与淋洗液中的 OH^- 结合生成水。在电场的作用下，Na^+ 通过阳离子交换膜到废液中。电解水可以不断提供所需要的 H^+ 或 OH^-，再加上电场引力，该抑制器能用于高容量分离柱所用的淋洗液浓度和梯度淋洗。在实际工作中应注意保持这种抑制器内湿润，如发现干涸，应按仪器要求进行处理，然后再使用。

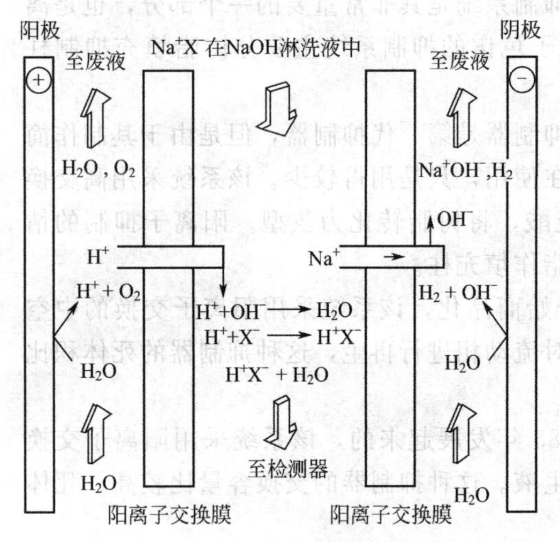

图 8-4 自动连续再生阴离子抑制器的工作原理

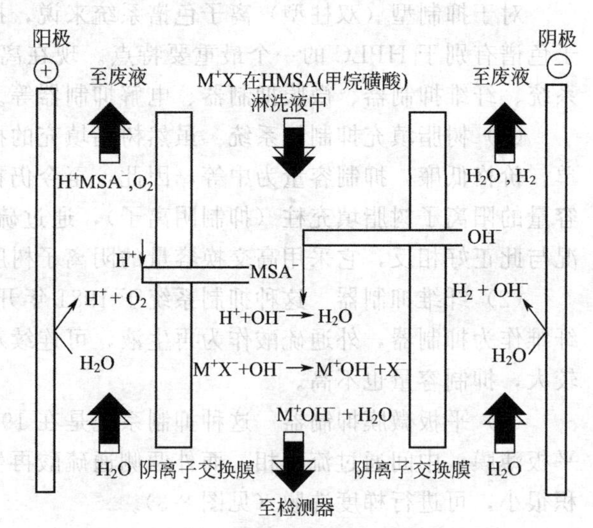

图 8-5 自动连续再生阳离子抑制器的工作原理

4. 离子色谱的检测器

电导检测器是离子色谱常用的检测器，其他检测器有紫外检测器、安培检测器、蒸发光散射检测器等。

电导检测器主要用于测定无机阴离子、无机阳离子和部分极性有机物，如羧酸等。其工作原理是依据 Koblraush 定律，即离子的摩尔电导与浓度成正比关系。在离子色谱法中，电导检测器主要分非抑制型电导检测器和抑制型电导检测器。

（1）非抑制型电导检测器　单柱离子色谱法采用的检测器为非抑制型电导检测器。非抑制型电导检测器一般采用五电极电导测量技术，能有效地消除双电层电容和电解效应的影响。其结构特点是在流路上设置 4 个电极，在电路设计中维持两测量电极间电压恒定，不受负载电阻、电极间电阻和双电层电容变化的影响。因此，两测量电极间的电流变化，可从负载电阻两端取出信号进行放大和显示。第五电极为屏蔽电极，它有助于提高测量的稳定性。五电极式电导检测器有效地消除了极化和电解效应的影响，在高背景电导下仍能获得极低的噪声水平，特别适合于作非化学抑制型电导检测器。

（2）抑制型电导检测器　双柱离子色谱法采用的检测器为抑制型电导检测器。抑制型电导检测器采用了可变频率双极脉冲化学抑制型电导检测方式，该检测方式有效地抑制了电导池等效电容和流动相本底电导的影响，测定灵敏度高、线性范围宽、稳定性好。以美国 Dionex 公司为代表，它采用 8085 芯片作为中心处理器（CPU），通过处理机输入/输出部件（PIO）对其他单元进行控制，由 CPU 时钟分频触发后产生双极脉冲，经整形后送至电导池；电导池返回的信号在第二个脉冲后被采样，并转换为一个直流信号，此信号与温度测定信号交替送入电压频率变换器，数字信号送至 CPU。在进行补偿时，CPU 将这个信号处理后，通过 D/A（补偿）转换器，送回放大电路，对原信号进行补偿，直至比较输出呈“OK”状态。信号的输出也是通过 V/F 变频电路送至 CPU，CPU 对其处理后通过 D/A（输出）变频电路，经驱动器输出至数据处理器。

（3）安培检测器　该检测器用于分析解离度低、用电导检测器难于检测的离子。直流安培检测器可以测定碘离子（I^-）、硫氰酸根离子（SCN^-）和各种酚类化合物等。积分安培和脉冲安培检测器则常用于测定糖类和氨基酸类化合物。

（4）紫外检测器　该检测器适用于在高浓度氯离子等存在下痕量的溴离子（Br^-）、亚硝酸根离子（NO_2^-）、硝酸根离子（NO_3^-）以及其他具有强紫外吸收成分的测定。柱后衍生-紫外检测法常用于分离分析过渡金属离子和镧系金属等。

（5）其他检测器　蒸发光散射检测器、原子吸收、原子发射光谱、电感耦合等离子体原子发射光谱、质谱（包括电感耦合等离子体质谱）也可作为离子色谱的检测器。离子色谱在与蒸发光散射检测器或/和质谱检测器等联用时，一般采用带有抑制器的离子色谱系统。

※ 实践操作

常见离子色谱仪的操作规范及维护保养

一、实训目的

熟悉离子色谱仪的构造、各部件的工作原理、操作及维护保养。

二、仪器、器材、药品

1. 仪器：离子交换色谱仪、超声装置。
2. 器材：注射器。
3. 试剂：去离子水。

三、离子色谱仪的操作规范

不同离子色谱仪的操作规范会略有差异，这里以 ICS-90 离子色谱仪为例进行说明。

1. 开机

（1）确认淋洗液和再生液的储量是否满足需要。

（2）将压缩气瓶的输出压力调节至 0.2MPa，淋洗液瓶的压力调节至 5psi。

（3）打开 ICS-90 后面板的电源开关。接通电源后，ICS-90 的泵处于 OFF 状态，进样阀处于 LOAD 状态，DS5 显示当前读数。

2. 启动 Peaknet 6.4 工作站

（1）点击 Start>Programs>PeakNet>PeakNet，进入以上界面。

（2）在浏览器中，点击 Dionex Templates>Panel>Dionex IC>Dionex ICS-90 System。

（3）点击 Control>Connect to Timebase。

3. 运行前的准备工作

（1）在 ICS-90 的控制面板中开泵。

（2）清洗泵头。

（3）平衡系统约 30min，点击 Autozero，补偿背景电导，调节零点。注意：如果 ICS-90 开机后 6h 未进行采样，泵将进入低流速模式。

（4）在浏览器中，点击 File>New，选择 Program File，按 OK 键，根据提示编辑程序文件。

（5）在浏览器中，点击 File>New，选择 Sequence（Using wizard），按 OK 键，根据提示编辑样品表。

（6）在浏览器中，点击 Batch>Start>Add，选择需要运行的样品表，按 Start 键。

4. 进样

注射器进样。

四、离子色谱仪的维护保养

1. 未经培训不能私自上机操作。

2. 对于含有高浓度干扰基体的样品，进样前要用 0.45μm 的过滤膜过滤。

3. 检查各组件连接处有无泄漏并及时清洗。

4. 检查废液桶的含量并及时倒空。

5. 检查泵头与泵体连接处有无泄漏。正常操作造成的磨损会导致柱塞密封圈的泄漏，严重时可能污染泵的内部，影响正常操作。

6. 仪器至少每隔 3 天通一次去离子水，隔七天通一次淋洗液，离子色谱柱每使用两个月，需用 0.2mol·L^{-1}的 Na_2CO_3 溶液及 1%酒石酸溶液洗涤，以维持色谱柱的性能，色谱柱若长时间不用，则应通入 3%的硼酸密封连同抑制器低温保存。平流泵用去离子水冲洗干净。

7. 淋洗液不可隔天使用，以免孳生细菌。影响色谱柱的使用寿命，为延长色谱柱的使用寿命，最好不用于工业废水等污染较为严重的废水的分析，若要使用，必须严格按照样品的前处理方法对样品进行预处理，使用过程中注意避免气体、重金属离子以及有机物进入色谱柱，引起色谱柱丧失部分能力，甚至损坏。

任务二　离子色谱法的应用

※ 必备知识

一、去离子水的制备及溶液配制

1. 去离子水的制备

《中国药典》（2010 年版）要求，离子色谱法中制备洗脱液的去离子水应经过纯化处理，电阻率一般大于 18.2MΩ（或电导率一般小于 0.056μS·cm^{-1}）。为满足要求，需要用专门的去离子水制备装置制备纯水。一般是将以自来水为原水的去离子水再用石英蒸馏器蒸馏，即重蒸去离子水。也可将反渗透法制得的纯水作原水引进去离子水制备装置。或者使用精密去离子水制备装置，以制得电阻率符合要求的纯化水。

2. 溶液配制

离子色谱的色谱柱填充剂大多数不兼容有机溶剂，一旦污染后不能用有机溶剂清洗，所以，离子色谱法对样品处理的要求较高。对于澄清的、基质简单的水溶液一般通过稀释和0.45μm 滤膜过滤后直接进样分析。对于基质复杂的样品，可通过微波消解、紫外线降解，固相萃取等方法去除干扰物后进样分析。

配制标准溶液时，一定要防止离子污染。另外，为防止微生物繁殖，样品溶液、标准溶液和流动相等最好现配现用。

二、流动相的选择

流动相也称淋洗液或洗脱液，是用符合要求的去离子水溶解淋洗剂配制而成。淋洗剂通常都是电解质，在溶液中解离成阴离子和阳离子。对分离起实际作用的离子称淋洗离子，比如用碳酸钠水溶液作流动相分离无机阴离子，其中的碳酸钠是淋洗剂，碳酸根离子才是淋洗离子。选择流动相的基本原则是淋洗离子能从交换位置上置换出被测离子。合适的流动相应根据样品的组成，通过实验进行选择。

离子色谱法对复杂样品的分离主要依赖于色谱柱的填充剂，而流动相相对较为简单。分离阴离子常采用稀碱溶液、碳酸盐缓冲液等作为流动相；分离阳离子常采用稀甲烷磺酸溶液等作为流动相。通过增加或减少洗脱液中酸碱溶液的浓度，可提高或降低流动相的洗脱能力；在流动相内加入适当比例的有机改性剂，如甲醇、乙腈等可改善色谱峰峰形。

选定使用的流动相需经脱气处理，常采用氦气在线脱气的方法，也可采用超声、减压过滤或冷冻的方式进行离线脱气。

三、离子色谱样品预处理技术

许多样品无法用传统的方法通过采样、稀释、过滤后直接进样的模式来进行分析。一般来说，样品预处理必须按照以下原则进行：进样前必须将样品转变成溶液；样品的待测组分要转变成适合于离子色谱检测的离子形式；必须降低样品的浓度，使其低于柱容量，样品组分的浓度应在标准曲线的线性范围内；样品组分过低的溶液要预浓缩；要除去样品中的颗粒物，以防堵塞柱系统使柱压升高。最常用的样品前处理技术见表8-1所示。

四、定性方法

根据保留时间进行定性，是柱色谱法较常用的定性方法。利用离子色谱法进行定性时，可与标准物质进行对照，比较待测样品的保留时间与标准物质的保留时间的一致性。当色谱柱、流动相及其他色谱条件确定后，保留时间也是确定的，样品的保留时间与标准物质保留时间一致就认为是与标准物质相同的离子。

很多离子具有选择性或专属性显色反应，也可以用显色反应进行定性。

也可以采用分析方法联用技术进行定性分析。质谱的定性能力很强，如果离子色谱和质谱联用（IC/MS）就可以很准确地定性。联用技术所需仪器昂贵，不易普及。

表 8-1 常用样品前处理技术比较

项目	微膜过滤	固相萃取技术	透析和渗析技术
使用的材质	0.22μm 聚砜或尼龙膜	C_{18}/RP 反相/离子交换/螯合树脂填料	0.2μm 醋酸纤维膜
有机溶剂兼容性	兼容	兼容	不兼容
分析结果的准确性	很好。靠压力保证分析的组分能够全部通过,没有损失	很好。靠压力保证分析的组分能够全部通过,没有损失	不同样品和不同组分在膜上扩散系数和平衡速率的不同,所以很难保证分析结果的准确度、重复性和回收率
适用范围	仅用于去除颗粒物污染。使用简单,价格便宜。适用于90%以上离子色谱分析样品。无需增加专用设备即可以实现手动或自动在线使用	适用于各种样品和污染物,是目前最好的离子色谱样品前处理技术。使用简单。无须增加专用设备即可以实现手动或自动在线使用。不同样品可采用不同的萃取柱来完成	仅适合于去除分子量大于 3×10^{6} Da 的生物有机污染物。不能截留大多数小分子有机物(如油脂、糖、色素、腐殖酸等),实际使用意义很小。需配置专用装置(如蠕动泵,切换阀等)才能实现自动在线使用
处理样品时间	快,一般在几秒内	快,一般在几秒内	慢,需要十几到几十分钟
有机物(有机酸、有机胺、糖、氨基酸等)测定的适用性	均能适用	不同的分析对象可以选择合适的萃取柱	平衡时间太长,基本上无法用于离子色谱,也未见相关的报道
产品的通用性	各厂家产品可以互用	各厂家产品可以互用	通用性差

五、定量方法

在一定的被测物浓度范围内，色谱峰的峰面积和峰高与被测离子的浓度成线性关系。因为多数情况下峰面积工作曲线的线性范围要宽一些，所以，通常以峰面积的大小进行定量。在离子色谱法中，常用的定量方法有内标法、外标法、面积归一法及标准曲线法，前三种方法的具体内容均同“高效液相色谱法”。标准曲线法的操作方法如下：

依据《中国药典》(2010 年版）的有关标准，按各待测品种项下的规定，精密称（量）取对照品适量配制成储备溶液。分别量取储备溶液配制成一系列不同浓度的对照品溶液。量取一定量上述一系列不同浓度的对照品溶液注入仪器，记录色谱图，测量对照品溶液中待测组分的峰面积或峰高。以对照品溶液的峰面积或峰高为纵坐标，以相应的浓度为横坐标，回归计算标准曲线，其公式为：

$$A_R = ac_R + b \tag{8-1}$$

式中，A_R 为对照品溶液的峰面积或峰高；c_R 为对照品溶液的浓度；a 为标准曲线的斜率；b 为标准曲线的截距。

再取待测各品种项下供试品溶液，注入色谱仪，记录色谱图，测量供试品溶液中待测成分（或其杂质）的峰面积或峰高。按下式计算其浓度：

$$c_S = (A_S - b)/a \tag{8-2}$$

式中，A_S 为供试品溶液的峰面积或峰高；c_S 为供试品溶液的浓度；a、b 符号的意义同式（8-1)。

六、离子色谱法的应用

离子色谱法的应用发展很快，多用于各种无机阴离子、无机阳离子、有机酸、糖醇类、氨基糖类、氨基酸、蛋白质、糖蛋白等物质的定性和定量分析，被一些标准收载，如《中华人民共和国药典》（2010 年版）所收载的药物肝素钠、帕米磷酸二钠等品种的质量控制方法采用了离子色谱法，并在其附录中增加了离子色谱检测方法。

离子色谱法除在制药领域有应用外，也广泛用于食品中亚硫酸盐、硝酸盐、亚硝酸盐、卤素、有机酸、糖类的分析，而且离子色谱法在其他领域也得到了一定程度的应用（见表 8-2）。

表 8-2 离子色谱的应用

应用领域	主要应用对象
制药	植物药材、矿物药成分、制剂成分分析
食品	生鲜、果蔬、酒、饮料、纯净水分析、酿造过程监控
环境	大气成分、酸雨、水质分析等
农业	农药、肥料、土壤、饲料、粮食、植物分析
生物医学	血液、尿、输液成分、临床检查、人体微量元素分析
材料	金属材料、半导体材料、表面处理、超纯水分析
工业	原料分析、产品质量控制、电解电镀液解析、造纸
化工	原料和产品分析、反应过程监控
日化	化妆品、洗涤剂、清洁剂、原料和产品成分分析

一、离子交换色谱法（IEC）

因为离子色谱法（IC）是由经典离子交换色谱法派生出来的，所以为了更好地理解 IC，在这里介绍一下离子交换色谱法的分离原理。

离子交换色谱法（ion exchange chromatography，IEC）是利用不同待测离子对固定相上离子交换基团的亲和力差别而实现分离的，一般是采用缓冲溶液作流动相进行洗脱，常用于分离无机离子及一些离子型有机物，如氨基酸、核酸、蛋白质等物质。离子交换色谱的固定相是离子交换剂，根据交换剂性质，可分阳离子交换剂和阴离子交换剂。交换剂由固定的离子基团和可交换的平衡离子组成。当流动相带着组分离子通过离子交换柱时，组分离子与交换剂上可交换的平衡离子进行可逆交换，最后达到交换平衡。

阴、阳离子的交换平衡可表示为：

$$\text{阳离子交换}\quad R^-Y^+ + X^+ \rightleftharpoons R^-X^+ + Y^+$$

$$\text{阴离子交换}\quad R^+Y^- + X^- \rightleftharpoons R^+X^- + Y^-$$

其中，X^+ 和 X^- 为组分离子；Y^+ 和 Y^- 为可交换的平衡离子；R^- 和 R^+ 为交换剂上的固定离子基团，如 $R\text{-}SO_3^-$ 或 $R\text{-}NH_3^+$；Y^+ 可以是 H^+ 或 Na^+，Y^- 可以是 OH^- 或 Cl^- 等。

组分离子对固定离子基团的亲和力强，分配系数大，其保留时间长；反之，分配系数小，保留时间短。因此，离子交换色谱是根据不同组分离子对固定离子基团的亲和力的差别而达到分离的目的的。

但是在离子交换色谱中，由于流动相本身为强电解质溶液，若使用电导检测器，被测离子的电导信号完全被流动相自身的高背景电导湮没，而无法检测。所以，在 IEC 中，只能使用紫外、荧光等检测器检测，这些检测器只能分析某些具有特殊性质的离子，这使离子交换色谱法的应用受到限制。所以，就有了 HPIC 的发明与应用。

二、离子排斥色谱法

HPIEC 的分离机制主要是基于树脂的 Donnan 排斥作用、空间排阻及吸附机制。分离阴离子用强酸性高交换容量的阳离子交换树脂，分离阳离子用强碱性高交换容量的阴离子交换树脂。

现以阴离子分离为例（见图 8-6），图 8-6 表明树脂表面及键合在表面的磺酸基（$—SO_3$），带负电荷的 Donnan 半透膜。完全解离的强电解质 HCl，因 Cl^- 的负电荷而受排斥，不能穿过半透膜进入树脂的膜孔，迅速通过色谱柱而无保留；弱电解质 CH_3COOH 可穿过半透膜进入树脂微孔，这样就有了差速差异。电解质的解离度越小，受排斥的作用越小，因而在树脂中保留时间就越长。空间排阻机制主要与有机酸的分子量大小及交换树脂的交联度有关。吸附机制、保留时间与有机酸的烷基键的长度有关。通常烷基键越长，其保留时间也越长。

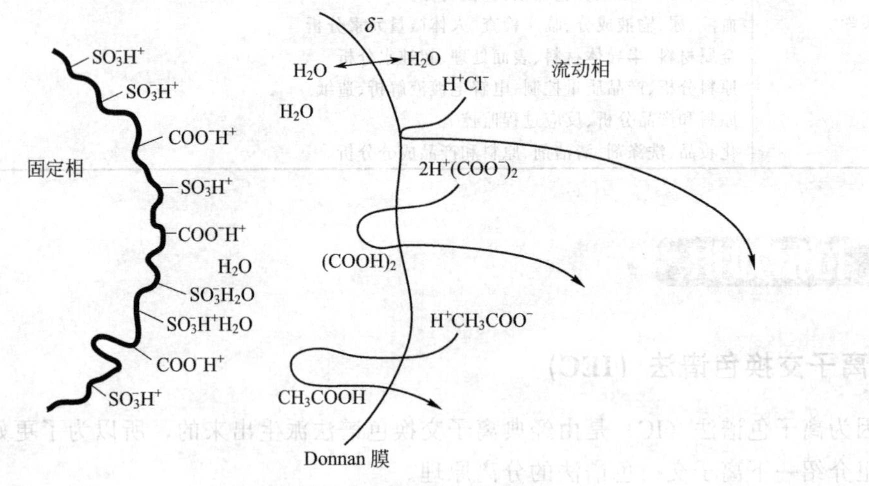

图 8-6 离子排斥色谱原理示意图

三、离子对色谱法

离子对色谱法也称**流动相离子色谱法**（MPIC），该法是在反相离子对色谱法（reversed phase ion pair chromatography，RPIPC）的基础上发展起来的。RPIPC 是把离子对试剂加入含水流动相中，被分析的组分离子在流动相中与离子对试剂的反离子生成不荷电的中性离子，从而增加溶质与非极性固定相的作用，使分配系数增加，改善分离效果，所使用的检测器为紫外检测器。离子对色谱法是将 RPIPC 的基本原理和抑制型电导检测结合起来，用高交联度、高比面积的中性无离子交换功能基的聚苯乙烯大孔树脂为固定相。可用于分离多种分子量大的阴阳离子，如大分子量的脂肪羧酸，阴离子和阳离子表面活性剂等。

※ 实践操作一

啤酒中一价阳离子的定量分析

一、实训目的

1. 熟悉离子色谱仪的操作。
2. 学习用阳离子交换色谱分析一价阳离子的方法。

二、实训原理

食品中通常所含的阳离子主要有 Na^+、NH_4^+ 和 K^+ 等一价阳离子和 Ca^{2+}、Mg^{2+} 等二价阳离子，可利用离子色谱法对这些阳离子进行分离分析。分离分析时所用色谱柱为阳离子交换柱，淋洗液通常用能提供 H^+ 作淋洗离子的硝酸或有机酸。由于静电相互作用，样品阳离子被交换到填料交换基团上，当淋洗液经过时，又被淋洗离子交换进入流动相，这种过程反复进行。与阳离子交换基团作用力小的阳离子在色谱柱中的保留时间短，先流出色谱柱，于是，不同性质的阳离子得到分离，进入检测器得到分析。虽然目前已有多种阳离子交换柱能同时分离一价和二价阳离子，但是本实验条件下只适合一价阳离子（Li^+、Na^+、NH_4^+ 和 K^+）的分析，本实训用峰面积标准曲线法定量。

三、仪器与试剂

1. 仪器：离子交换色谱仪；超声装置：用于样品溶解、流动相脱气、玻璃器皿清洗。

2. 试剂：阳离子标准溶液：用优级纯硝酸盐分别配制浓度为 $1000mg \cdot L^{-1}$ 的 Li^+、Na^+、NH_4^+、K^+ 的储备溶液。用重蒸去离子水稀释成 $20mg \cdot L^{-1}$ 的工作溶液。同时配制 4 种阳离子的混合溶液（各含 $20mg \cdot L^{-1}$）；啤酒样品：市售啤酒用 0.45 水相滤膜减压过滤，必要时稀释 5 倍后进样；硝酸（$5mmol \cdot L^{-1}$）：先配制 $100mmol \cdot L^{-1}$ 的浓溶液，然后稀释到 $5mmol \cdot L^{-1}$。

四、实验内容

1. 色谱条件

阳离子交换柱（4.6mm×150mm）；流动相为 $5mmol \cdot L^{-1}$ 的硝酸溶液；流速为 $1.5mL \cdot min^{-1}$；色谱柱温 40℃；电导检测器（如采用抑制型电导检测，可用 $10mmol \cdot L^{-1}$ NaOH 溶液作抑制剂）；进样量 20μL。

2. 操作步骤

（1）检查所装色谱柱是否为阳离子交换柱，按仪器操作说明书依次打开仪器各单元的电源；并设置色谱柱恒温箱温度为 40℃。

（2）更换流动相，平衡色谱柱。

（3）按操作说明书设定好电导检测器的参数。

（4）启动色谱工作站，按操作说明书设定好其他分析条件及数据处理系统的有关参数。

（5）待基线稳定后，进样 4 种阳离子的混合标准溶液。观察色谱图，当 4 种阳离子峰出完后，按“stop”键停止分析，此时，色谱工作站会给出分析结果并将所有信息储存在计算机中。

（6）分别进样 Na^+、NH_4^+ 和 K^+ 的标准溶液，通过比较保留时间即可确认混合标准液中 4 种阳离子的峰位置。

（7）按操作规程设置定量分析程序，用混合标准溶液的分析结果建立或修改定量表，即在定量表中输入混合标准溶液中各阳离子的保留时间和浓度等数值，并计算出校正因子。

（8）连续进啤酒样品两次，如果两次定量结果相差较大（如大于 5%），则需再进一次啤酒样品，取三次的平均值。

五、注意事项

1. 规范操作，爱护仪器。

2. 不同厂家的仪器，在分析条件的设置及工作站的软件操作方面差异较大，应仔细阅读仪器的操作说明后开始实训。

3. 注意电导检测器的输出极性应置于“－”，使得到的色谱峰为正方向的峰。

4. 本分析体系没有系统峰，样品峰出完后即可进样下一个样品。

六、数据处理

整理分析数据，根据标准溶液的各阳离子浓度、峰面积和啤酒样品中各阳离子的峰面积，计算出啤酒样品中各离子的含量，并填入表 8-3。

表 8-3 啤酒样品中一价阳离子实验数据

阳离子	保留时间/min	各次测定值/mg·L^{-1}	平均值/mg·L^{-1}
Na^+ $NH_4{}^+$ K^+			

七、思考题

简述离子色谱仪的操作方法及应用注意事项。

※ 实践操作二

离子色谱法测定水样中常见阴离子含量

一、实训目的

1. 理解离子色谱分离分析的基本原理。
2. 了解常见阴离子的测定方法。
3. 了解微膜抑制器的工作原理。
4. 掌握离子色谱法的操作方法。

二、实训原理

离子色谱法是在经典的离子交换色谱法基础上发展起来的，这种色谱法以阴离子或阳离子交换树脂为固定相，以电解质溶液为流动相（亦称洗脱液或淋洗液）。在分离阴离子时常用 $NaHCO_3$-Na_2CO_3 的混合溶液或 Na_2CO_3 溶液为流动相。不同阴离子（如 F^-、Cl^-、NO_3^-、HPO_4^{2-}、Br^-、NO_2^-、SO_4^{2-}）与低交换容量的阴离子交换树脂的亲和力不同，使不同的阴离子得以良好分离（见图 8-7）。

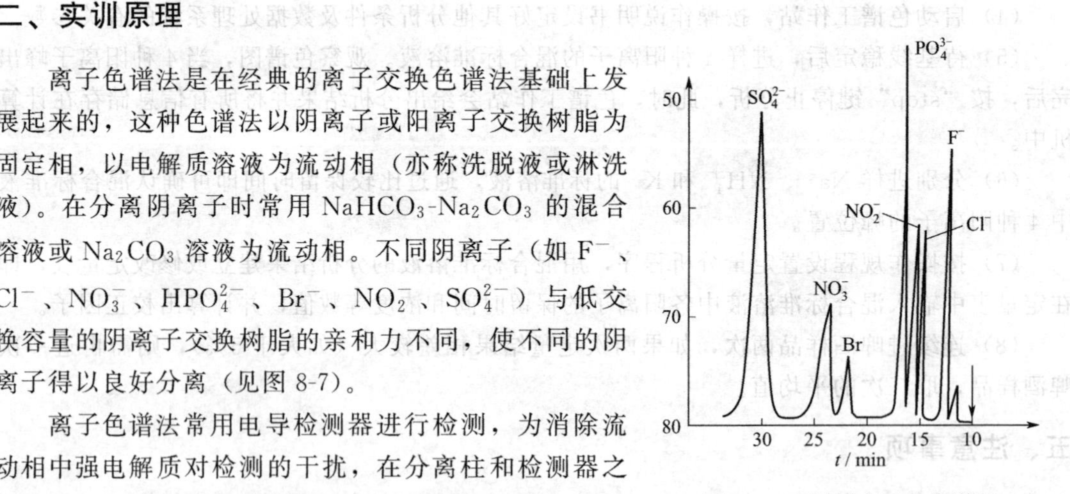

图 8-7 不同阴离子的色谱图

离子色谱法常用电导检测器进行检测，为消除流动相中强电解质对检测的干扰，在分离柱和检测器之间串联一根抑制柱，从而变为抑制型（双柱型）离子色谱法。利用抑制器，可提高电导检测器的灵敏度，使微量阴离子得到准确显示，然后根据峰高或峰面积，依据适宜定量分析方法测出相应阴离子的含量。

三、仪器与试剂

1. 仪器、器材

离子色谱仪（YSIC）、EASY 色谱数据工作站、超声波发生器、微量进样器（100μL）、容量瓶、移液管等。

2. 试剂

（1）NaF、KCl、NaBr、K_2SO_4、$NaNO_3$、NaH_2PO_4、$NaNO_2$、Na_2CO_3、$NaHCO_3$、H_3BO_3、浓 H_2SO_4 等均为优级纯。

（2）纯水，电导率小于 $5\mu S \cdot cm^{-1}$。

四、操作内容

1. 实验条件

YSA8 型分离柱；微膜抑制器，抑制电流 50mA；流动相（亦称洗脱液）为 $NaHCO_3$-Na_2CO_3；流动相流速为 $1.5mL \cdot min^{-1}$；进样量 100μL。

2. 实验步骤

（1）配制溶液

① 7 种阴离子标准贮备液的配制　分别称取适量的 NaF、KCl、NaBr、K_2SO_4（于 105℃下烘干 2h，置干燥器中备用）、$NaNO_3$、NaH_2PO_4、$NaNO_2$（置于干燥器内干燥 24h 以上）溶于水中，分别转移至 1000mL 容量瓶中，然后各加入 10.00mL 洗脱贮备液，用水稀释至刻度，摇匀备用。7 种标准贮备液中各阴离子的浓度均为 $1.00mg \cdot mL^{-1}$。

② 7 种阴离子的标准混合溶液的配制　分别吸取上述七种标准贮备液一定量（吸取体积见表 8-4）。

表 8-4　各标准贮备液的使用量

标准贮备液	NaF	KCl	NaBr	$NaNO_3$	$NaNO_2$	K_2SO_4	NaH_2PO_4
使用量/mL	0.75	1.00	2.50	5.00	2.50	12.50	12.50

置于同一个 500mL 容量瓶中，再加入 5.00mL 洗脱贮备液，然后用水稀释至刻度，摇匀，则该标准混合溶液中各阴离子的浓度见表 8-5。

表 8-5　标准混合溶液中各阴离子浓度

标准贮备液	F^-	Cl^-	Br^-	NO_3^-	NO_2^-	SO_4^{2-}	PO_4^{2-}
$c/\mu g \cdot mL^{-1}$	1.50	2.00	5.00	10.00	5.00	25.00	25.00

③ 洗脱贮备液（$NaHCO_3$-Na_2CO_3）的配制　分别称取 26.04g $NaHCO_3$ 和 25.44g Na_2CO_3（于 105℃下烘干 2h，置于干燥器内备用），溶于水中，并转移到 1000mL 容量瓶中，用水稀释至刻度，摇匀。该洗脱贮备液中的 $NaHCO_3$ 浓度为 $0.31mol \cdot L^{-1}$，Na_2CO_3 的浓度为 $0.24mol \cdot L^{-1}$。

④ 洗脱液（流动相、淋洗液）的配制　吸取按上述方法配制的洗脱贮备液10.00mL于1000mL容量瓶中，用水稀释至刻度，摇匀，用0.45μm的微孔滤膜过滤，可得0.0031mol·L^{-1} $NaHCO_3$-0.0024mol·L^{-1} Na_2CO_3的洗脱液备用。

⑤ 抑制液（0.1mol·L^{-1} H_2SO_4和0.1mol·L^{-1} H_3BO_3的混合溶液）的配制称取6.2g H_3BO_3于1000mL烧杯中，加入约800mL纯水溶解，缓慢加入5.6mL浓H_2SO_4，并转移至1000mL容量瓶中，用纯水稀释至刻度，摇匀。

⑥ 柱保护液的配制（3% H_3BO_3溶液）称取15g H_3BO_3，使其溶于500mL纯水中即得。

（2）开机　打开电源，开启平流泵电源，流量调至1.5mL·min^{-1}。测压调零，按下色谱仪电导按钮，用量程选择使数字表显示近50为最佳，按下调零按钮，调节基线调节旋钮，使数字表显示为零，打开EASY数据工作站，按操作指南使用该色谱仪数据工作站。

（3）制备各阴离子标准使用液　吸取上述七种阴离子标准贮备液各0.50mL，分别置于7只50mL容量瓶中，各加入洗脱贮备液0.50mL，加水稀释至刻度，摇匀，即得各阴离子标准使用液。

（4）工作曲线的绘制　分别吸取阴离子标准混合使用液1.00mL、2.00mL、4.00mL、6.00mL、8.00mL于5只10mL容量瓶中，各加入0.1mL洗脱贮备液，然后用水稀释至刻度，摇匀，分别吸取1mL进样，记录色谱图，各种溶液分别重复进样两次。

（5）进样分析

① 各阴离子标准品进样分析　将仪器调至进样状态，吸取1mL各阴离子标准使用液进样，再把旋钮打至分析状态，同时启动开始键，样品开始进行分析，记录色谱图，各样品重复进样两次。

② 水样进样分析　取未知水样99.00mL，加1.00mL洗脱贮备液，摇匀，取1mL按和标准溶液同样实验条件进样，记录色谱图，重复进行两次。

五、注意事项

1. 规范操作，爱护仪器，按要求维护好色谱柱。不同厂家的仪器，在分析条件的设置及工作站的软件操作方面差异较大，应仔细阅读仪器的操作说明后开始实验。

2. 待测水样不应是严重污染的水样，否则要经过处理，以免污染色谱柱。

3. 洗脱液要经超声波脱气。

六、数据记录与处理

1. 按照EASY工作站使用手册，分别绘制各标准的工作曲线。

2. 计算出未知液中各组分的含量。

3. 打印分析结果和色谱图。

七、思考题

1. 离子色谱法的固定相和流动相分别是什么？

2. 为什么在每一试样溶液中都要加入1%的洗脱液成分？

※ 项目小结

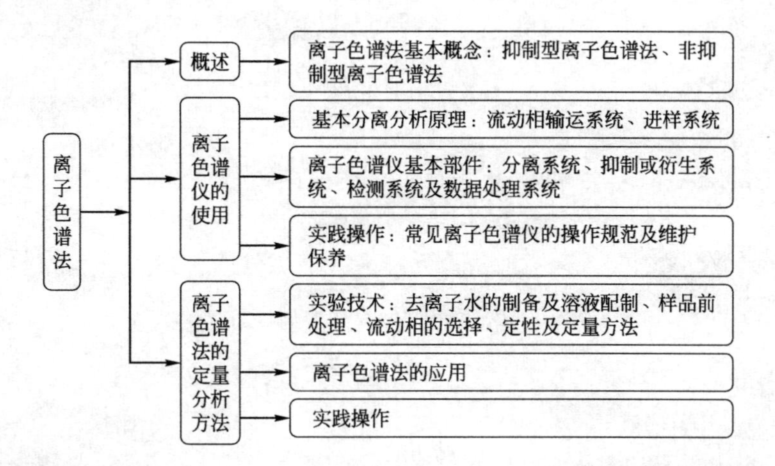

※ 思考与练习

一、名词解释

离子色谱法、抑制型离子色谱法。

二、填空题

1. 离子色谱按分离原理不同可分为________、________和________。
2. 离子色谱仪一般可分为________、________、________、________和________等部分。
3. 离子色谱对阳离子分离时，抑制柱填充________交换树脂。
4. 离子色谱对阴离子分离时，抑制柱填充________交换树脂。
5. 最常用的离子色谱检测器是________。

三、简答题

1. 简述离子交换色谱法的基本原理。该法在分析应用中，最适宜分离的物质是什么？
2. 何谓化学抑制型离子色谱及非抑制型离子色谱？
3. 离子色谱法常用的定性定量方法有哪些？

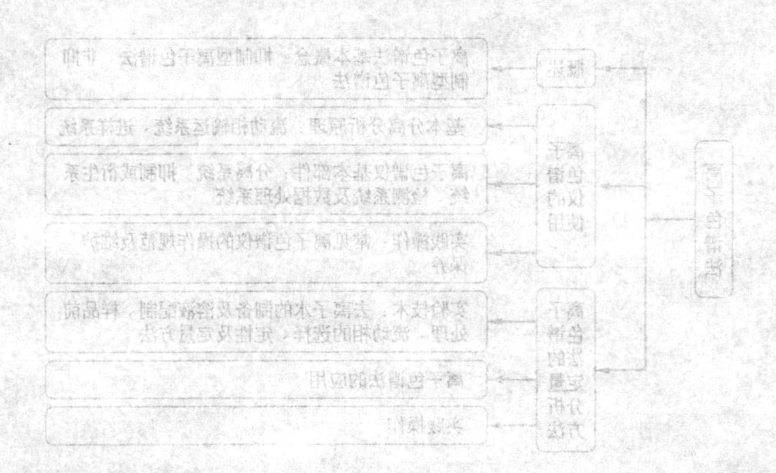

模块四

其他仪器分析方法

项目九

质 谱 法

[知识目标]

- 理解质谱法及其特点。
- 理解掌握质谱法的常用术语。
- 理解掌握质谱法的基本原理。
- 理解掌握影响质谱法的因素。
- 熟悉质谱法主要部件及其作用，主要仪器类型及其特点。
- 掌握常用的质谱的图谱分析方法。

质谱是利用带电荷的粒子在磁场中的偏转来进行测定的方法。样品被气化后，气态分子经过等离子化器（如：电离），变成离子或打成碎片，所产生的离子（带电粒子）在高压电场中加速后，进入磁场，在磁场中带电粒子的运动轨迹发生偏转，然后到达收集器，产生信号，信号的强度与离子的数目成正比，质荷比（m/z）不同的碎片（或离子）偏转情况不同，记录仪记录下这些信号就构成质谱图，不同的分子得到的质谱图不同，通过分析质谱图可确定化合物的分子量及推断其分子结构。

早在 1886 年，E. Goldstein 在低压放电实验中观察到正电荷粒子。1898 年，W. Wen 发现正电荷粒子束在磁场中发生偏转。1912 年，J. J. Thomson 研制成第一台质谱仪，并运用质谱法首次发现了元素的稳定同位素，当时的质谱仪主要用于同位素测定和无机元素分析。J. J. Thomson 因此也被称为现代质谱学之父（获 1906 年诺贝尔物理奖）。第一台商品质谱仪于 1942 年问世。50 年代起，有机质谱研究（有机物离子裂解机理，运用质谱推断有机分子结构）各种离子源质谱，联机技术的研究及其在生物大分子研究中的应用（CI、FD、FAB、ESI-MS 等）。20 世纪 60 年代出现了气相色谱-质谱联用仪，成为有机物和石油分析的重要手段。20 世纪 80 年代以后又出现了一些新的质谱技术，如原子轰击离子源以及串联质谱（MS/MS），使难挥发、热不稳定化合物的质谱分析成为可能，同时扩大了分子量测定范围。90 年代，由于生物分析的需要，一些新的离子化方法得到快速发展；目前一些仪器联用技术，如 GC-MS、HPLC-MS、GC-MS-MS、ICP-MS 等正大行其道。

质谱分析的特点如下：

① 分析范围广；

② 可测定微小的质量和质量差；

③ 分析速度快，几分钟一个样；

④ 灵敏度高（10^{-9}）；

⑤ 样品用量少，1mg 或几 μg 即可。

当然，质谱分析法也存在一些不足的地方，如测定过程中化合物必须气化；仪器昂贵，维护复杂，不易普及等。

任务　质谱法及其应用

※ 必备知识

一、质谱分析的基本原理

图 9-1 中，离子在电场中受电场力作用而被加速，加速后动能等于其位能，即：

$$1/2mv^2 = zU \tag{9-1}$$

式中，m 为离子质量；z 为离子电荷；v 为加速后离子速度；U 为电场电压。

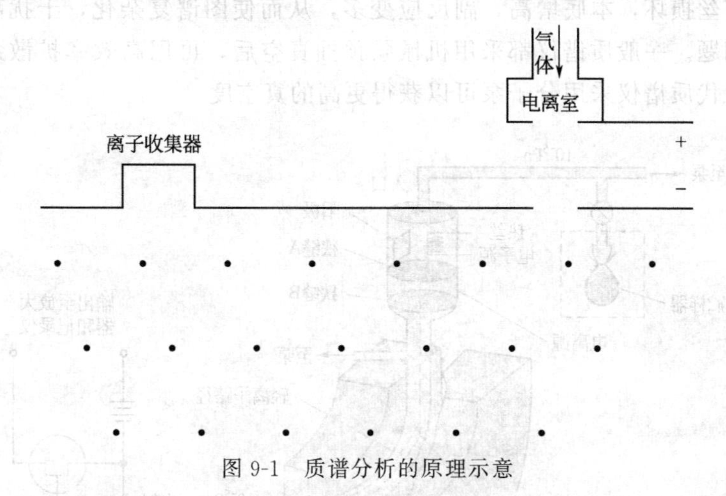

图 9-1　质谱分析的原理示意

经加速后离子进入磁场，运动方向与磁场垂直，受磁场力作用（向心力）产生偏转，同时受离心力作用。

向心力$=zvH$，离心力$=mv^2/R$

离心力和向心力相等，即：

$$zvH = mv^2/R \tag{9-2}$$

式中，H 为磁场强度；R 为离子运动轨道的曲率半径。

联合式（9-2）和式（9-1），可得

$$m/z = H^2R^2/2U \tag{9-3}$$

即

$$R = (2U/H^2 \times m/z)^{1/2} \tag{9-4}$$

由式（9-3）可看出：m/z 正比于R^2、H^2 或 $1/U$；由式（9-4）可看出：R 取决于U、H 和m/z，若U、H 一定，则R 正比于（m/z）$^{1/2}$。实际测量时控制 R、U一定，通过调节 H（磁场扫描），或 H、R 固定调节 U（电压扫描），就可使各种离子将按 m/z 大小顺序到达出口狭缝，进入收集器，经放大后经记录成质谱图。

二、质谱仪

1. 工作流程

质谱仪一般由进样系统、离子源、质量分析器、检测器、计算机控制系统和真空系统组成。图 9-2 是典型的单聚焦质谱仪。

进行质谱分析时，一般过程是：通过合适的进样装置将样品引入并进行气化→气化后的样品引入离子源进行电离⟶电离后的离子经过适当的加速后进入质量分析器，离子在磁场或电场的作用下，按不同的 m/z 进行分离⟶对不同 m/z 的离子流进行检测、放大、记录（数据处理），得到质谱图进行分析。为了获得离子的良好分析，必须避免整个过程离子的损失，因此凡有样品分子和离子存在和经过的部位、器件，都要处于高真空状态。

2. 主要部件

(1) 高真空系统　质谱仪中离子产生及经过的系统必须处于高真空状态（离子源的高真空度应达到 $1.3\times10^{-4}\sim1.3\times10^{-5}$ Pa，质量分析器中应达 1.3×10^{-6} Pa），若真空度过低，会造成离子源灯丝损坏，本底增高，副反应变多，从而使图谱复杂化，干扰离子源的调节、加速及放电等问题。一般质谱仪都采用机械泵预抽真空后，再用高效率扩散泵连续地运行，以保持真空。现代质谱仪采用分子泵可以获得更高的真空度。

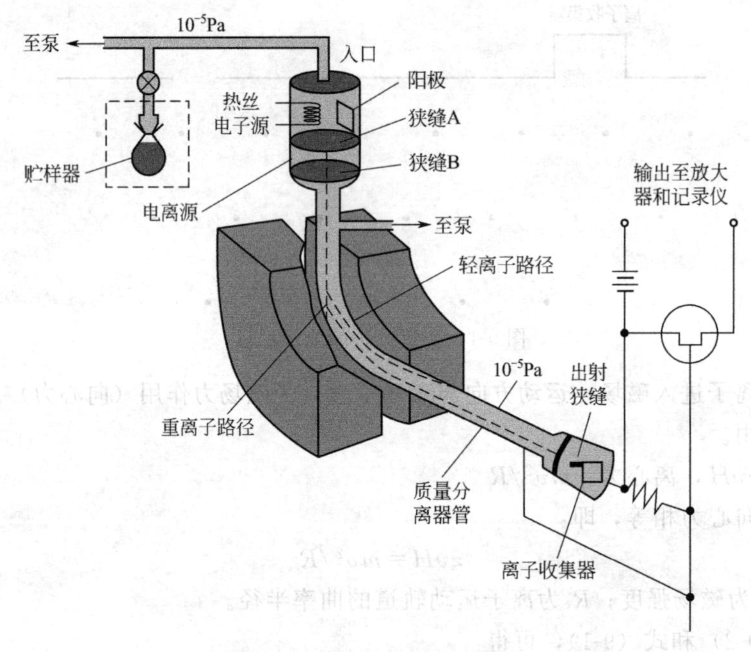

图 9-2　单聚焦质谱仪示意图

(2) 进样系统　进样系统的目的是高效重复地将样品引入离子源中并且不能造成真空度的降低。目前常用的进样装置有三种类型：间歇式进样系统、直接探针进样及色谱进样系统。一般质谱仪都配有前两种进样系统，以适应不同的样品需要。

(3) 离子源　离子源是质谱仪最主要的组成部件之一，是样品分子离子化场所。常用的离子源有如下几种。

① 电子轰击源（electron impact，EI）用电子直接轰击样品而使样品分子电离。常用70eV的能量，有机物的电离电位约为10eV。适合的样品有电离挥发性化合物、气体和金属蒸气（样品以气态进入离子源）限制：不适合难挥发和热不稳定的样品（包括生物分子），有时得不到分子离子峰。

② 快原子轰击源（fast atom bombardment，FAB）使用中性（惰性）原子如氙（Xe）轰击，样品需负载于液体基质（高沸点极性溶剂，如甘油、三乙醇胺等）。适合分析高极性、分子量大、难挥发性、热稳定性差的样品。能得到强的分子离子或准分子离子峰，同时可得到较多的碎片离子峰。可用于高分辨质谱、质谱-质谱联用分析，生物大分子、多肽、蛋白质分子量及氨基酸序列的测定。缺点是分子量400以下质量范围有基质干扰峰，对非极性化合物测定不灵敏。

③ 化学电离源（chemical ionization，CI）通过试剂气体分子所产生的活性反应离子与样品分子发生离子-分子反应而使样品电离。这种方式比电子电离源温和，因此，有些用电子电离源得不到分子量的有机物，利用化学电离源可以得到。这种离子源结构信息少，没有标准质谱图，因而只是用来测定某些热不稳定化合物的分子量。不适合难挥发和热不稳定的样品，与EI相同。特点是能得到强的准分子离子峰，碎片离子较少，灵敏度比FAB高。

④ 其他离子源，包括电喷雾电离源（electron spray ionization，ESI）、基质辅助激光解吸电离源（matrix assisted laser desorption ionization，MALDI）、场致电离（field ionization，FI）、场解吸电离（field desorption，FD）和二次离子质谱法（second ion mass spectrometry，SIMS）等。

（4）质量分析器　质量分析器是质谱仪的核心，是使离子按不同质荷比大小进行分离的装置。常见的质量分析器有：扇形磁场、四极杆分析器、离子阱、飞行时间质量分析器、傅里叶变换离子回旋共振等。不同类型的质谱仪最主要的区别通常在于离子源和质量分析器。

① 扇形磁分析器　离子源中生成的离子通过扇形磁场和狭缝聚焦形成离子束。离子离开离子源后，进入垂直于其前进方向的磁场。不同质荷比的离子在磁场的作用下，前进方向产生不同的偏转，从而使离子束发散。由于不同质荷比的离子在扇形磁场中有其特有的运动曲率半径，通过改变磁场强度，检测依次通过狭缝出口的离子，从而实现离子的空间分离，形成质谱。

② 四极杆分析器　因其由四根平行的棒状电极组成而得名。离子束在与棒状电极平行的轴上聚焦，一个直流固定电压（DC）和一个射频电压（RF）作用在棒状电极上，两对电极之间的电位相反。对于给定的直流和射频电压，特定质荷比的离子在轴向稳定运动，其他质荷比的离子则与电极碰撞湮灭。将DC和RF以固定的斜率变化，可以实现质谱扫描功能。四极杆分析器对选择离子分析具有较高的灵敏度。

③ 离子阱分析器　由两个端盖电极和位于它们之间的类似四极杆的环电极构成。端盖电极施加直流电压或接地，环电极施加射频电压（RF），通过施加适当电压就可以形成一个势能阱（离子阱）。根据RF电压的大小，离子阱就可捕获某一质量范围的离子。离子阱可以储存离子，待离子累积到一定数量后，升高环电极上的RF电压，离子按质量从高到低的次序依次离开离子阱，被电子倍增监测器检测。目前离子阱分析器已发展到可以分析质荷比高达数千的离子。离子阱在全扫描模式下仍然具有较高灵敏度，而且单个离子阱通过时间序

列的设定就可以实现多级质谱（MS_n）的功能。

④ 飞行时间分析器　具有相同动能、不同质量的离子，因其飞行速度不同而分离。如果固定离子飞行距离，则不同质量离子的飞行时间不同，质量小的离子飞行时间短而首先到达检测器。各种离子的飞行时间与质荷比的平方根成正比。离子以离散包的形式引入质谱仪，这样可以统一飞行的起点，依次测量飞行时间。离子包通过一个脉冲或者一个栅系统连续产生，但只在一特定的时间引入飞行管。新发展的飞行时间分析器具有大的质量分析范围和较高的质量分辨率，尤其适合蛋白质等生物大分子分析。

⑤ 傅里叶变换分析器　在一定强度的磁场中，离子做圆周运动，离子运行轨道受共振变换电场限制。当变换电场频率和回旋频率相同时，离子稳定加速，运动轨道半径越来越大，动能也越来越大。当电场消失时，沿轨道飞行的离子在电极上产生交变电流。对信号频率进行分析可得出离子质量。将时间与相应的频率谱利用计算机经过傅里叶变换形成质谱。其优点是分辨率很高，质荷比可以精确到千分之一道尔顿。

(5) 检测器　常用的离子检测器是静电式电子倍增器。电子倍增器一般由一个转换极、10～20 个倍增极和一个收集极组成。一定能量的离子轰击阴极导致电子发射，电子在电场的作用下，依次轰击下一级电极而被放大，电子倍增器的放大倍数一般为 10^5～10^8。电子倍增器中电子通过的时间很短，利用电子倍增器可以实现高灵敏、快速测定。但电子倍增器存在质量歧视效应，且随使用时间的增加，增益会逐步减小。

近代质谱仪中常采用隧道电子倍增器，其工作原理与电子倍增器相似，因体积小、多个隧道电子倍增器可以串列起来，用于同时检测多个 m/z 不同的离子，从而大大提高分析效率。

经离子检测器检测后的电流，经放大器放大后，用记录仪快速记录到光敏记录纸上，或者用计算机处理结果。

三、质谱图的定性定量分析

质谱定性分析一般包括对物质的分子量的测定、分子式的确定和根据裂解模型检定化合物或确定其结构等方面。

1. 离子的主要类型

(1) 分子离子　一个分子通过电离，丢失一个外层价电子形成的带正电荷的离子，称为**分子离子**。分子离子的质量与化合物的分子量相等。分子离子峰一般位于质荷比最高的位置，但有时最高的质荷比的峰不一定是分子离子峰，这主要决定于分子离子的稳定性。而这和化合物的结构类型有关。

① 化合物的分子离子稳定性

一般为，芳香化合物＞共轭烯烃＞烯烃＞脂环化合物＞直链烷烃＞酮＞胺＞酯＞醚＞酸＞支链烷烃＞醇。

② N 规律　有机化合物通常由 C、H、O、N、S、卤素等原子组成，分子量符合氮规则：

由 C、H、O 组成的有机化合物，M 一定是偶数；

由 C、H、O、N 组成的有机化合物，N 原子个数为奇数时，M 为奇数；

由 C、H、O、N 组成的有机化合物，N 原子个数为偶数时，M 为偶数。

③ 分子离子峰的判断

a. 分子离子峰必须有合理的碎片离子，如有不合理的碎片就不是分子离子峰；

b. 根据化合物的分子离子的稳定性及裂解规律来判断分子离子峰，如醛类分子的分子离子峰很弱，但常在 M-18 有明显的脱水峰；

c. 降低离子源能量到化合物的裂解位能附近，避免多余能量使分子离子近一步裂解；

d. 采用不同的电离方式，使分子离子峰增强。

(2) 同位素离子　组成有机化合物的元素许多都有同位素，所以在质谱中就会出现不同质量的同位素形成的峰，称为**同位素峰**。

同位素峰的强度比与同位素的丰度比是相当的。如自然界中丰度比很小的 C、H、O、N 的同位素峰很小，而 S、Si、Cl、Br 元素的丰度高，其产生的同位素峰强度较大，根据 M 和 ($M+2$) 两个峰的强度比容易判断化合物中是否有 S、Si、Cl 等元素或有几个这样的原子。

(3) 碎片离子　**碎片离子**是由分子离子进一步发生键的断裂形成的。由于断键的位置不同，同一个分子离子能产生不同的碎片离子，而其相对量与键断裂的难易有关，即与分子结构有关。一般有机化合物的电离能为 7～13eV，质谱中常用的电离电压为 70eV，使结构裂解，产生各种“碎片”离子。

(4) 重排离子　当分子离子裂解为碎片时，有些离子的形成不仅是通过简单的键的断裂，而且同时伴随分子内原子或基团的重排，这种特殊的碎片离子称为**重排离子**。质谱图上相应的峰为重排离子峰。转移的基团常常是氢原子。重排的类型很多，其中最常见的是麦氏重排。

2. 分子量和分子式的确定

(1) 分子量的确定　分子离子的质荷比就是化合物的分子量。因此，在解释质谱时首先要确定分子离子峰，通常判断分子离子峰的方法如下：

分子离子峰一定是质谱中质量数最大的峰，它应处在质谱的最右端。

分子离子峰应具有合理的质量丢失。也即在比分子离子小 4～14 及 20～25 个质量单位处，不应有离子峰出现。否则，所判断的质量数最大的峰就不是分子离子峰。因为一个有机化合物分子不可能失去 4～14 个氢而不断链。如果断键，失去的最小碎片应为 CH_3，它的质量是 15 个质量单位。同样，也不可能失去 20～25 个质量单位。

分子离子应为奇电子离子，它的质量数应符合氮规则。所谓氮规则是指在有机化合物分子中含有奇数个氮时，其分子量应为奇数；含有偶数个（包括 0 个）氮时，其分子量应为偶数。这是因为组成有机化合物的元素中，具有奇数价的原子具有奇数质量，具有偶数价的原子具有偶数质量，因此，形成分子之后，分子量一定是偶数。而氮则例外，氮有奇数价而具有偶数质量，因此，分子中含有奇数个氮，其分子量是奇数，含有偶数个氮，其分子量一定是偶数。

如果某离子峰完全符合上述三项判断原则，那么这个离子峰可能是分子离子峰；如果三项原则中有一项不符合，这个离子峰就肯定不是分子离子峰。应该特别注意的是，有些化合物容易出现 $M-1$ 峰或 $M+1$ 峰，另外，在分子离子很弱时，容易和噪声峰相混，所以，在判断分子离子峰时要综合考虑样品来源、性质等其他因素。如果经判断没有分子离子峰或分子离子峰不能确定，则需要采取其他方法得到分子离子峰，常用的方法如下。

① 降低电离能量　通常 EI 源所用电离电压为 70V，电子的能量为 70eV，在这样高能量电子的轰击下，有些化合物就很难得到分子离子。这时可采用 12eV 左右的低电子能量，

虽然总离子流强度会大大降低，但有可能得到一定强度的分子离子峰。

② 制备衍生物　有些化合物不易挥发或热稳定差，这时可以进行衍生化处理。例如有机酸可以制备成相应的酯，酯类容易汽化，而且容易得到分子离子峰，可以由此再推断有机酸的分子量。

③ 采取软电离方式　软电离方式很多，有化学电离源、快原子轰击源、场解吸源及电喷雾源等。要根据样品特点选用不同的离子源。软电离方式得到的往往是准分子离子，然后由准分子离子推断出真正的分子量。

(2) 分子式测定　利用一般的 EI 质谱很难确定分子式。在早期，曾经有人利用分子离子峰的同位素峰来确定分子组成式。有机化合物分子都是由 C、H、O、N……元素组成的，这些元素大多具有同位素，由于同位素的贡献，质谱中除了有质量为 M 的分子离子峰外，还有质量为 $M+1$，$M+2$ 的同位素峰。由于不同分子的元素组成不同，不同化合物的同位素丰度也不同，贝农 (Beynon) 将各种化合物（包括 C、H、O、N 的各种组合）的 M、$M+1$、$M+2$ 的强度值编成质量与丰度表，如果知道了化合物的分子量与 M、$M+1$、$M+2$ 的强度比，即可查表确定分子式。例如，某化合物分子量为 $M=150$（丰度 100%）。$M+1$ 的丰度为 9.9%，$M+2$ 的丰度为 0.88%，求化合物的分子式。根据 Beynon 表可知，$M=150$ 化合物有 29 个，其中与所给数据相符的为 $C_9H_{10}O_2$。这种确定分子式的方法要求同位素峰的测定十分准确。而且只适用于分子量较小、分子离子峰较强的化合物，如果是这样的质谱图，利用计算机进行库检索得到的结果一般都比较好，不需再计算同位素峰和查表。因此，这种查表的方法已经不再使用。

利用高分辨质谱仪可以提供分子组成式。因为碳、氢、氧、氮的相对原子质量分别为 12.000000、10.07825、15.994914、14.003074，如果能精确测定化合物的分子量，可以由计算机轻而易举地计算出所含不同元素的个数。目前，傅里叶变换质谱仪、双聚焦质谱仪、飞行时间质谱仪等都能给出化合物的元素组成。

(3) 分子结构的确定　从前面的叙述可以知道，化合物分子电离生成的离子质量与强度，与该化合物分子的本身结构有密切的关系。也就是说，化合物的质谱带有很强的结构信息，通过对化合物质谱的解释，可以得到化合物的结构。下面就质谱解释的一般方法做一说明。

质谱表示的方法有三种：质谱图、质谱表和元素图。目前大部分质谱图都用棒状图表示。分辨质谱计所得结果常以元素图的形式表示，由元素图可以了解各个离子的元素组成。

一张化合物的质谱图包含有很多的信息，根据使用者的要求，可以用来确定分子量、验证某种结构、确认某元素的存在，也可以用来对完全未知的化合物进行结构鉴定。对于不同的情况解释方法和侧重点不同。质谱图一般的解释步骤如下。

① 由质谱的高质量端确定分子离子峰，求出分子量，初步判断化合物类型及是否含有 Cl、Br、S 等元素。

② 根据分子离子峰的高分辨数据，给出化合物的组成式。

③ 由组成式计算化合物的不饱和度，即确定化合物中环和双键的数目。不饱和度表示有机化合物的不饱和程度，计算不饱和度有助于判断化合物的结构。

④ 研究高质量端离子峰。质谱高质量端离子峰是由分子离子失去碎片形成的。从分子离子失去的碎片，可以确定化合物中含有哪些取代基。常见的离子失去碎片的情况有：$M-$

15（CH_3）、M-17（OH，NH_3）、M-18（H_2O）、M-19（F）、M-26（C_2H_2）、M-27（HCN，C_2H_3）、M-28（CO，C_2H_4）、M-29（CHO，C_2H_5）、M-30（NO）、M-31（CH_2OH，OCH_3）、M-32（S，CH_3OH）、M-35（Cl）、M-42（CH_2CO，CH_2N_2）、M-43（CH_3CO，C_3H_7）、M-44（CO_2，CS_2）、M-45（OC_2H_5，COOH）、M-46（NO_2，C_2H_5OH）、M-79（Br）、M-16（O，NH_2）、M-127（I）。

⑤ 研究低质量端离子峰，寻找不同化合物断裂后生成的特征离子和特征离子系列。例如，正构烷烃的特征离子系列为m/z 15、29、43、57、71 等，烷基苯的特征离子系列为m/z91、77、65、39 等。根据特征离子系列可以推测化合物类型。

⑥ 通过上述各方面的研究，提出化合物的结构单元。再根据化合物的分子量、分子式、样品来源、物理化学性质等，提出一种或几种最可能的结构。必要时，可根据红外和核磁共振数据得出最后结果。

⑦ 验证所得结果。验证的方法有：将所得结构式按质谱断裂规律分解，看所得离子和所给未知物谱图是否一致；查该化合物的标准质谱图，看是否与未知谱图相同；寻找标样，做标样的质谱图，与未知物谱图比较等各种方法。

（4）图谱分析实例

① 某化合物由 C、H、O 三种元素组成，其质谱图如图 9-3，测得强度比 M∶(M+1)∶(M+2)＝100∶8.9∶0.79，试确定其结构式。

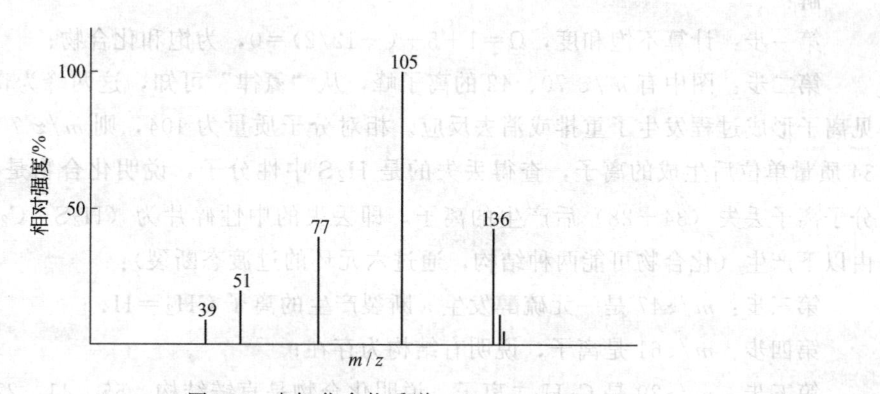

图 9-3 未知化合物质谱（1）

解：

第一步：化合物的分子量 M＝136，根据 M、M＋1、M＋2 强度比值，查拜诺表及"氮律"，得到最可能的化学式为 $C_8H_8O_2$（也可以从强度比看出不含 S、Cl、Br 原子，且应含有 8 个 C 原子，并由此可推算出 2 个 O 原子，8 个 H 原子）。

第二步：计算不饱和度，Ω＝1＋8＋(－8/2)＝5，谱图有 m/z 77、51（及 39）离子峰，所以化合物中有苯环（且可能是单取代），再加上一个双键（分子有两个 O 原子，所以很可能有 C=O 基）；

第三步：m/z 105 峰为（136－31），即分子离子丢失 · C_2H_2OH 或 · O—CH_3 m/z77 峰为（105－28），即为分子离子丢失 31 质量后再丢失 CO 或 C_2H_4，而因为谱图中无 m/z91 的峰，故 m/z105 离子不是烷基苯侧链断裂形成的，所以 m/z105 为苯甲酰基离子 C₆H₅—CO^+ 。

综上所述化合物可能为：苯甲酸甲酯（C_6H_5—C(=O)—OCH_3）或 C_6H_5—C(=O)—CH_2OH，可以用其他光谱信息确定为哪一种结构。

② 某化合物的化学式为 $C_5H_{12}S$，其质谱如图 9-4 所示，试确定其结构式。

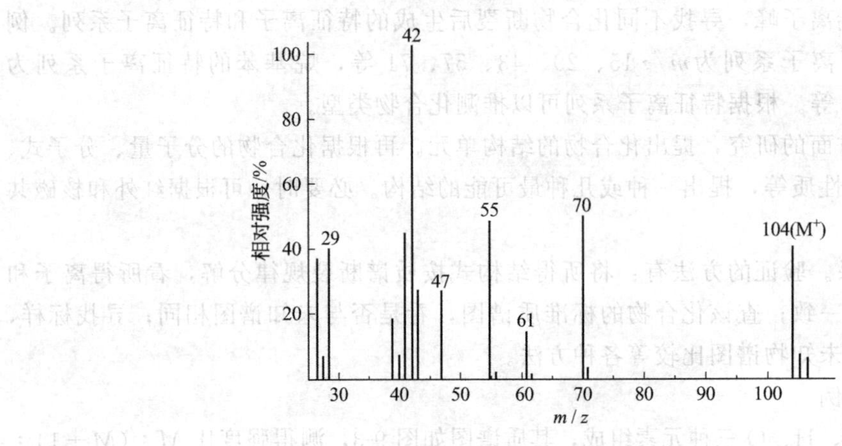

图 9-4 未知化合物质谱（2）

解：

第一步：计算不饱和度，$\Omega=1+5+(-12/2)=0$，为饱和化合物；

第二步：图中有 m/z 70、42 的离子峰，从“氮律”可知，这两峰为奇电子离子峰，可见离子形成过程发生了重排或消去反应。相对分子质量为 104，则 m/z 70 为分子离子丢失 34 质量单位后生成的离子，查得丢失的是 H_2S 中性分子，说明化合物是硫醇；m/z 42 是分子离子丢失（34＋28）后产生的离子，即丢失的中性碎片为（$H_2S+C_2H_4$），m/z 42 应由以下产生（化合物可能两种结构，通过六元环的过渡态断裂）：

第三步：m/z47 是一元硫醇发生 a 断裂产生的离子 $CH_2=H$；

第四步：m/z61 是离子，说明有结构为存在；

第五步：m/z29 是 $C_2H_5^+$ 离子，说明化合物是直链结构，55、41、27 离子系列是烷基键的碎片离子。

综上解释，该化合物最可能结构式为：$CH_3—(CH_2)_3—CH_2SH$。

※ 项目小结

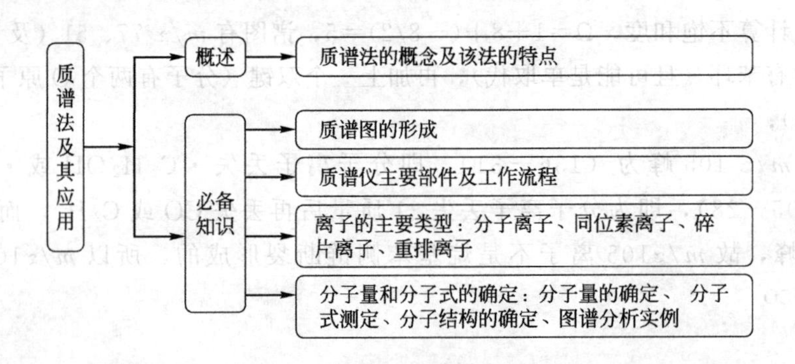

※ 思考与练习

一、选择题

1. 化合物在质谱图上出现的主要强峰是（　　）。

A. m/z 15　　B. m/z29　　C. m/z43　　D. m/z 71

2. 在质谱图中若某烃化合物的（M+1）和 M 峰的强度比为 24∶100，则在该烃中存在碳原子的个数为（　　）。

A. 2　　B. 8　　C. 22　　D. 46

3. 在磁场强度保持恒定，而加速电压逐渐增加的质谱仪中，最先通过固定的收集器狭缝的是（　　）。

A. 质荷比最低的正离子　　B. 质量最高的负离子

C. 质荷比最高的正离子　　D. 质量最低的负离子

4. 按分子离子的稳定性排列下面的化合物次序应为（　　）。

A. 苯＞共轭烯烃＞酮＞醇　　B. 苯＞酮＞共轭烯烃＞醇

C. 共轭烯烃＞苯＞酮＞醇　　D. 苯＞共轭烯烃＞醇＞酮

5. 今要测定^{14}N和^{15}N的天然强度，宜采用下述哪一种仪器分析方法（　　）。

A. 原子发射光谱　　B. 气相色谱　　C. 质谱　　D. 色谱-质谱联用

6. 某化合物相对分子质量 M＝142，其质谱图如下，则该化合物为（　　）。

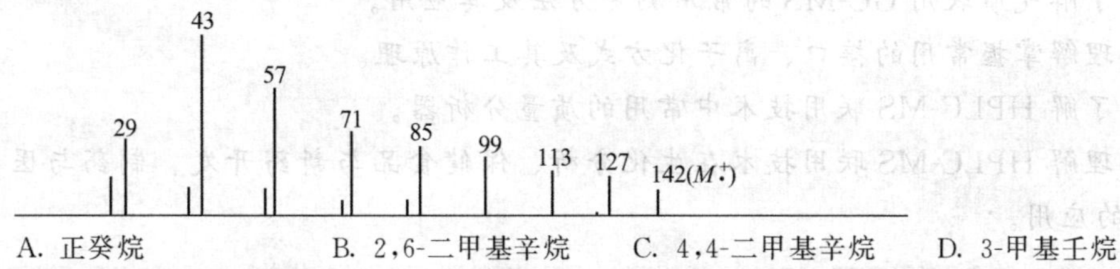

A. 正癸烷　　B. 2,6-二甲基辛烷　　C. 4,4-二甲基辛烷　　D. 3-甲基壬烷

二、填空题

1. 质谱仪的分辨本领是指________________的能力。

2. 质谱图中出现的信号应符合氮规则，它是指________________。

3. 在有机化合物的质谱图上，常见离子有________________出现，其中只有________________是在飞行过程中断裂产生的。

4. 除同位素离子峰外，分子离子峰位于质谱图的________区，它是由分子失去________生成的，故其质荷比值是该化合物的________________。

5. 在某化合物的质谱图上，检出其分子离子峰的 m/z 为 265，从这里可提供关于____________信息。

三、问答题

1. 质谱仪由哪几部分组成？各部分的作用是什么？（划出质谱仪的方框示意图）

2. 在质谱分析中，较常遇到的离子断裂方式有哪几种？

3. 某单聚焦质谱仪使用磁感应强度为 0.24T 的 1800 扇形磁分析器，分析器半径为 12.7cm，为了扫描15～200 的质量范围，相应的加速电压变化范围是多少？

4. 某化合物 C_4H_8O 的质谱图如下，试推断其结构，并写出主要碎片离子的断裂过程。

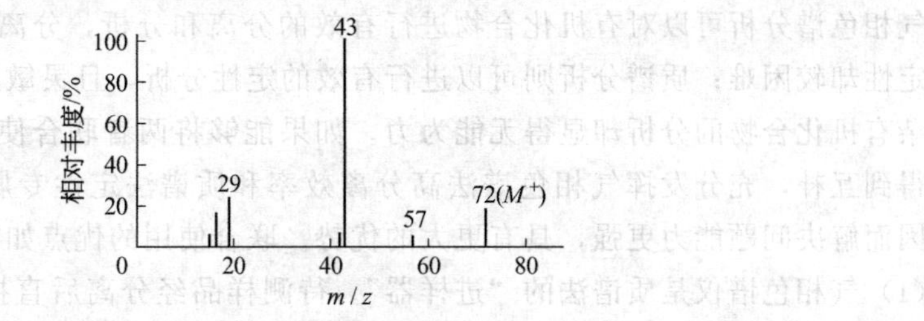

项目十

仪器联用技术

[知识目标]

- 理解气质联用及 HPLC-MS 联用技术的优势。
- 气质联用中气相色谱和质谱的工作压强差异的处理、质谱扫描速度和色谱峰流出时间的相互适应措施。
- 理解掌握气质联用系统、HPLC-MS 中各组成的作用。
- 了解气质联用 GC-MS 的常用测定方法及其应用。
- 理解掌握常用的接口、离子化方式及其工作原理。
- 了解 HPLC-MS 联用技术中常用的质量分析器。
- 理解 HPLC-MS 联用技术在生化分析、保健食品与新药开发、制药与医药研究中的应用。

任务一　气质联用

※ 必备知识

气相色谱-质谱联用（气质联用）是较早实现联用的技术。自 1957 年 J. C. Holmes 和 F. A. Morrell 首次实现气相色谱和质谱的联用以来，经过科学家们的努力，目前这一技术已得到了长足的发展，GC-MS 联用技术技术成为了发展最为完善的联用技术。

一、气质联用的优势

气相色谱分析可以对有机化合物进行有效的分离和分析，分离效率高、定量分析简便，但其定性却较困难；质谱分析则可以进行有效的定性分析，且灵敏度高、定性能力强，但其对复杂有机化合物的分析却显得无能为力。如果能够将两者联合使用，就能够使两者的优、缺点得到互补，充分发挥气相色谱法高分离效率和质谱法定性专属性的能力，兼有两者之长，因而解决问题能力更强，具有更大的优势。联合使用的优点如下。

(1) 气相色谱仪是质谱法的“进样器”。待测样品经分离后直接导入质谱进行检测，满足了质谱分析对样品单一性的要求，省去了样品制备、转移的繁琐过程，不仅避免了样品受污染，还能有效地控制质谱进样量，减少对质谱仪器的污染，极大地提高了对混合物的分离、定性、定量分析效率。

（2）质谱仪是气相色谱法的理想的“检测器”。色谱法所用的检测器都有一定的局限性，而质谱作为检测器，检测的是离子质量，获得化合物的质谱图，解决了气相色谱定性的局限性。质谱法的多种电离方式可使各种样品分子得到有效的电离，所有离子经质量分析器分离后均可被检测，具有广泛适用性，因而成为气相色谱的选择优势好的通用型检测器；而且质谱的多种扫描模式和质量分析技术，可以有选择性地只检测所需要的目标化合物的特征离子，而不检测不需要的质量离子，排除了基质和杂质峰的干扰，极大地提高了检测的灵敏度。

（3）气相色谱-质谱联用可得到质量、保留时间、强度三维信息，由此可使质谱特征相似的同分异构体因色谱保留时间的差别而得以鉴别。

另外，计算机技术的发展不仅改善并提高了仪器的性能，还极大地提高了工作效率。从控制仪器运行，数据的采集与处理，定性与定量分析，到结果的输出，气相色谱质谱联用的计算机化实现了高通量、高效率分析的目标。现代 GC-MS 的分离度和分析速度、灵敏度、专属性和通用性，至今仍是其他联用技术难以达到的，因此只要待测成分适用于 GC 分离，GC-MS 就成为联用技术中首选的分析方法。

二、气质联用要解决的问题

气相色谱分析和质谱分析存在一些共同点。首先是气相色谱分离和质谱分析过程都是在气态下进行的，而且气相色谱分析的化合物沸点范围适于质谱分析；其次气相色谱和质谱法对样品的制备和预处理要求有共同之处。这些共同点，使得 GC-MS 联用时，两部分仪器在结构上几乎不需改动。只需将色谱柱出口和质谱的进样口连接起来，使色谱柱的流量和质谱真空系统匹配地进入质谱系统，使得压强不破坏质谱正常运行的真空。另外，进入离子源的样品组分性质不能发生变化，且无损失。但 GC-MS 联用还需要解决以下问题：首先气相色谱和质谱的工作压强不同是两者最根本的区别。其次质谱扫描速度和色谱峰流出时间的相互适应。

1. 气相色谱和质谱的工作压强差异的处理

接口要把气相色谱柱流出物中的载气尽可能多地除去，保留或浓缩待测物，使近似大气压的气流转变成适合离子化装置的粗真空，并协调二者的工作流量。接口一般应满足如下要求：①不破坏离子源的高真空，也不影响色谱分离的柱效；②使色谱分离后的组分尽可能多地进入离子源，流动相尽可能少地进入离子源；③不改变色谱分离后各组分的组成和结构。

早期气相色谱使用填充柱，载气流量达到每分钟十几毫升甚至几十毫升以上，大量气体进入质谱的离子源，而质谱真空系统的抽速有限，因此工作气压适配是最突出的问题。在 GC-MS 联用技术发展的前期，曾采用各种分流接口装置来限制柱流量，以降低进样的气体压强，满足质谱的真空要求。喷射式分子分离器就是其中常用的一种。当色谱流出物经过分离器时，小分子的载气易从微孔中扩散出去，被真空泵抽除，而被测物分子量大，不易扩散从而得到浓缩。

20 世纪 80 年代，毛细管气相色谱的广泛使用，真空泵性能的提高和大抽速涡轮分子泵的出现，保证了质谱仪所需要的真空。现在多采用直接导入型接口，即在色谱柱和离子源之间为一根可控温加热的导管，在其中将长约 50cm、内径 0.5mm 的不锈钢毛细管直接插入质谱的离子源中，色谱流出物经过毛细管全部进入离子源。直接插入的连接方式，使样品利用率几乎达到了百分之百，极大地提高了分析灵敏度。

其他还用到的接口有开口分流接口。该接口是放空一部分色谱流出物，让另一部分进入质谱仪，通过不断流入清洗氦气，将多余流出物带走。此法样品利用率低。

2. 质谱扫描速度和色谱峰流出时间的相互适应

由于气相色谱峰很窄，有的仅几秒时间，一个完整的色谱峰通常需要至少6个以上数据点。为使质谱扫描速度和色谱峰流出时间相互适应，要求质谱仪有较高的扫描速度，才能在很短的时间内完成多次全质量范围的质量扫描。另一方面，要求质谱仪能很快在不同的质量数之间来回切换，以满足选择离子检测的需要。

三、气质联用系统的组成

目前，专用型GC-MS联用系统的基本配置应包括以下几个部分（见图10-1）：①气相色谱，可选择进样系统、色谱柱、柱箱，一般不带色谱检测器；②质谱部分，有直接进样器，不同类型的离子源、质量分析器和离子检测器；③真空系统，有不同的抽速前级真空泵和高真空泵；④数据系统，不同的硬件配置和软件功能；⑤必要的辅助设备。每一部分都可以有不同的选择配置。接口把气相色谱流出的各组分送入质谱仪进行检测，起着气相色谱和质谱之间适配器的作用，接口的功能、要求已如上所述，不再赘述。下面主要从使用要求出发介绍不同配置的区别。

1. 气相色谱仪

作为GC-MS联用仪器的重要组成部分，GC的主要功能不止是进样，同时还具有样品制备和分离的功能，无论在选择仪器或使用中都必须充分重视这一因素。选择仪器时要考虑所承担的研究、分析任务，对样品制备和分离的需求，在使用中要保证色谱应有的分离效率，才能充分发挥GC-MS联用技术的特点和优势。

GC-MS系统中的进样器有手动或自动进样器，随着对高灵敏度、高通量、分析技术的需求，将一些具有样品预处理功能的装置和色谱仪连接在线进样，如顶空进样器、吹扫-捕集进样器、裂解进样器等。色谱柱是色谱系统的主体，是实现样品分离的关键部件。在GC-MS中对色谱柱的要求是：柱效高、惰性且热稳定性好，为满足GC-MS对色谱柱低流失的苛刻要求，最好选择GC-MS专用的色谱柱；如果不是特殊需要，在GC-MS联用系统上不需要配置其他色谱检测器。

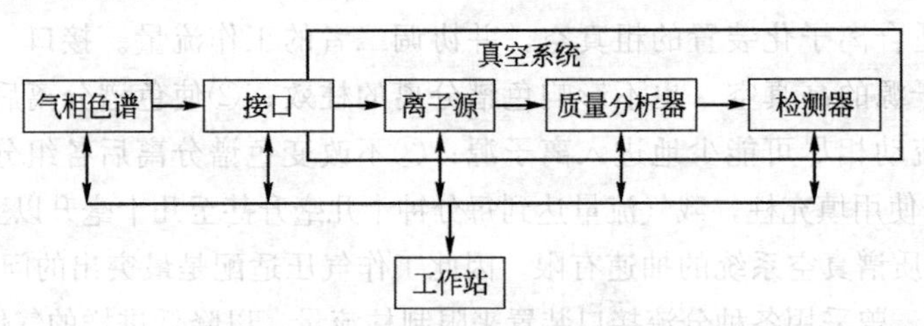

图10-1 GC-MS联用系统的基本配置

GC-MS联用时对载气选择的要求如下：必须是化学惰性的；必须不干扰质谱图；必须不干扰总离子流的检测；应具有使载气气流中的样品富集的某种特性。He的电离电位（24.6eV）是气体中最高的（H_2、N_2为15.8eV），故难以电离，不会因气流不稳而影响色谱图的基线；He的相对分子质量只有4，易于与其他组分分子分离，且其峰很简单，主要在m/z4处出现，不干扰后面的质谱峰。因此在GC-MS联用时通常选择He作为载气。

对于GC-MS联用系统，GC和MS的数据系统是一体的，具有控制色谱仪器运行和数据采集处理的全部功能，不用另行配置。

2. 离子源

GC-MS 联用仪器除了最常用的 EI 离子源外，还可配置化学电离（CI）、场致电离（FI）离子源。一般 EI 电离能量较高，生成较多的碎片离子，常被称为“硬”电离技术，CI 和 FI 碎片离子很少或无碎片离子，相对 EI 而言为“软”电离技术。由于不同电离方式可以给出互补的样品信息，在 GC-MS 中可同时配置 EI 和正、负 CI 源，EI 源可获得丰富的结构信息，CI 源则提供 EI 源得不到的分子量信息。

3. 质量分析器

GC-MS 联用仪器中最通用的一种质量分析器是四极杆质量分析器，该分析器有长久的应用历史，性能稳定。四极杆质量分析器是由四根严格平行并与中心轴等间隔的圆形柱形或双曲面柱状电极构成的正、负两组电极，其上施加直流和射频电压，产生一动态电场即四极场。精确地控制四极电压变化，使一定质荷比的离子通过正、负电极形成的动态电场到达检测器，对应于电压变化的每个瞬间，只有一种质荷比的离子能通过。四极杆质量分析器有全扫描（Scan）和选择离子扫描（SIM）两种不同的扫描模式，全扫描模式扫描的质量范围覆盖被测化合物的分子离子和碎片离子的质量，可获得化合物的全谱，用于谱库检索定性，一般在未知化合物的定性分析时采用；选择离子扫描模式仅跳跃式地扫描某几个选定的质量，得不到化合物的全谱，但灵敏度有所提高，主要用于已知目标化合物的检测。专用的质量分析器还有离子阱分析器，高分辨仪器多采用飞行时间和扇形磁场质量分析器，串联式质谱仪主要用三重四极杆分析器。

GC-MS 联用仪器中的离子检测器同普通质谱分析类似，四极杆质谱、离子阱质谱和扇形磁场质谱多用电子倍增器和光电倍增器。

四、气质联用常用的测定方法

总离子流色谱法（TIC），类似于 GC 图谱，用于定量。反复扫描法（RSM），按一定间隔时间反复扫描，自动测量、运算，制得各个组分的质谱图，可进行定性。质量色谱法（MC），记录具有某质荷比的离子强度随时间变化图谱。在选定的质量范围内，任何一个质量数都有与总离子流色谱图相似的质量色谱图。

选择性离子监测（SIM），对选定的某个或数个特征质量峰进行单离子或多离子检测，获得这些离子流强度随时间的变化曲线。其检测灵敏度较总离子流检测高 2～3 个量级。

质谱图，为带正电荷的离子碎片质荷比与其相对强度之间关系的棒图。质谱图中最强峰称为基峰，其强度规定为 100%，其他峰以此峰为准，确定其相对强度。

五、气质联用的应用

GC-MS 联用分析的灵敏度高，适合于低分子化合物（分子量＜1000）的分析，尤其适合于挥发性成分的分析。GC-MS 联用在分析检测和研究的许多领域中起着越来越重要的作用，特别是在许多有机化合物常规检测工作中成为一种必备的工具。如在环保领域中检测许多有机污染物，特别是一些低浓度的有机化合物如二噁英等、农药残留等需要用 GC-MS；法庭科学中对燃烧、爆炸现场的调查，对各种现场的各种残留物的检测，如纤维、呕吐物、血迹等的检验和鉴定，无不用到 GC-MS；工业生产许多领域，如石油、食品、化工等行业都离不开 GC-MS；体育竞赛中用 GC-MS 进行兴奋剂等违禁药品的检测的作用越来越重要；药物研究如药物生产、质量控制、研究及进出口的许多环节及中药挥发性成分的鉴定，GC-MS 是必不可少的工具。

任务二 液相色谱-质谱联用

※ 必备知识

色谱的优势在于分离，为混合物的分离提供最有效的选择。气相色谱技术难以对高极性、热不稳定、难挥发的大分子有机化合物以及强腐蚀性物质进行分析，应用范围受到限制。在所有的有机物分析中只有15%～20%能用GC进行分离分析。而液相色谱的应用不受沸点的限制，并能对热稳定性差的试样进行分离、分析。同气相色谱相似，两者定性能力都弱，均难以得到物质的结构信息，主要依靠与标准物的对比来判断未知物，其中液相色谱对无紫外吸收化合物的检测还要通过其他途径进行分析。质谱能够提供物质的结构信息，用样量也非常少，但其分析的样品需要进行纯化，具有一定的纯度之后才可以直接进行分析。因此液相色谱与质谱的联用（HPLC-MS，简称液质联用）更具实际的价值。

一、HPLC-MS联用技术的优势

HLPC-MS除了可以分析气相色谱-质谱（GC-MS）所不能分析的强极性、难挥发、热不稳定性的化合物之外，还具有以下几个方面的优点。

（1）分析范围广　MS是一种广适性检测系统，通过HPLC-MS联用几乎可以检测所有的化合物。

（2）分离能力强　被分析混合物在HPLC上首先进行了分离，即使在HPLC上没有完全分离开，通过MS的特征离子质量色谱图也能分别给出它们各自的色谱图来进行定性定量；

（3）定性分析结果可靠　经HPLC-MS联用可以同时给出每一个组分的分子量和丰富的结构信息；随着现代技术的发展，电喷雾与串联质谱（MS-MS）相连，能为化合物提供更多的结构信息。

（4）灵敏度极高，检测限低　通过选择离子检测（SIM）方式，其检测能力还可以提高一个量级以上，2008年安捷伦科技推出的6460型三重四极杆液质联用仪（HPLC-MS-MS）可对许多化合物进行亚飞克（fg）水平的检测。

（5）分析时间快　HPLC-MS使用的液相色谱柱为窄径柱，缩短了分析时间，提高了分离效果。

（6）自动化程度高　HPLC-MS具有高度的自动化。

（7）解决了无紫外吸收样品的分析问题。

二、HPLC-MS联用技术原理

HPLC-MS的框架如图10-2所示。

1. HPLC-MS联用仪器中的HPLC系统

HPLC-MS联用仪器中的HPLC系统与传统的HPLC系统组成相同，只是检测器由紫外检测器改为质谱计。由于盐分太高会抑制离子源的信号和堵塞喷雾针及污染仪器，故在色谱过程中流动相不能含非挥发性的盐类（如磷酸缓冲盐和离子对试剂）。常用的流动相为甲醇、乙腈、水和它们不同比例的混合物以及一些易挥发盐的缓冲液，如甲酸铵、乙酸铵等，

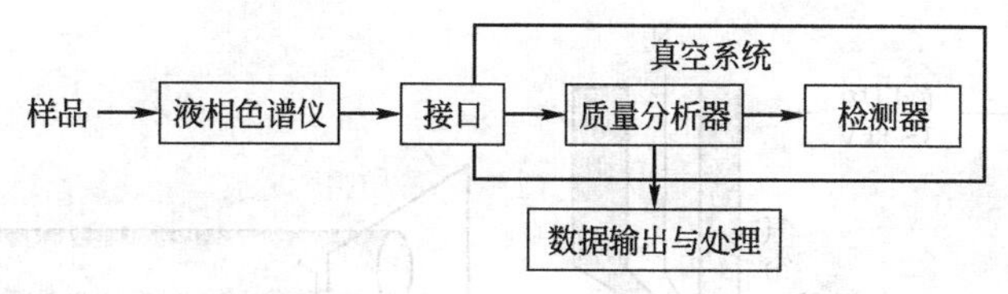

图 10-2 HPLC-MS 框架图

还可以加入易挥发酸碱，如甲酸、乙酸和氨水等调节 pH。在该系统中，色谱泵能在低流速下提供准确稳定的流动相。为了提高分析效率，常采用＜100mm 的短柱，由于质谱定量分析时使用 MRM 的功能，所以 UV 图上并不要求完全分离。

2. 接口和离子化方式

由于液相色谱的一些特点，在实现联用时所遇到的困难比 GC-MS 大很多。它需要解决的第一个问题是液相色谱流动相对质谱工作条件的影响。HPLC 流动相的流速一般为 1～2mL·min^{-1}。当流动相为甲醇时，其汽化后换算成常压下的气体流速为 560mL·min^{-1}，这比气相色谱流动相的流速大几十倍。质谱仪抽气系统通常仅在进入离子源的气体流速低于 10mL·min^{-1}时才能保持所要求的真空。另外一般溶剂还含有较多的杂质，因此在进行质谱分析前需先清除流动相及其杂质对质谱分析仪器的影响。HPLC-MS 联用需要解决的第二个问题是：质谱离子源的温度对液相色谱分析试样的影响。液相色谱的分析对象主要是难挥发和热不稳定物质，这与质谱仪常用的离子源要求试样汽化是不相适应的。

为了解决上述矛盾以实现联用，可研究用一种接口以协调液相色谱和质谱的不同特殊要求；或者改进液相色谱和质谱的分析条件以使它们相互之间逐渐靠近进而达到能够联用的目的；或者将上述两个方面结合起来。目前一般是选用合适的接口来解决。

HPLC-MS 接口必须使流动的液流达到 MS 可接受的压力，同时以极小的谱带展宽尽可能多地输送样品到 MS。HPLC-MS 的接口要解决的问题是：去除溶剂、保留样品、电离化合物。在 HPLC-MS 的研究中先后采用了液体直接导入（DLI）接口、连续流动快原子轰击（CFFAB）接口、传送带式（MB）接口、粒子束（PB）接口、热喷雾（TSP）接口、电喷雾电离（ESI）接口、大气压化学电离（APCI）接口、大气压光电离（APPI）接口等技术。与此相对应液相色谱技术中 3μm 颗粒固定相及细径柱的使用，提高了柱效，大大降低了流动相的流量。这些都促进了 HPLC-MS 的发展。现在 HPLC-MS 已成为生命科学、医药和临床医学、化学和化工领域中最重要的工具之一。它的应用正迅速向环境科学、农业科学等众多方面发展。但是值得注意的是，各种接口技术都有不同程度的局限性，迄今为止，还没有一种接口技术具有像 GC-MS 接口那样的普适性。

ESI 接口是目前使用最广泛的一种接口，其构造如图 10-3 所示。离子化室和聚焦单元之间由一根内径为 0.5mm 的带惰性金属（金或铂）包头的玻璃毛细管相通。它的主要作用为形成离子化室和聚焦单元的真空差，造成聚焦单元对离子化室的负压，传输由离子化室形成的离子聚焦单元并隔离加在毛细管入口处的 3～8kV 的高电压。此高电压的极性可通过化学工作站方便地切换以造成不同的离子化模式，适应不同的需要。离子聚焦部分一般由两个锥形分离和静电透镜组成，并可以施加不同的调谐电压。

ESI 接口的工作原理（见图 10-4）：HPLC 流出液流经金属毛细管时，经喷雾作用被分散成直径为 1～3μm 的细小液滴。在喷口和毛细管入口之间设置的 3～8kV 高电压的作用下，这些液滴由于表面电荷的不均匀分布和静电引力而被破碎成为更为细小的带电扇状液

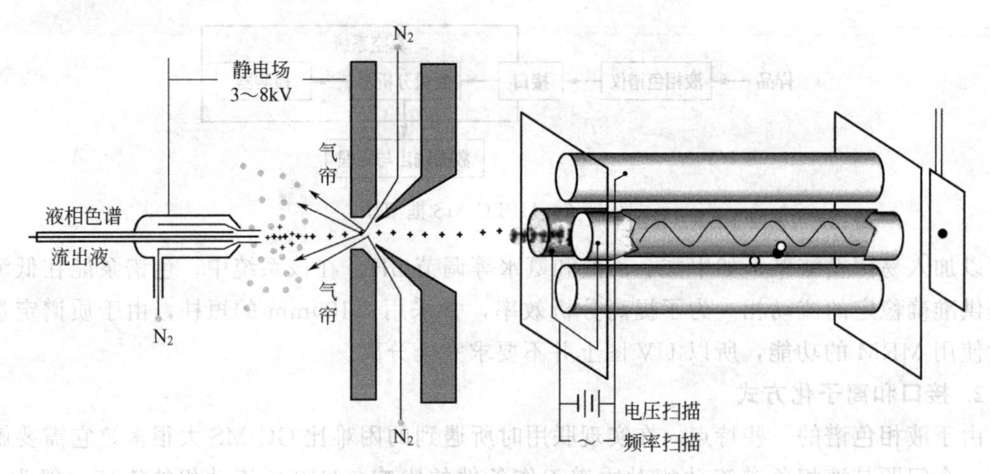

图 10-3 ESI 接口的构造

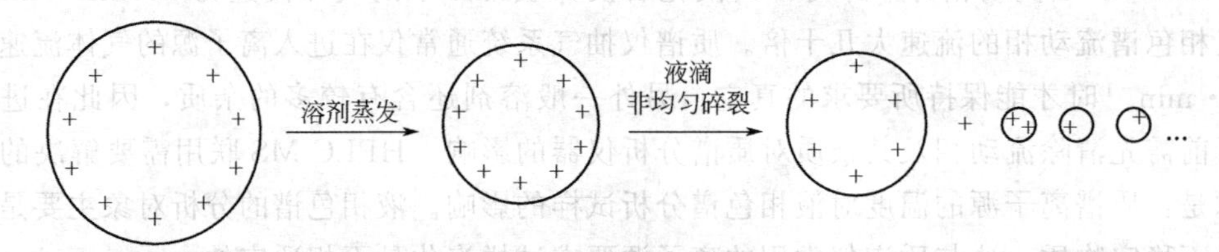

图 10-4 电喷雾电离原理

滴。此在大气压条件下形成的离子，在电位差的驱使下，通过一加热的干燥的 N_2 气帘，进入质谱仪的真空区。气帘的作用是：一是使雾滴进一步分散，以使溶剂蒸发；二是阻挡中性溶剂分子，只让离子在电压梯度下穿过，进入质谱；三是由于溶剂快速蒸发和气溶胶快速扩散，会促进形成分子-离子聚合体而降低离子流，气帘可增加聚合体与气体碰撞的概率，促使聚合体解体；四是碰撞可能诱导离子碎裂，从而提供化合物的结构信息。在干燥的氮气的作用下，液滴中的溶剂被快速蒸发，直至表面电荷增大为库仑排斥力大于表面张力而爆裂，产生带电的子液滴，子液滴中的溶剂继续蒸发引起再次爆裂。此过程循环往复直至液滴表面形成很强的电场，而将离子由液滴表面排入气相中。进入气相的离子在高电场和真空梯度的作用下进入玻璃毛细管，经聚焦单元聚焦，被送入质谱离子源进行质谱分析。仅使用静电场发生的静电喷雾，通常只能在 1～5μL/min 或更低的流速下操作，而借助气动或超声等雾化技术，可在较高的流速，如 1mL/min 条件下工作，便于与常规 HPLC 连接。

ESI 是最软的电离技术，具有高的离子化效率，且通常只产生离子峰，因此可直接测定混合物，使热不稳定化合物得以分析并产生高丰度的准分子离子峰；其易形成稳定的多电荷离子的特性，可分析蛋白质和 DNA 等生物大分子，使蛋白质相对分子质量测定范围可高达几十万甚至上百万；通过调节离子源电压控制离子的碎裂测定化合物的结构。现代的电喷雾电离接口可以有多种离子化模式供选择，一些厂家将气动辅助电喷雾技术运用在接口中，使得接口可与大流量（约 $1mL \cdot min^{-1}$）的 HPLC 联机使用，仪器专用化学工作站的开发使得仪器在调试、操作、HPLC-MS 联机控制、故障诊断等各方面都变得简单可靠。ESI 适合于中等极性到强极性的化合物分子，特别是那些在溶液中能预先形成离子的化合物和可以获得多个质子的大分子（如蛋白质）。ESI 接口可用于小分子药物及其各种体液内代谢产物的测定、农药及化工产品中杂质的鉴定、大分子蛋白质和肽类相对分子质量的测定、氨基酸测序及结构研究以及分子生物学等许多重要的研究和生产领域等。

APCI 技术不同于传统的化学电离接口，它是借助于电晕放电启动一系列气相反应以完成离子化过程，因此也称为放电电离或等离子电离。从液相色谱流出的流动相进入一具有雾化气套管的毛细管，被氮气流雾化，通过加热管时被汽化。在加热管端进行电晕尖端放电，溶剂分子被电离形成溶剂离子，然后雾化气和这些溶剂分子与气态样品分子碰撞，经过复杂的反应后得到样品分子的准分子离子。然后经筛选狭缝进入质谱计。整个电离过程是在大气压条件下完成的。

APCI 也是软电离技术，只产生单电荷峰，不会发生 ESI 过程中因形成多电荷离子而发生信号重叠、降低图谱清晰度的问题，适合测定质量数小于 2000Da 的弱极性的小分子化合物；适应高流量的梯度洗脱的流动相；采用电晕放电使流动相离子化，能大大增加离子与样品分子的碰撞频率，比化学电离的灵敏度高 3 个量级；通过调节离子源电压控制离子的碎裂。因此液相色谱-大气压化学电离串联质谱成为了精确、细致分析混合物结构信息的有效技术。APCI 不适合可带多个电荷的大分子，其优势在于弱极性或中等极性的小分子的分析。

3. HPLC-MS 联用技术中的质量分析器

HPLC-MS 联用技术中的质量分析器主要有：四极杆质量分析器、飞行时间质量分析器（TOF）、离子阱质量分析器（TRAP）、傅里叶变换质量分析器（FT-ICRMS）、扇形磁分析器等。由于 ESI 和 APCI 的离子化方式均属大气压电离（API），常采用四极杆或离子阱质量分析器。许多仪器现采用串联式多级质谱仪（MS-MS）［如四极＋TOF、三重四极（QqQ）］。

三、HPLC-MS 联用技术的主要应用

近年来，液相色谱-质谱联用在技术及应用方面取得了很大进展，HPLC-MS 逐渐成为最热门的分析手段之一。特别是在分子水平上可以进行多肽、蛋白质、核酸的分子量确认，氨基酸和碱基对的序列测定及翻译后的修饰工作等。作为已经比较成熟的技术，HPLC-MS 目前已在生化分析、保健食品与新药开发、制药与医药研究、环境污染物分析等许多领域得到了广泛的应用，而且随着现代化高新技术的不断发展及液相色谱质谱联用技术自身的优点，液相色谱质谱联用技术必将在未来不断发展且发挥越来越重要的作用。

1. HPLC-MS 联用技术在生化方面分析中的应用

生物体内的肽、蛋白质、多糖和核酸，都以混合物状态出现，具有强极性，难挥发性，又具有明显的热不稳定性，HPLC-MS 作为生化分析的一个有力工具，正在得到日益的重视。研究人员利用 HPLC-MS 技术在生化方面已经有很多应用。如 HPLC-MS 联用技术常用于肽和蛋白质表征的各个阶段：分子质量的测定、氨基酸的测序、蛋白质的化学合成和转移修饰位置及性能的测定、蛋白质第三和第四级形态的研究及非共价键结合、蛋白质组学的研究等；用 LC-MS 结合研究寡糖、寡核苷酸、核酸等有许多研究报告。

2. HPLC-MS 联用技术在保健食品与新药开发、制药与医药研究中的应用

利用 HPLC-MS 分析混合样品，和其他方法相比具有高效快速，灵敏度高，只需对样品进行简单预处理或衍生化，尤其适用于含量少、不易分离得到或在分离过程中易挥发的组分。因此 HPLC-MS 技术为天然产物（如天然药物）研究与筛选、保健食品分析、药物代谢与动力学研究、中药主要成分分析与质量控制、临床诊断和疾病生物标志物的分析等研究

提供了高效、切实可行的分析途径。

3. HPLC-MS联用技术在环境污染物分析中的应用

随着人类对生存环境的备加关注，要求对食品、土壤等环境中的抗生素、多环芳烃、多氯联苯、酚类化合物、农药残留等各种污染物、兴奋剂、其他有害或有毒物进行更加严格的监控。因此发展高灵敏度的多残留可靠分析方法已成为环境分析化学家及农业化学家的重要战略目标。而配以ESI、APCI和APPI等大气压离子化技术（API）的LC-MS-MS以分析速度快、灵敏度高、特异性好等特点广泛应用于残留和毒物分析。目前已成功地进行许多农药、兽药、抗生素、兴奋剂类残留和毒物、毒素等的检测。

※ 项目小结

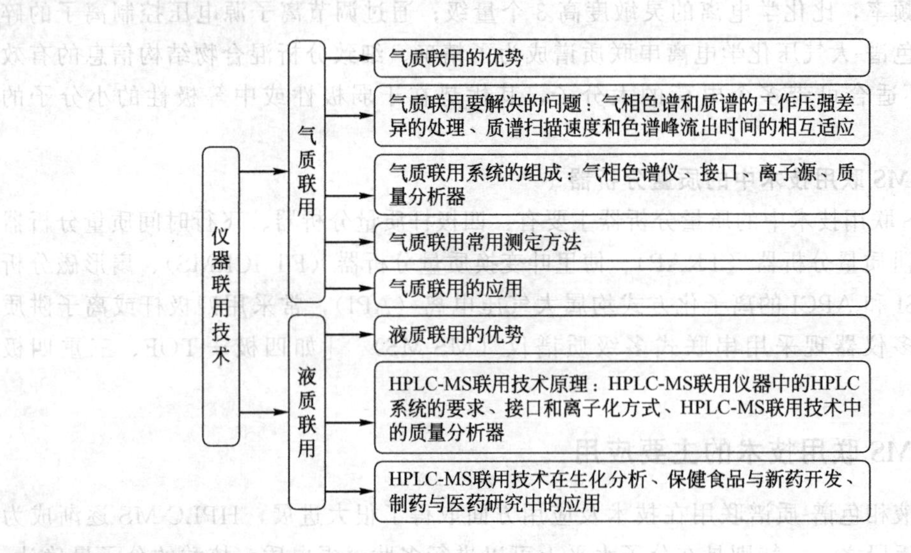

※ 思考与练习

一、填空题

1. 气质联用系统基本配置应包括________、________、________、________、必要的辅助设备。

2. 在LC-MS常用的ESI和APCI两种离子源中，适用于热不稳定化合物的是________，适用于非极性和半极性化合物的是________。

3. 对于扫描仪器，扫描速度越快，其检测灵敏度________。

二、问答题

1. 气质联用有哪些优势？

2. 气质联用过程中出现的问题是如何解决的？

3. 画出气质联用系统组成的方框图。

4. 简述液质联用的优势。

5. 简述ESI的基本构造及工作原理。

6. 液质联用中使用的接口技术主要有哪些？

参 考 文 献

[1] 北京大学化学系，仪器分析教学组．仪器分析教程．北京：北京大学出版社，1997.
[2] 曹国庆，钟彤．仪器分析技术．北京：化学工业出版社，2009.
[3] 陈培榕，邓勃．现代仪器分析实验与技术．北京：清华大学出版社，2002.
[4] 陈集，饶小桐．仪器分析．重庆：重庆大学出版社，2002.
[5] 陈贻文等．有机仪器分析．第2版．长沙：湖南大学出版社，1996.
[6] 戴军主编．食品仪器分析技术．北京：化学工业出版社，2006.
[7] 戴树桂．仪器分析．北京：高等教育出版社，1984.
[8] 董慧如主编．仪器分析．北京：化学工业出版社，2000.
[9] 方惠群．仪器分析．北京：科学出版社，2002.
[10] 方肇伦．仪器分析在土壤学和生物学中的应用．北京：科学出版社，1983.
[11] 冯玉红．现代仪器分析实用教程．北京：北京大学出版社，2008.
[12] 傅若农主编．色谱分析概论．第2版．北京：化学工业出版社，2005.
[13] 盖柯．仪器分析实验．兰州：甘肃民族出版社，2008.
[14] 高向阳主编．新编仪器分析．北京：科学出版社，1992.
[15] 葛兴，石军．分析化学简明教程．北京：中国林业出版社，2008.
[16] 郭永．仪器分析．北京：地震出版社，2001.
[17] 国家药典委员会．中华人民共和国药典（2010年版，一部、二部、三部）．北京：中国医药科技出版社，2010.
[18] 何丽一．平面色谱方法及应用．北京：化学工业出版社，2000.
[19] 黄一石，吴朝华，杨小林．仪器分析．第2版．北京：化学工业出版社，2008.
[20] 靳敏，夏玉宇．食品检验技术．北京：化学工业出版社，2003.
[21] 金钦汉主编．仪器分析．长春：吉林大学出版社，1989.
[22] 姜维林，李蕾．高效液相色谱仪的正确使用与维护．实验技术与管理：1999，16（2）：114-115.
[23] 李发美．分析化学．第5版．北京：人民卫生出版社．2003.
[24] 李晓燕，张晓辉．现代仪器分析．北京：化学工业出版社，2008.
[25] 林树昌．分析化学．第2版．北京：高等教育出版社，1994.
[26] 林进，王慕卫．高效液相色谱的操作保养及其注意事项．科技信息/高校理科研究：98.
[27] 刘立行．仪器分析．北京：中国石化出版社，1990.
[28] 刘文钦主编．仪器分析．东营：石油大学出版社，2004.
[29] 刘约权主编．现代仪器分析．北京：高等教育出版社，2001.
[30] 刘志广主编．分析化学．北京：高等教育出版社 2008.
[31] 廖征明主编．仪器分析．北京：机械工业出版社，1984.
[32] 陆明谦．近代仪器分析基础与方法．上海：上海医科大学出版社，1993.
[33] 牟世芬，刘克纳．离子色谱方法及应用．北京：化学工业出版社，2000.
[34] 生命科学与化学分析仪器部．Angilent HPLC 化学工作站标准操作培训．安捷伦科技有限公司．
[35] 石杰主编．仪器分析．第2版．郑州：郑州大学出版社，2003.
[36] 石杰，叶英植．仪器分析．开封：河南大学出版社，1993.
[37] 司文会主编．现代仪器分析．北京：中国农业出版社，2005.
[38] 孙向荣，孙丁绩．紫外可见分光光度法的应用及新进展．中国高新技术企业，2008，8：70，74.
[39] 唐英章．现代食品安全检测技术．北京：科学出版社，2004.
[40] 杜延发主编．现代仪器分析．长沙：国防科技大学出版社，1994.
[41] 汪正范，潘甦民，姜栋等．紫外-可见分光光度计的市场分析及前景展望．现代仪器，2006，12（1）：69-70.
[42] 王世平．现代仪器分析原理与技术．哈尔滨：哈尔滨工程大学出版社，1999.
[43] 王彤主编．仪器分析与实验．青岛：青岛出版社，2000.
[44] 武汉大学化学系．仪器分析．北京：高等教育出版社，2001.
[45] 万家亮．仪器分析．武汉：华中师范大学出版社，1992.

[46] 万家亮，李耀仓主编．仪器分析．武汉：华中师范大学出版社，2008.
[47] 吴方迪．色谱仪器维护与故障排除．北京：化学工业出版社，2008.
[48] 武开业，雷林，吕庆华．高效液相色谱仪检测器分类及应用．环保论坛：2010，(13)：789.
[49] 向文生，王相晶主编．仪器分析．哈尔滨：哈尔滨工业大学出版社，2006.
[50] 许国旺等．现代实用气相色谱法．北京：化学工业出版社，2004.
[51] 许金生．仪器分析．南京：南京大学出版社，2002.
[52] 杨根元．实用仪器分析．第4版．北京：北京大学出版社，2010.
[53] 姚思童，张进．现代分析化学实验．北京：化学工业出版社，2008.
[54] 奚治文．仪器分析．北京：科学出版社，1992.
[55] 叶宪曾．仪器分析教程．第2版．北京：北京大学出版社，2007.
[56] 杨敬德．浅谈高效液相色谱仪的管理与维护．广州化工：2011，39 (15)：137.
[57] 杨先乐，胡鲲，杨勇等．农业部783号公告-2-2006. 水产品中诺氟沙星、盐酸环丙沙星、恩诺沙星残留量的测定液相色谱法．2006.
[58] 杨祖英主编．食品安全检验手册．北京：化学工业出版社，2008.
[59] 严衍禄主编．现代仪器分析．北京：中国农业大学出版社，1995.
[60] 赵藻藩．仪器分析．北京：高等教育出版社，1999.
[61] 张珩．仪器分析．北京：冶金工业出版社，1993.
[62] 张翼．石油石化工业污水分析与处理．北京：石油工业出版社，2006.
[63] 中国标准出版社第一编辑室．农兽药残留标准汇编．北京：中国标准出版社，2004.
[64] 钟文英，王志群．分析化学实验．南京：东南大学出版社，2000.
[65] 朱明华．仪器分析．第3版．北京：高等教育出版社，2000.
[66] GB/T 12289—90.
[67] GB/T 19681—2005.
[68] GB/T 22388—2008.
[69] GB/T 5009.33—2008
[70] JJG 178—2007
[71] Satinder Ahuja. Modern Instrumental Analysis. Amsterdam：Elsevier，2006.